EXAMPRESS®
情報処理技術者試験学習書

出るとこだけ！

ITパスポート テキスト＆問題集

城田 比佐子

2024年版

シラバス Ver.6.2 対応

対応試験：IP

SE
SHOEISHA

本書内容に関するお問い合わせについて

このたびは翔泳社の書籍をお買い上げいただき、誠にありがとうございます。弊社では、読者の皆様からのお問い合わせに適切に対応させていただくため、以下のガイドラインへのご協力をお願い致しております。下記項目をお読みいただき、手順に従ってお問い合わせください。

●ご質問される前に
弊社Webサイトの「正誤表」をご参照ください。これまでに判明した正誤や追加情報を掲載しています。

正誤表　https://www.shoeisha.co.jp/book/errata/

●ご質問方法
弊社Webサイトの「書籍に関するお問い合わせ」をご利用ください。

書籍に関するお問い合わせ　https://www.shoeisha.co.jp/book/qa/

インターネットをご利用でない場合は、FAXまたは郵便にて、下記“翔泳社 愛読者サービスセンター”までお問い合わせください。
電話でのご質問は、お受けしておりません。

●回答について
回答は、ご質問いただいた手段によってご返事申し上げます。ご質問の内容によっては、回答に数日ないしはそれ以上の期間を要する場合があります。

●ご質問に際してのご注意
本書の対象を超えるもの、記述個所を特定されないもの、また読者固有の環境に起因するご質問等にはお答えできませんので、予めご了承ください。

●郵便物送付先およびFAX番号
送付先住所　〒160-0006　東京都新宿区舟町5
FAX番号　03-5362-3818
宛先　（株）翔泳社 愛読者サービスセンター

※ 著者および出版社は、本書の使用による情報処理技術者試験合格を保証するものではありません。
※ 本書に記載されたURL等は予告なく変更される場合があります。
※ 本書の出版にあたっては正確な記述に努めましたが、著者および出版社のいずれも、本書の内容に対してなんらかの保証をするものではなく、内容やサンプルに基づくいかなる運用結果に関してもいっさいの責任を負いません。
※ 本書に掲載されている画面イメージなどは、特定の設定に基づいた環境にて再現される一例です。
※ 本書に記載されている会社名、製品名はそれぞれ各社の商標および登録商標です。
※ 本書では™、®、©は割愛させていただいております。

はじめに

ITパスポートは，国家資格である情報処理技術者試験の一つです。国が資格に対して「パスポート」という名称をつけたのは，この資格がIT化の進む社会に積極的に関わっていける人材である身分証明書のようなものと考えたからではないでしょうか。

事務系・技術系，文系・理系を問わず，ITの基礎知識，いわゆる情報リテラシを持ち合わせていなければ，企業の戦力にはなり得ない時代です。社会人の方にとっては，ITを活用する上で前提となる幅広い知識を習得するために，また学生さんにとってはITの基礎知識をすでに習得していることを企業にアピールするために，まずは「パスポート」を取得しましょう。

この本は，まったく初めてITに接する方が，ITパスポート試験に合格することを目的に書きました。次の点をコンセプトにしています。

◎出題の多い分野を先にもってきて，ボリュームを多くする
◎理解すべき内容と，暗記すべき内容を分ける
◎初めての方にも分かるように，用語の解説や読み方を丁寧に

この本を利用して，一人でも多くの方が「パスポート」を手にされることを願っています。

2023年10月
城田比佐子

Contents
目次

Contents

本書の使い方

本書は，初めてITに触れる方でも無理なく学習を進め，ITパスポート試験に合格することを目的として作られています。本書の特徴として，以下のことがあげられます。

出るとこだけ！

出題の多い分野に絞った内容で，合格に必要な知識を効率良く学ぶことができます。

IT初心者にやさしい

著者による丁寧な解説に，フルカラーで図表も多く，理解しやすい内容になっています。

ここに注目！

ヒツジのモコ先生が重要なポイントを教えてくれます。ひかるくんと一緒に，ポイントを確認しながら読み進めましょう。

新シラバスに完全対応

生成AIに関する項目・用語などが追加された，新しいシラバスVer.6.2に対応しているので漏れなく対策できます。

巻頭特集

新シラバスと学習のポイント

ITパスポートでは，シラバス（試験における知識・技能の細目）が何回か改訂されています。その中で重要な改訂は以下のものです。

- シラバスVer.4.0　2019年4月以降適用
  AI，**ビッグデータ**，**IoT**などの新技術に対応
- シラバスVer.5.0　2021年4月以降適用
  データサイエンス，**新しい製品やサービス**，**DXの取り組み**などに対応
- シラバスVer.6.0　2022年4月以降適用
  高等学校で**「情報」**科目が必修化されるのに合わせ，**プログラミング的思考力**などの出題を追加

- シラバスVer.6.1　2023年11月以降適用
  システム監査の目的とITガバナンスについての説明の変更
- シラバスVer.6.2　2024年4月以降適用
  主に，生成AIに関する項目・用語例を追加

このうちのシラバスVer.4.0には，2019年10月以降の試験は，新技術に関連する問題の出題割合を2分の1程度にまで高めていく旨が書かれています。実際に公表された試験問題を確認すると，やはり**シラバスVer.4.0やシラバスVer.5.0で新しく加えられた用語の出題が相当な割合を占めています**。ここをしっかりと学習することが合格のカギとなります。

また，シラバスVer.6.0に関しては，シラバスの他に，「試験で使用する情報技術に関する用語・プログラム言語など」に新たにITパスポート用のものが加えられ，**擬似言語**の出題もされました。本書では，「**3.4　プログラミング**」の節でも詳しく解説しています。

そして，シラバスVer.6.2では，**生成AI**の仕組み，活用例，留意事項等に関する項目・用語例が追加されました。またサンプル問題も公開されています。本書では，生成AIについて詳しく解説し，サンプル問題も掲載しています。2024年4月以降に受験される方は目を通しておきましょう。

なお，本書の内容は，執筆時点（2023年10月現在）の情報をもとに作成しています。今後，内容に変更が生じる場合もありますので，試験を運営している情報処理推進機構のWebページで，最新情報を確認してください。

情報処理推進機構：https://www.ipa.go.jp/shiken/index.html

chapter 1-10　ITパスポート試験合格に必要な内容を10章に分けて構成しています

出題範囲と著者による徹底的な過去問分析を基に，合格のために必要なところだけに絞ったコンパクトな1冊となっています。誌面の要素については次のとおりです。使い方を確認して，効率良く学習しましょう。

ここがポイント！で各節のポイントが簡潔にわかります

重要用語は赤字に，特によく出るものには，波線がつくので要チェックです

本文に関係する関連用語についても確認しましょう

ここがポイント！
- 分析手法ではPPM
- 軸を変えて出題され
- 最近はイノベータ

PPM分析

PPM分析（Pro
出るとこ！
分析）は，商品に
4つの象限に分割

関連用語
共通フレーム（SLCP
運用，保守，廃棄ま
規定した規格。シス
の枠組みとして策定
る。

memoはさらに深く知っておきたい知識の説明です

息抜きに，でもためになる，モコ先生とひかるくんの会話です

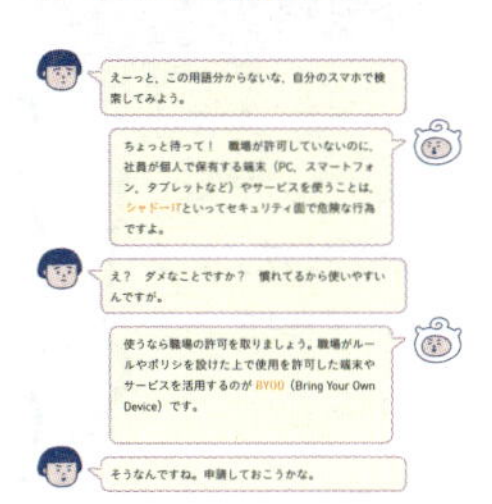

各章末に用意された章末問題で力試ししましょう

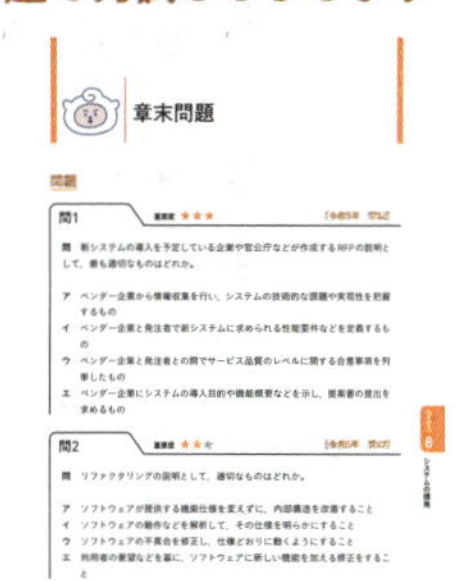
章末問題

問題

問1

問　新システムの導入を予定している企業や官公庁などが作成するRFPの説明として，最も適切なものはどれか。

ア　ベンダー企業から情報収集を行い，システムの技術的な課題や実現性を把握するもの
イ　ベンダー企業と発注者で新システムに求められる性能要件などを定義するもの
ウ　ベンダー企業と発注者との間でサービス品質のレベルに関する合意事項を列挙したもの
エ　ベンダー企業にシステムの導入目的や機能概要などを示し，提案書の提出を求めるもの

問2

問　リファクタリングの説明として，適切なものはどれか。

ア　ソフトウェアが提供する機能仕様を変えずに，内部構造を改善すること
イ　ソフトウェアの動作などを解析して，その仕様を明らかにすること
ウ　ソフトウェアの不具合を修正し，仕様どおりに動くようにすること
エ　利用者の要望などを基に，ソフトウェアに新しい機能を加える修正をすること

付録　新傾向　最近のテーマも漏らさず解説しています

本書は過去に出題の多かった内容を多く取り上げていますが，それだけでは最近の試験で初めて出題されたテーマについては漏れてしまいます。そのため，付録では最近の初出題テーマの問題とその解説をまとめています。1章から10章までの章末問題とは異なり，すぐに答え合わせ，解説の確認ができるよう，問題のすぐ下に解説がくる構成にしています。目を通すことで，得点アップに繋がります。

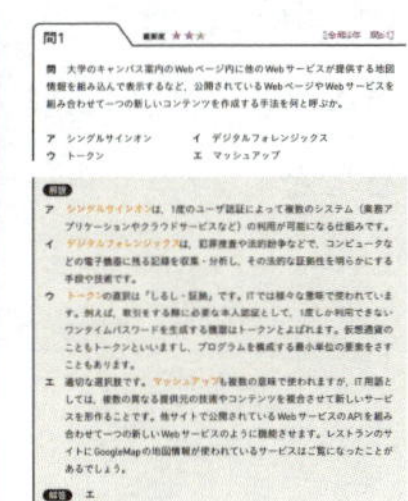
問1

問　大学のキャンパス案内のWebページ内に他のWebサービスが提供する地図情報を組み込んで表示するなど，公開されているWebページやWebサービスを組み合わせて一つの新しいコンテンツを作成する手法を何と呼ぶか。

ア　シングルサインオン　　イ　デジタルフォレンジックス
ウ　トークン　　エ　マッシュアップ

解説

ア　シングルサインオンは，1度のユーザ認証によって複数のシステム（業務アプリケーションやクラウドサービスなど）の利用が可能になる仕組みです。
イ　デジタルフォレンジックスは，犯罪捜査や法的紛争などで，コンピュータなどの電子機器に残る記録を収集・分析し，その法的な証拠性を明らかにする手段や技術です。
ウ　トークンの直訳は「しるし・証拠」です。ITでは様々な意味で使われています。例えば，取引をする際に必要な本人認証として，1度しか利用できないワンタイムパスワードを生成する機器はトークンとよばれます。仮想通貨のこともトークンといいますし，プログラムを構成する最小単位の要素をさすこともあります。
エ　適切な選択肢です。マッシュアップも複数の意味で使われますが，IT用語としては，複数の異なる提供元の技術やコンテンツを複合させて新しいサービスを形作ることです。他サイトで公開されているWebサービスのAPIを組み合わせて一つの新しいWebサービスのように機能させます。レストランのサイトにGoogleMapの地図情報が使われているサービスはご覧になったことがあるでしょう。

解答　エ

読者特典

スマホでもっと過去問題が解けるWebアプリ付き！

読者特典として，本書に掲載されていない，これまでのITパスポート試験で出題された過去問題を集めたWebアプリを準備しました。お手持ちのスマートフォンやタブレット，パソコンなどからご利用いただけます。詳しくはP.xiを参照してください。

キャラクター紹介

モコ先生

情報処理技術者試験を熟知したベテラン講師。ネクタイは派手な色が好み。ソフトクリームに見間違えられることがある。

ひかるくん

IT企業に入社したばかりのエンジニア。情報処理技術者試験にチャレンジ中。趣味は寝ること，YouTubeを観ること，ソフトクリームを食べること。

ひかるくんの会社の先輩たち

読者特典のご案内

●Webアプリについて

本書の読者特典として，Web アプリをご利用いただけます。お手持ちのスマートフォンやタブレット，PCなどから下記URLにアクセスし，ご利用ください。

https://www.shoeisha.co.jp/book/exam/9784798183305

※ご利用にあたっては，SHOEISHA iD（翔泳社が運営する無料の会員制度）への登録と，アクセスキーの入力が必要になります。アクセスキーは本書のいずれかの章扉に記載されています。Webページに示される記載ページを参照し，画面の指示に従って進めてください。

※会員特典データに関する権利は著者および株式会社翔泳社が所有しています。許可なく配布したり，Web サイトに転載することはできません。

※利用期限は，2024 年12月31日までです。

※この読者特典は予告なく終了することがあります。あらかじめご了承ください。

Webアプリの使い方

※画像は昨年版のものになりますが，使い方は同じです。

①各章に関連する問題が掲載されています。解きたい章を選びます。

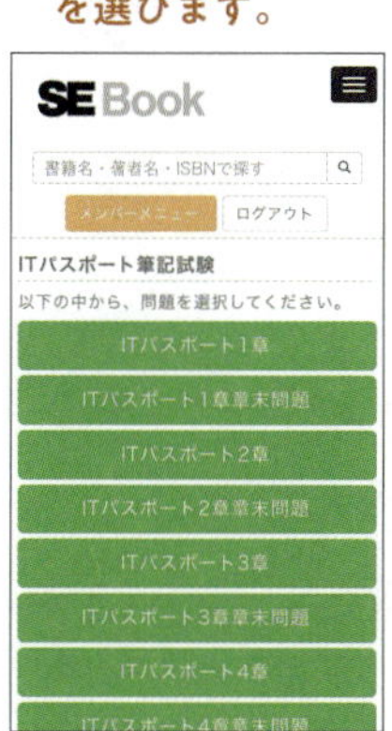

②問題を読み，正しいと思う選択肢をタップします。

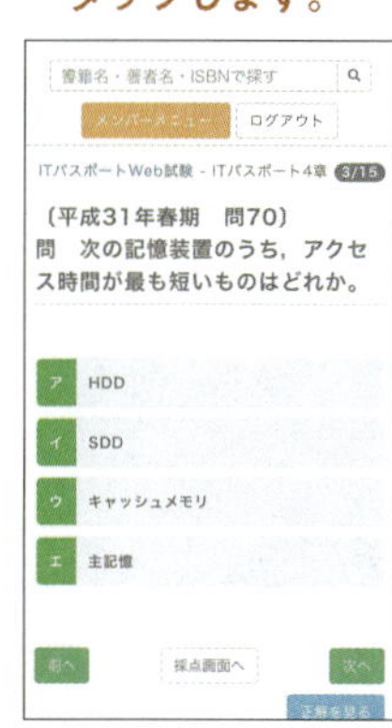

③正誤判定が出ます。

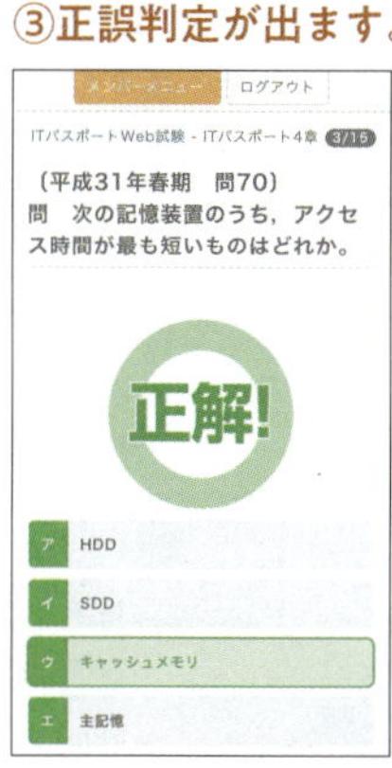

④[解説]ボタンで解説を読むことができます。

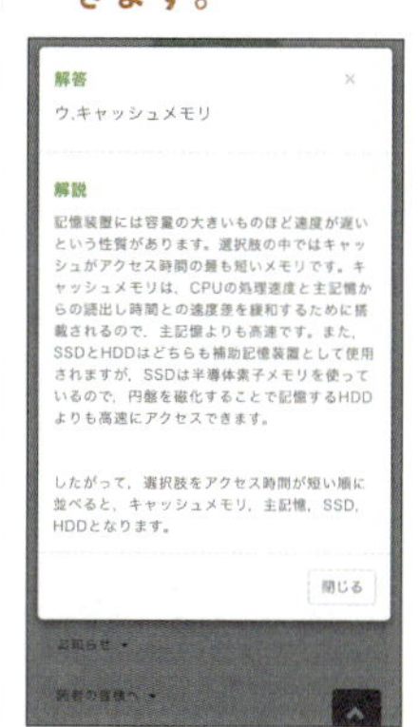

chapter 1

ネットワーク

ここでは，私達の生活に欠かせないインフラストラクチャー（社会基盤）になったインターネットについて学習します。生活や仕事などのさまざまな場面で使われていますが，その仕組みについては意外と知らないことも多いです。まずはここから学習を開始しましょう。

アクセスキー　C（大文字のシー）

section
1.1 インターネット

ここがポイント！
・インターネットの基本的な仕組みを学習しましょう
・IPアドレスは頻出テーマです
・ただ3.1で2進数を学習してからでもいいかも

そもそもインターネットとは

インターネットは**コンピュータ同士をつないだとても大きなネットワーク**です。「ネット」は元々「網」のことです。網の目のようにコンピュータ同士がつながっていて，その中をデータが走り回っているというイメージです。

あなたのスマホがどこかにあるコンピュータにつながり，そのコンピュータがもっと大きなコンピュータにつながっています。そしてスマホを操作して，これらのコンピュータに「ホームページが見たい！」「メールを送って！」などの命令を送っています。その命令に従って，これらのたくさんのコンピュータが働くことで，ホームページを見たり，電子メールを送ったりすることができるようになっています。

インターネットはその通り道のことなので，インターネットという会社はありません。とても自由で，ある意味無責任なネットワークなんです。

2台以上のコンピュータなどが通信でつながったものが，**コンピュータネットワーク**です。このコンピュータネットワークが，さらにお互いに通信でつながったものが**インターネット**です。

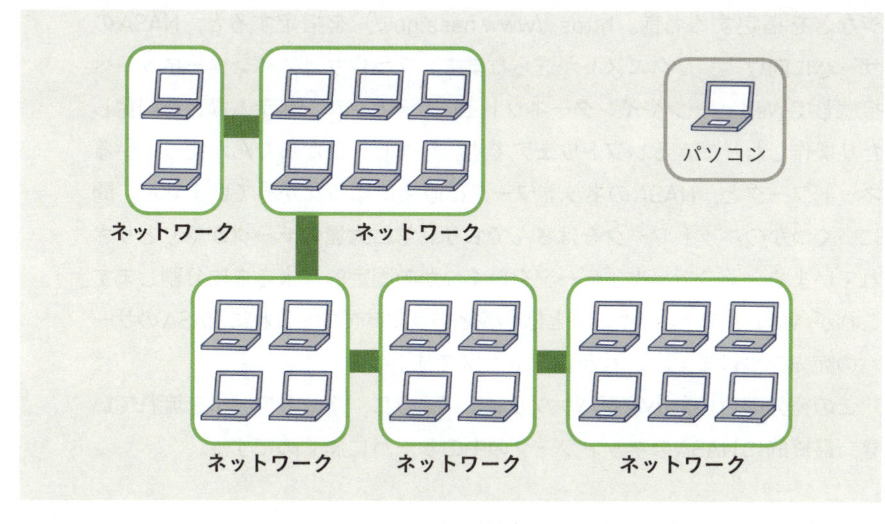

memo

スーパーコンピュータ

パソコンの数千倍以上の速度での計算処理を可能とする，きわめて高性能なコンピュータ。スーパーコンピュータ「富岳」は2020年〜2021年の性能ランキングで世界1位を獲得している。

提供：理化学研究所

メインフレーム

中管理型のシステムで使われる大型コンピュータ。端末とやり取りして，ほぼすべての処理をこなす。「汎用コンピュータ」ともいわれる。

今，ひかるくんはNASAのホームページ（最近はWebページとよばれるのが普通です）を閲覧したいと思っています。

最近宇宙に興味があるんだよね！

ひかるくんがブラウザから，NASAのURL（インターネット上でWebページなどを指定する名前。https://www.nasa.gov/）を指定すると，NASAのサーバに向けて，リクエストが送られます。ブラウザは，インターネットへ接続してWebページやインターネット上のサービス・システムなどを閲覧したり操作したりできるソフトウェアです。しかし，ひかるくんが使っているネットワークと，NASAのネットワークは直接にはつながっていません。間にいくつかのネットワークをはさんでおり，常に大量のデータがやりとりされています。そこで，まずデータをいくつかの固定的な大きさに分割します。これが**パケット**です。パケットとは小包という意味です。これにNASAのサーバの宛先をつけます。これが**IPアドレス**です。

この宛先の付いた小包がバケツリレーのように，ネットワークを流れていき，最終的にNASAのネットワークの中のサーバに届くのです。

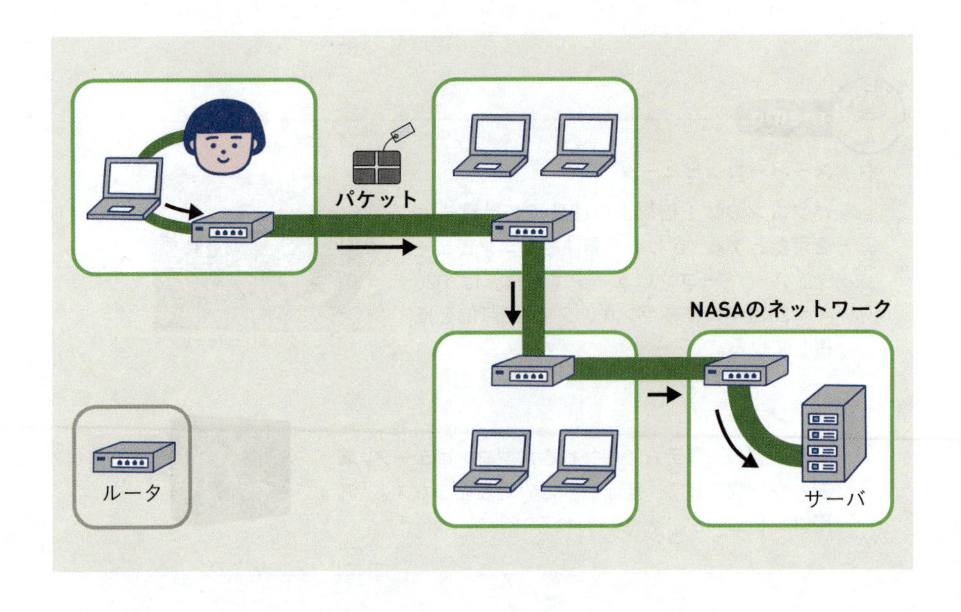

そしてひかるくんからのリクエストに応じてNASAのサーバがレスポンスを返します。このときも同様にパケットのバケツリレーが行われます。

サーバ

ネットワーク上のコンピュータの中で，他のコンピュータ（クライアント）から要求や指示を受け，情報や処理結果を返す役割を持つコンピュータ。

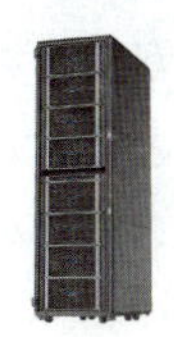

階層構造のプロトコル

離れた場所にいる相手とコミュニケーションをとるためには，お約束が必要です。手紙を書く上でも，書式や宛名の書き方，切手の金額など，様々な約束があるでしょう。通信をする上での約束，つまり規約を**プロトコル**といいます。プロトコルは**階層構造**を持ちます。

例えばA社の社長のAさんがB社の社長のBさんに礼状を書きたいとします。Aさんは手書きのメモを秘書に渡します。秘書は手紙の体裁を整えた上で清書して，総務部に渡します。総務部ではB社の住所を調べた上で，封筒に入れて，規定の料金分の切手を貼り，ポストに入れます。ポストに入れた手紙は収集され，日本郵便がB社まで届けます。

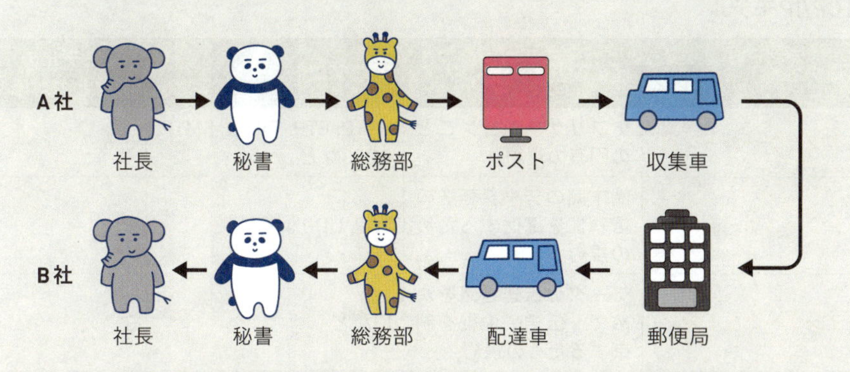

社長レベルには社長レベルの約束，秘書レベルには秘書レベルの約束があります。それぞれが各階層の約束を守って動くことで，Aさんの手紙は無事にBさんまで届きます。

ネットワーク装置や端末を提供しているのが1社だけであれば，その会社が決めたプロトコルだけでネットワークを運用することができます。しかし，ネットワークが普及するにつれて，様々な機器をネットワークに接続する要求が生まれ，どこかで標準的なプロトコルを決めた方が都合いいようになってきました。このために生まれたのが，国際標準化機構（ISO）によって制定された**OSI（Open System Interconnect）基本参照モデル**です。次の7つの階層から構成されています。

階層	階層名	主な役割
第7層	**アプリケーション層**	アプリケーションサービスの提供
第6層	**プレゼンテーション層**	データ形式の交換
第5層	**セッション層**	通信の開始から終了までの管理
第4層	**トランスポート層**	通信の信頼性の確保
第3層	**ネットワーク層**	機器間のアドレスの管理や経路の選択
第2層	**データリンク層**	隣接する機器間のデータの転送
第1層	**物理層**	物理的な接続方法の規定

インターネットでは，コンピュータ同士が通信を行うために，**TCP/IP**（ティーシーピー・アイピー）というプロトコルが使われています。このTCP/IPは4階層のプロトコルからなります。

TCP/IPモデル

層の名称	層の役割	主なプロトコル名	OSIモデルの階層との対応
アプリケーション層	アプリケーションごとの固有の規約	HTTP, FTP, Telnet, SMTP, POP3など	5, 6, 7
トランスポート層	端末間のデータ転送の信頼性を確保するための規約	TCP, UDPなど	4
インターネット層	データの伝送経路を決めて，伝送や中継を制御するための規約	IPなど	3
ネットワークインタフェース層	隣接する端末間の通信のための規約	イーサネット, PPP, 無線LAN（IEEE802.11）など	1, 2

IPアドレス

通信を行う相手のコンピュータを特定するために，1台1台にアドレスをつけています。これが**IPアドレス**です。住所や電話番号のようなものだと考えて下さい。

現在主流で使用されているIPv4でのIPアドレスは**32**ビットのビット列です。0または1の1個分が1ビットです（ビットや2進数，16進数については**3.1**参照)。例えば次のようなものです。

11000000101010000100100000000001

これではわけが分からなくなるので，これを8ビットずつに区切り，各8ビットを2進数とみなして，10進数に直します。

11000000		10101000		01001000		00000001
192	.	168	.	72	.	1

インターネットに接続するすべての**ホスト**（サーバ，パソコン，プリンタなどすべて）には，世界中で**唯一のIPアドレス**が必要です。

IPアドレスが足りない?!

当初インターネットがこれほど普及するとは考えていなかったのでしょう。現在主流のIPアドレスは**IPv4**といって，32ビットです。これは2^{32}（約43億）個のアドレスしか使えません。世界人口は70億人を超えていますから，とてもじゃないですが，足りなくなってしまったのです。

そこで，アドレスの長さを128ビットに増やした新規格である**IPv6**に移行しようとしています。これによって2^{128}（約3.4×10^{38}）個のアドレスが使えます。340兆の1兆倍の1兆倍です。事実上の無限大といっていいでしょう。これなら安心です。ただ現在はIPv4がとても普及しており，IPv6との互換性がないことから，すぐに移行するわけにはいきません。変換しながら利用しています。過渡期の時代といえるでしょう。

IPv6アドレスは，128ビットを16ビットごとにコロン（：）で区切り，8つのフィールドに分け16進数で表記します。2進数4桁が16進数1桁に変換されます。

	①	②	③	④
2進数	0010000000000001:	0000000011010011:	0000000000000000:	0000000000000000:
	⑤	⑥	⑦	⑧
	0000001010101011:	0000000000010001:	1111111000100101:	1000101101011101

	①	②	③	④	⑤	⑥	⑦	⑧
16進数	2001:	00D3:	0000:	0000:	02AB:	0011:	FE25:	8B5D

ネットワークアドレスとホストアドレス

世界中で唯一のアドレスを，インターネットに接続するホスト1台1台に個別に割り振るのは困難です。そこでIPアドレスを，そのコンピュータがどのネットワークに属するかを示す部分（**ネットワークアドレス**）と，そのコンピュータ自体を識別する部分（**ホストアドレス**）に分けています。学校のクラス名とクラス内での出席番号のようなものですね。

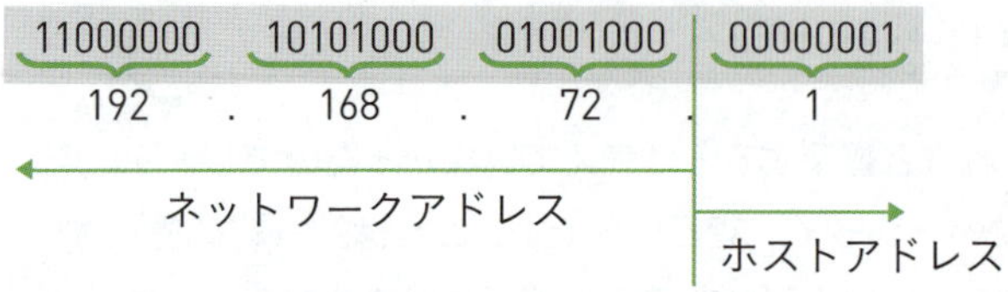

11000000 10101000 01001000 | 00000001
192 . 168 . 72 . 1
← ネットワークアドレス
→ ホストアドレス

ネットワークアドレスが同じグループは，同じクラスの仲間だということになります。

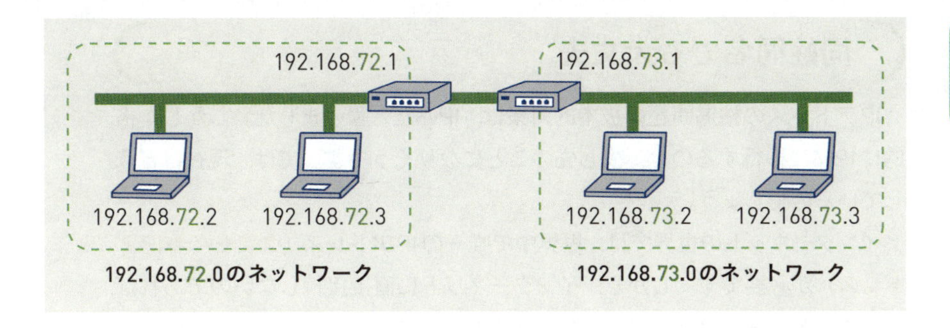

どこまでがネットワークアドレスなの？

さて，次は32ビットのうち，どこまでがネットワークアドレスなのかが問題となってきます。

そこで，**サブネットマスク**というものを使います。サブネットマスクは，IPアドレスのどの部分がネットワークアドレスでどの部分がホストアドレスかを示す情報です。具体的には，ネットワークアドレス部分に1を，ホストアドレス部分に0を並べます。

例えばこんな感じです。IPアドレスと同様に，8ビットで区切って10進数で表記します。

11111111 11111111 11111111 11000000
255 . 255 . 255 . 192 …10進数で表記

IPアドレスと並べてみましょう。

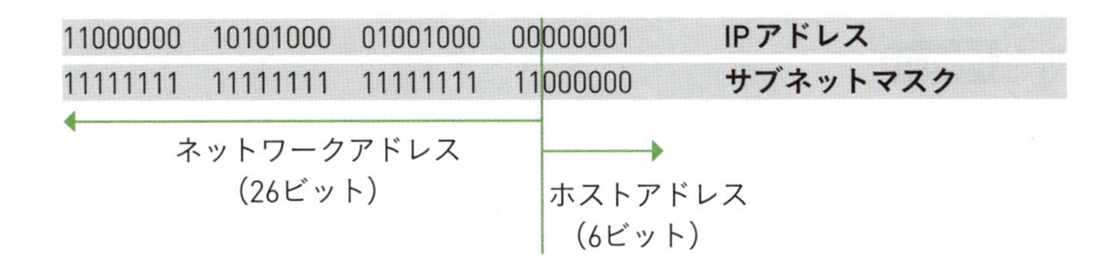

境目が分かるようになりました。つまりサブネットマスクにより，ネットワークアドレスとホストアドレスを区分しているのです。

同姓同名でも大丈夫

IPアドレスの枯渇問題の抜本的対策は，IPv6だと書きました。しかし本格的にIPv6に移行するのは，少し先のことになりそうです。では，現在はどうしているのでしょう。

インターネットの世界では，世界中で唯一のIPアドレス（**グローバルIPアドレス**）が必要です。しかし，インターネットに直接接続しないのであれば，そのネットワーク内だけで有効なIPアドレス（**プライベートIPアドレス**）を利用することができます。例えばプライベートIPアドレスとして「192.168.1.1」を使っている人は世の中にはたくさんいるという具合です。

しかし，プライベートアドレスはインターネットの世界では通用しません。そのネットワークの中のアドレスですから。そこで，インターネットに出ていくときには，グローバルIPアドレスに変換します。この技術が**NAT**（Network Address Translation）です。

例えば，とある会社で秘書が社長から「ひつじ社　社長様」と宛名が書かれた手紙を受け取ったとします。このままではポストに入れても届きません。そこで秘書は「東京都新宿区舟町1-1-1　ひつじ社　○○社長」と宛先を書き換えて投函しました。こんな感じと考えて下さい。

関連用語

デフォルトゲートウェイ：同一ネットワーク内に存在しない外部ネットワークと通信する必要がある際に，とりあえずデータを送信する機器。ネットワークの出入り口（ゲート）の役割を担う。通常は**ルータ**。

memo

グローバルIPアドレスは，世界中で1つだけなので，勝手につけることはできない。ICANN（アイキャン）（Internet Corporation for Assigned Names and Numbers）という非営利団体が世界レベルでのIPアドレスやドメイン名（後述）の管理を行っている。ICANNの下には「地域インターネットレジストリ（Regional Internet Registry：RIR）」という組織がある。ここが，それぞれ特定の地域内のIPアドレス割り当て業務を行う役割を担っている。

アドレスにも2種類

IPアドレスの他に**MACアドレス**というアドレスもあります。

MACアドレスって，マクドナルドの住所？

…違います。ネットワーク機器についている固有の番号，固定で割り当てられているアドレスのことですよ。

IPアドレスは住所みたいなものですから，引っ越したら，つまりネットワークを変更したら変わります。MACアドレスは**物理アドレス**ともよばれ，工場出荷時につけられますからネットワークを変更しても，変わることはありません。

この2つのアドレスはどう違うのでしょうか。インターネットでは，IPアドレスは最終的なお届け先であり，MACアドレスは次に渡す先の物理的なアドレスというイメージです。封筒に書く宛先はIPアドレスです。でもポストの場所が分からないと投函できません。ポストの場所を表すのがMACアドレスです。遠方の友人に手紙を出すときちんと届きますが，それはポストや各地の郵便局を経由しています。その直接渡す相手のアドレスがMACアドレスと考えて下さい。

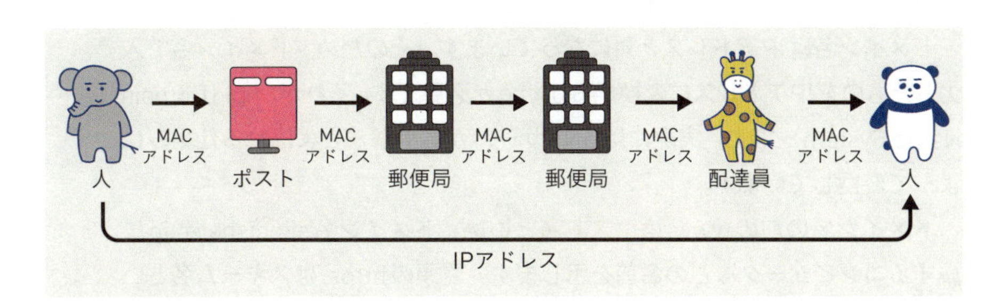

section
1.2 Webページの仕組み

ここがポイント！
- **ホームページの正体を知りましょう**
- **www.shoeisha.co.jpの意味を確認します**
- **普段使っている様々な機能の名前を覚えます**

ドメイン名

前節でIPアドレスは次のようなものだと説明しました。

192.168.72.1　IP アドレス

これを覚えておくことは難しいでしょう。では，次はどうでしょうか。

https://www.shoeisha.co.jp/

ホスト名　ドメイン名

これなら覚えることも，入力することも楽です。このWebページのアドレスを**URL**（Uniform Resource Locator）といい，この中のshoeisha.co.jpの部分を**ドメイン名**といいます。

ドメイン名はIPアドレスと対になっています。そのため，ドメイン名で入力したものをIPアドレスに変換する仕組みが必要です。それが**DNS**（Domain Name System）です。実際にはDNSサーバが**名前解決**とよばれる仕組みによって変換しています。

ドメイン名の前のwww.は**ホスト名**といい，ドメイン名shoeisha.co.jpに属するコンピュータなどの名前を示します。冒頭のhttps:はスキーム名といい，Webサーバとブラウザがデータを送受信するために使われるプロトコル（通信手順）を示します。

ポート番号の役割

IPアドレスは**ホスト**をただ1つに特定できます。しかし，そのコンピュータのどのプログラムにパケットを届けるかは，IPアドレスだけでは決定できません。どのプログラムに通信パケットを渡すのかを決定するために，**ポート番号**を使用します。IPアドレスが住所なら，ポート番号は宛名に当たります。一般的なアプリケーションで使うポート番号は，あらかじめ決められています。例えば，Webページの転送なら80です。

逆に，サーバがパソコンにパケットを返すときにも，そのパソコンのIPアドレスとポート番号を指定して通信を行います。1つのパソコンのブラウザで複数のタブを使って別々のWebページを見ることができるのも，この仕組みを利用しているからです。

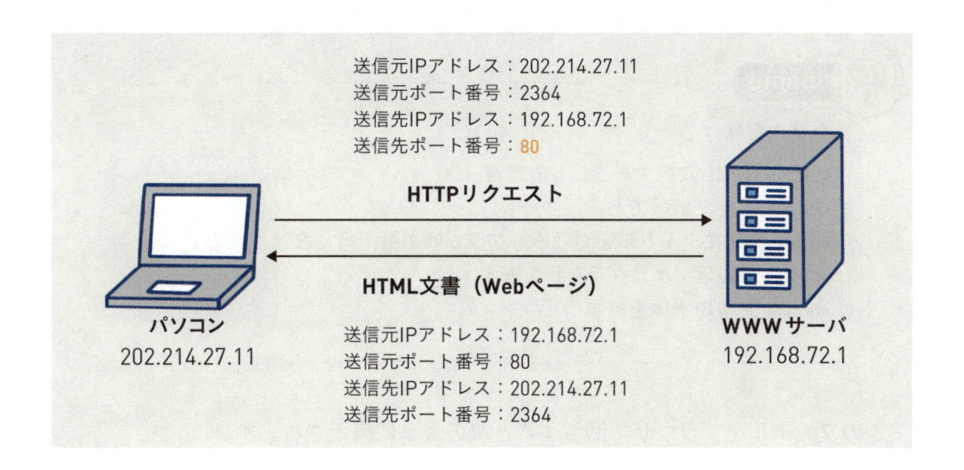

ホームページの正体

ホームページは**HTML**（Hyper Text Markup Language）という**マークアップ言語**で書かれています。マークアップ言語はプログラム言語とはまったく別のものです。文書の構造，例えば「ここはタイトル」「ここは目次」というものを定義するための言語です。文書にラインマーカーで目印をつけるようなものと考えて下さい。

HTMLでは“<”と“>”で囲まれたタグを使って，構造を定義しています。タグの多くは<CENTER> ～ </CENTER>のように対で使って，その間にある文字列に何らかの編集を行っています。例えば次のように記述します。

```
<html>
<head><title>Hello HTML!</title></head>
<body>
<p>
この文を
<CENTER>
真ん中に表示したい！
</CENTER>
出来た？
</p>
</body>
</html>
```

memo

タグの意味

<html> HTML文書であることの宣言
<head> ヘッダ情報である
<title> 文書にタイトルをつける。ブラウザの最上行に表示される
<p> 1つの段落（パラグラフ）を表す
<body> 文書の本体を表す

このファイルをブラウザで閲覧すると次のように表示されます。

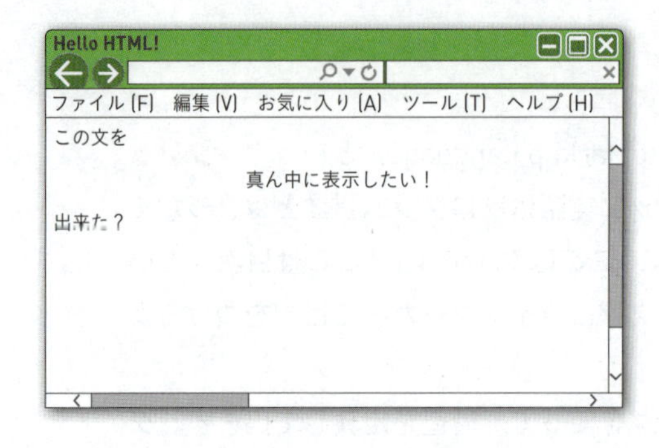

このHTMLで書かれた文書を転送するプロトコルが**HTTP**（Hyper Text Transfer Protocol）です。URLの冒頭部分（スキーム名）はこの**プロトコル名**だったのです。

このHTTPの暗号化バージョンがHTTPSです（暗号化については，**2.4**参照）。

見た目と中身は別物

HTMLは，文書の「構造」を記述することを主な目的にしています。そこに文字の色や大きさ，背景などの情報が混じってくると，せっかくのメイン情報がどこにあるのか分からなくなってしまいがちです。

そこで**スタイルシート**というものを使います。これは，レイアウトを別のファイルとして定義しておき，それをHTMLに対して適用するという考え方です。いったん定義したスタイルは，複数の文書で共有できますから，全体のデザインに一貫性を持たせることができます。このスタイルシートには様々な種類がありますが，代表的なものが**CSS**（Cascading Style Sheet）とよばれるものです。HTML＋CSS＝Webページと考えましょう。

凝ったページにするためには

HTMLではプログラムを書けませんから，Webページ上でゲームやチャットをすることなどはできません。そこでいろいろな工夫がなされています。

アプレットは，Webサーバから送られて，ブラウザで実行される小さなプログラムです。Java（ジャバ）というプログラム言語で書かれています。これにより，簡単なゲームやチャットを実行できます。反対にサーバ側で動作するJavaのプログラムは**サーブレット**といいます。

CGI(Common Gateway Interface)を利用したアプリケーションでは，Webサーバとブラウザがデータを交換します。掲示板やカウンタなどはこの仕組みが使われ，Perl（パール）やPython（パイソン），Ruby（ルビー）といったプログラム言語で書かれることが多いです。

また，HTMLは出来合いの（決められた）要素しか使えませんが，ユーザが独自に要素を決められる**XML**（eXtensible Markup Language）というマークアップ言語も広く使われています。例えば，文章中に「私はひかるです」という記述を出したい場合，名前の部分をXMLでマークアップして「私は<名前>ひかる</名前>です」とできます。これにより名前の検索がしやすくなります。こんな風にユーザがタグを作って，意味付けができるのがXMLの特徴です。

便利なんだけど

Cookie（クッキー）はユーザの情報をパソコンに一時的に記録したり参照したりする機能です。

ひかるくんにはお気に入りのネットショッピングサイトがあります。初めて利用する時に，住所や氏名，電話番号，送り先など様々な情報を入力しました。しかし，2度目以降の買い物では，情報がすでに入力された状態になっています。同じ情報を入力する手間が省けて大助かりです。

これがCookieの機能です。Cookie は，アクセスしたWebサイトにより作成されるファイルで，サイトの設定やプロフィール情報などの閲覧情報がパソコンのブラウザに保存されます。2回目以降はこの情報によって，サイトにユーザの個人設定を記憶させたり，サイトにアクセスする際のサインインを省略可能にしたりして，利便性を向上させることができます。

しかし，入力しなくても個人情報が記載されているということは，第三者が勝手に注文をしたり，個人情報を知らない間に見られたりする可能性もあります。そこで，セキュリティを高めるためには，ブラウザでCookieを無効にする設定をしたり，Cookieファイルを削除したりすることもできます。

関連用語

オートコンプリート：特定のページにアクセスしたときに，そのページにあるフォーム（入力欄）に対して，一部の入力をすると自動的に前回入力した情報を自動的に補完する機能。ユーザから見た機能としてはCookieと似ているが，コンピュータ内で完結していてサーバとは無関係な機能である。

section 1.3 電子メールとその他のプロトコル

ここがポイント！

・電子メールのプロトコルは頻出テーマです
・電子メールの宛先のマナーを覚えましょう
・その他のプロトコルも確認します

メール送受信のプロトコル

電子メールの送受信で利用されるプロトコルは，**SMTP**（Simple Mail Transfer Protocol）と**POP3**（ポップスリー）（Post Office Protocol Version 3）です。メールクライアントが電子メールを送信する際にはSMTPが，受信する際にはPOP3が利用されます。

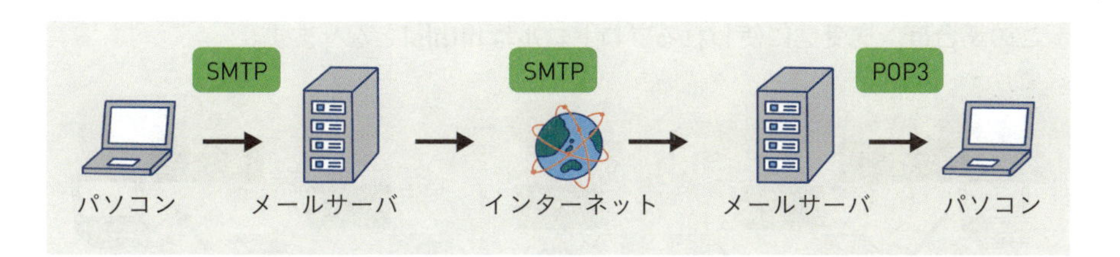

電子メールは基本的にテキスト（文字）データしか送信できません。日本語を含む複数バイトからなるデータや，添付ファイルなどを送受信するために**MIME**（マイム）という拡張機能が使われています。

メール受信には**IMAP4**（アイマップフォー）（Internet Message Access Protocol 4）というプロトコルも使われます。IMAP4ではPOP3と異なり，電子メールをメールサーバ上で管理します。サーバ上にメールが保存されるため，複数の端末で利用する際に便利です。また，パソコンにメールをダウンロード・保存しないため，POPよりもセキュリティ面に優れていることもあります。

またメールの形式には**テキスト形式**と**HTML形式**があります。

- **テキスト形式**：文字だけで構成された一般的なメール。表示される状態が

受信者の環境やメールソフトに影響されにくい。プレーンな文字だけなので，強調したり画像を使ったりできない

- **HTML形式**：Webページの作成に用いられるHTML形式でメール本文を記述したメール。Webページのように文字を大きくしたり色をつけたりといった装飾が可能。ただし，正しく表示されるかどうかは受信者の環境やメールソフトの設定に依存する。セキュリティソフトなどではじかれることもある

Webメールとは

近年**Webメール**を利用することも多くなってきました。Webメールとは，インターネット経由で接続し，Webブラウザ上でメールチェックやメール送受信ができるシステムやサービスです。手元のパソコンやスマートフォンなどの端末にメールソフトがインストールされていなくても，Webメールならインターネットへアクセスしさえすれば，Webブラウザ上でメールを使うことができます。GmailやOutlook.comがそれです。

この場合は，送受信に使われるプロトコルはhttp(s)となります。

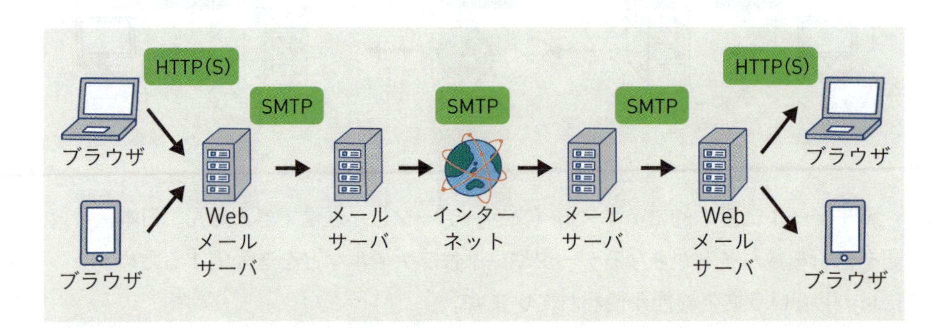

宛先の付け方

プロバイダを変更したとき，友人全員にメールアドレスを変更したというメールを送りますよね。メールは一度に大勢の人に送れるので，こういうときは便利です。しかし，このとき，互いに知らない者同士のアドレスを宛先欄（**TO**）に入れてはいけません。ここに，AさんのアドレスとBさんのアドレスを並べて指定すると，AさんにはBさんの，BさんにはAさんのアドレス

が見えてしまいます。2人ともあなたにとっては友人ですが，お互いは知り合いではありません。これはメールアドレスの流出につながります。

この場合はBCC欄にAさんとBさんのアドレスを指定します。BCCはBlind Carbon Copyの略で，指定先には普通にメールが届きますが，ほかの人にも同じメールが届いたことは分かりません。なおCC欄に指定した場合もTO欄と同様にアドレスが見えてしまいます。CC（Carbon Copy）とは「本来の宛先とは違いますが，ご参考までに送ります」という意味になります。

電子メールのセキュリティ

セキュリティについてはchapter2で詳しく述べますが，電子メール自体はとてもリスクの高いツールといえます。ウイルス対策ソフトを導入することはもちろんですが，その他にも次のような対策があります。

- 無差別かつ大量に一括して送られるスパムメールの対策として，受信にIMAPを利用してメールをダウンロードしない
- メールのセキュリティスキャンを行い，添付ファイルの内容を画像やテキストに変換する，メール本文内のURLを無効化するなど，攻撃されやすい箇所を変換し無害化する

またメール自体を保護するにはMIMEの拡張規格であるS/MIME（エスマイム）を用いることで，メールを暗号化する方法もあります。

電子メールを介したウイルスの被害に遭わないためには，次のようなことに注意する必要があります。

- 不審な電子メールは開かずに削除する
- 信頼できる人からの電子メールであっても，添付ファイルのウイルスチェッ

クを行う

- 実行ファイル以外の添付ファイルであっても，添付ファイルのウイルスチェックを行う

メールのヘッダ（宛先や送信元などが書かれた部分）は偽装できるから注意しましょう！

チェーンメール

最近，「これは確かな情報ですから，あなたの大切な人に伝えて下さい」「拡散希望」といった，受信者に対して他者への転送を促すメールをもらったことはありませんか？　これは**チェーンメール**とよばれます。基本的にこれを転送してはいけません。真偽が不確かな場合は混乱の元になります。たとえ正しい情報であっても，通信回線やその他の資源を圧迫することになります。この種のメールはねずみ算式に増えていきます。1人が5人に1時間後に転送していくとすると，11時間後には日本の人口を超えます。内容（いい内容・悪い内容）にかかわらず，チェーンメールは自分のところで止めましょう。

その他のプロトコル

DHCP（Dynamic Host Configuration Protocol）はIPアドレスや，それに付随する必要な情報を自動的に割り当てる仕組みです。インターネットに接続する端末にはIPアドレスが必要ですが，DHCPを利用すると，ユーザが何も設定しなくてもDHCPサーバが自動で割り当ててくれるので，インターネットの利用が簡単になります。

FTP（File Transfer Protocol）はサーバとクライアント間で，ファイルを送受信するプロトコルです。アップロードやダウンロードで使用します。

NTP（Network Time Protocol）は，コンピュータに内蔵されているシステムクロックを，ネットワークを介して正しく同期させるためのプロトコルです。いわば時刻合わせのプロトコルといえます。インターネット上の機器は，例えば何時何分何秒にパケットを受信したかということをログにすべて

記録しています。このときに時計がちょっとでも狂っていると，管理や分析ができなくなってしまうので，自動的に時刻合わせをする必要があるのです。

TELNET（テルネット）とSSH（Secure SHell）はネットワークに接続された機器を遠隔操作するために使用するプロトコルです。TELNETは，パスワード情報を含めすべてのデータが暗号化（**2.4**参照）されずに送信されるのに対して，SSHではすべてのデータが暗号化されて送信されます。

VoIP（Voice over Internet Protocol：ブイ オー アイピーまたはボイップ）はIPネットワーク上で音声通話を実現する技術のこと。VoIPでは，デジタル符号化した音声信号を一定の時間ごとに区切ってパケット化し，回線使用効率が高いIPネットワークを使って送信するため，通話料金を安くすることが可能になる。末尾がProtocolとなっているが，これ自体は技術を指す用語であり，プロトコルではない。

section
1.4 LANとインターネット接続サービス

ここがポイント！

- PCが直接接続するLANの特徴を学びます
- 新しいインターネット接続サービスは狙われます
- 通信速度に関する計算問題をマスターしましょう

LANの規格

LAN（ラン）（Local Area Network）は，ケーブルや無線などを使って，家庭や会社など同じ建物の中にあるパソコンや通信機器，プリンタを接続し，データをやりとりするネットワークです。

本来LANの規格にはいろいろなものがありますが，現在主流になっているのは**イーサネット**（Ethernet）というものです。1本のケーブル上をデータが行き来するので，交通整理が必要になります。これが**アクセス制御**です。

イーサネットはアクセス制御に**CSMA/CD**（Carrier Sense Multiple Access/Collision Detection）方式を採用しています。これは各端末が伝送路上の信号を監視し，空いていればデータを送出するという「早い者勝ち」方式です。細い道から幹線道路に出ていく場合に，左右を見て車が来なければアクセルを踏む，という感じです。この方式には致命的な欠陥があります。複数の車が同じタイミングで出ていこうとすれば，衝突してしまうことです。CSMA/CD方式でもこの衝突（**コリジョン**）は織り込み済で，衝突が発生した場合は，少し待ってから再送する仕組みになっています。

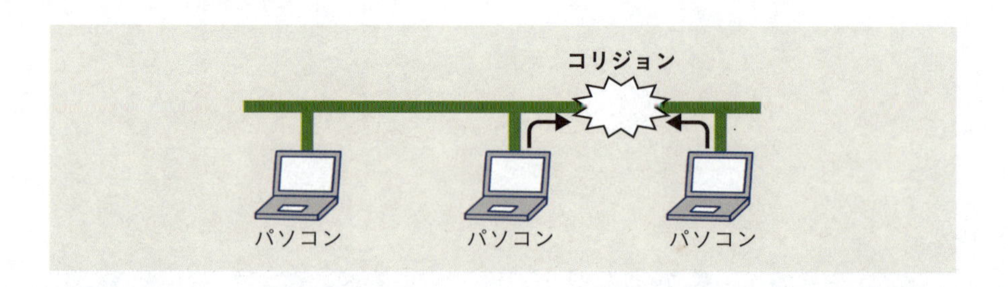

関連用語

PoE（Power over Ethernet）：イーサネットの通信ケーブルを通じて電力を供給する技術。

VLAN（Virtual LAN）：物理的な1つのLANを，仮想的（バーチャル）に複数のLANに分けたり，逆に物理的に分かれたLANを仮想的な1つのLANに見せたりする技術。同一グループに所属しているもの同士であれば通信ができ，異なるグループに所属しているもの同士であれば通信ができなくなる。

LANの形

具体的にイーサネットでLANを構築する場合，**ハブ**とよばれる集線装置を使うことが一般的です。ハブとケーブルを使って，各端末を接続します。このような接続形態を**スター型**といいます。

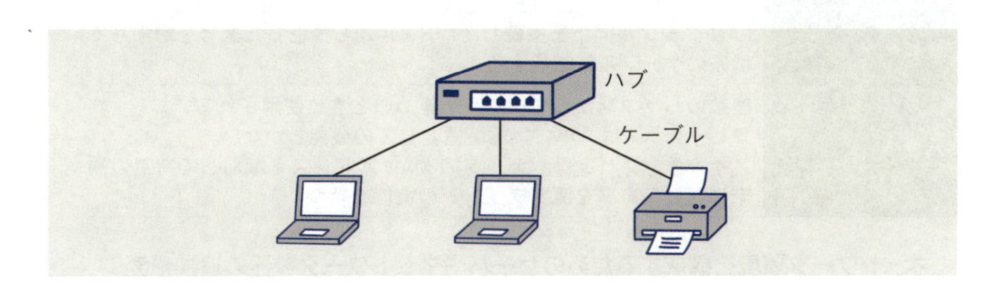

memo

ハブ

複数のケーブルを接続して相互に通信できるようにする集線装置，中継装置。写真はLANを構築するネットワークハブ。

LAN間接続機器

LANとLANやLANとWANを接続するためには，ネットワークを相互接続する機器が必要になります。接続するプロトコル階層によって，様々な機器がありますが，中でもインターネットの中核をなす機器が**ルータ**です。

ルータは受信データのIPアドレスを解析して，適切なネットワークに転送します。004ページの図でバケツリレーのようにパケットの中継をしている機器がルータです。経路選択（ルーティング）機能を持つ機器なのでルータといいます。

ルータと同様の機能を持つ装置に，**L3スイッチ**があります。ハードウェアで転送を処理するのでルータよりも高速に動作するという特徴があります。LANの内部だけ，つまりIPアドレスではなくMACアドレスから送り先を特定し，データを流す機能を持つ機器は**L2スイッチ**です。

LAN間接続機器には次のようなものがあります。

ゲートウェイ	互いに直接通信できないネットワーク同士の通信を可能にする機器。携帯電話の電子メールをインターネットの電子メールとしてパソコンで受け取れるようにプロトコル変換する場合などに用いられる
ブリッジ	LANの端末を相互接続する機器で，受信データのMACアドレスを識別して宛先の端末に転送する
リピータ	LANケーブル同士を接続し，ケーブルから受信した信号を増幅して他方のケーブルに送信する
ハブ	複数のパソコンからケーブルを集めるときに使用される。 **リピータハブ**は，単に集線装置としての機能しかない。 **スイッチングハブ**は，データのMACアドレスを識別して特定の端末にだけデータを流すブリッジの機能を持つ

ネットワーク環境を構成するためのサーバやネットワーク機器の追加や変更は労力が大きいので，近年は**SDN**（Software Defined Network）という技術を使いソフトウェアによって仮想的なネットワーク環境を作ることもされています。

ルータ

データの転送経路を選択・制御する機能を持ち，複数の異なるネットワーク間の接続・中継に用いられる装置。写真は無線インターフェイスを搭載したタイプ。

無線LAN

無線LANは，ケーブルの代わりに**電波**を使ってLANを構築するものです。無線LANには**アクセスポイント**（**AP**）を介して通信を行う**インフラストラクチャモード**と，対応する子機同士が直接通信を行う**アドホックモード**という2つの通信形態があります。ニンテンドーDSやプレイステーションポータブル（PSP）での複数人プレイや，カメラからプリンタへのダイレクトプリントは，このアドホックモードの使用例です。

インフラストラクチャモードで必要となるアクセスポイントは無線を受発信すると同時に，無線LANと有線LANを相互変換してくれる装置です。実際にはルータと無線アクセスポイントの両機能を利用できる**無線LANルータ**が普及しています。

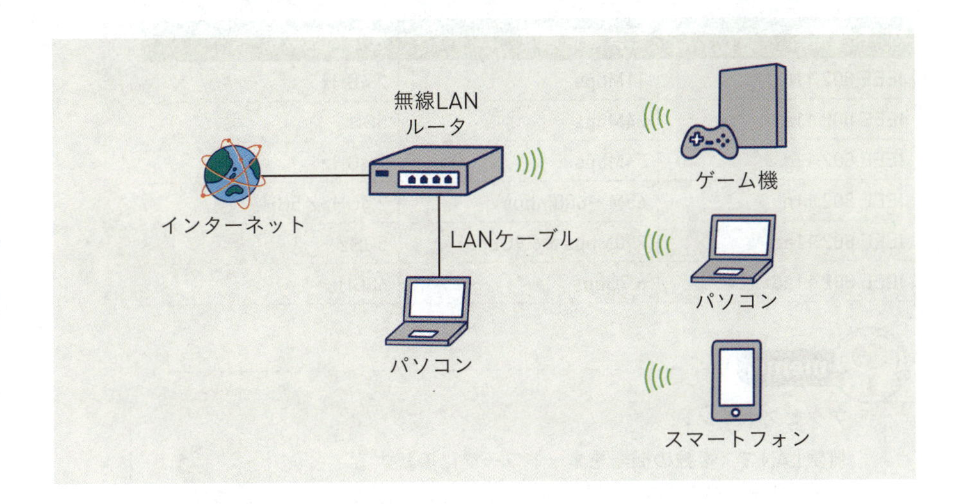

パソコン側で複数のアクセスポイントが検知される場合もあります。どれが自分の所属するLANなのかを識別するために**ESSID**とよばれるネットワーク識別子を用います。

またデータを電波で飛ばすため，セキュリティ対策（**2.4**参照）は必須です。

電波には**周波数**というものがあります。簡単にいえば1秒間に波の揺れが何回あるか，というものです。無線通信を行う際の，電波の周波数の範囲を示したものが**周波数帯**です。無線LANでは主に**2.4GHz**（ギガヘルツ）**帯**と**5GHz帯**が使われています。一般に周波数帯が小さいほど，壁や床などの障害物に強く電波が届きやすいのですが，2.4GHz帯は他の家電製品でもよく使われている周波数帯なので電波干渉を受けやすいデメリットがあります。無線LANにはIEEE802.11（アイトリプルイー）という規格が定められていて，この規格は年々進化・更新され，より電波干渉を抑えた高速通信が可能となっています（IEEEについては，**6.4**参照）。

無線LANのアクセス制御は，**CSMA/CA**（Carrier Sense Multiple Access/Collision Avoidance）方式です。イーサネットがCD，つまり衝突を検知（Detection）するのに対し，無線LANではCA，衝突を回避（Avoidance）します。有線の場合は衝突が分かるのですが，無線だと分からないので，できるだけ衝突しないようにしようという考え方です。衝突が発生する可能性を低くするために，送り始める前にランダムな長さの待ち時間を入れます。

Wi-Fi規格名	最大通信速度	使用周波数帯
IEEE 802.11b	11Mbps	2.4GHz
IEEE 802.11a	54Mbps	5GHz
IEEE 802.11g	54Mbps	2.4GHz
IEEE 802.11n	65M～600Mbps	2.4GHz／5GHz
IEEE 802.11ac	290Mbps～6.9Gbps	5GHz
IEEE 802.11ad	6.7Gbps	60GHz

アクセスポイント

無線LANで，複数の機器をネットワークに接続するために電波を送受信する装置。有線LANと無線LANを相互に変換する役割を果たしている。

Wi-Fiって何？

異なるメーカの機器であってもきちんとデータの受け渡しをするためには，統一した規格が必要です。**Wi-Fi**（ワイファイ）は無線LANの規格の一つです。つまりWi-Fiの認証を受けた機器なら，お互い接続できる保証があるというわけです。現在ではWi-Fi認証を通っていない機器はまずありません。そこで，一般的には無線LAN＝Wi-Fiと考えて差し支えありません。

無線LANルータを使わずに，Wi-Fi機能が搭載されているパソコンやスマートフォンなどの機器同士を無線で直接つなげる**Wi-Fi Direct**（ワイファイダイレクト）も普及しつつあります。例えばWi-Fi Directに対応したプリンタとWi-Fi機能が搭載されているパソコンは無線で直接つないで印刷できるため，ケーブルでつないだり，無線LAN経由でつないだりする必要がありません。

関連用語

メッシュWi-Fi：通常のWi-Fi接続では，ルータ1台でパソコンやスマートフォンなどを接続している。メッシュWi-Fiでは，メインのルータをインターネット回線につなげ，そのメインと連携ができるサテライトルータを複数設置することでWi-Fiの接続範囲を広げて，家中どこにいても強力な信号を提供する効率的なWifiネットワークを実現できる。

WPS（Wi-Fi Protected Setup）：無線LANの接続設定を簡単に行うための規格。これを利用すればSSIDや暗号化キーの入力なしに，ボタンを押すだけでWi-Fi接続を確立することができる。

なぜ新幹線の中で携帯がつながるのか

私たちが普通に使っている携帯電話やスマートフォン，これってそもそもどうやって通話しているのでしょうか。電話線はないのに！

例えば，北海道に住んでいるパス美さんと沖縄に住んでいるポートさんが，携帯電話で通話しているとします。パス美さんの携帯電話から発せられた電波は，すぐ近くにある「無線**基地局**」という大型のアンテナつきの無線通信装置に届きます。そこからは，光ファイバーなどの有線ケーブルを伝って，様々な通信設備を経由します。そして，ポートさんの近くにある無線基地局までたどり着くと，再び電波となってポートさんの携帯電話に届いて，通話が成り立っています。そのため，災害などで有線の部分に障害が発生すると，携帯電話の通話にも支障が出るのです。そしてこの無線基地局が近くに（電波の届く範囲に）ない状態が「圏外」ということになるわけです。

例えば新幹線の車内で通話しているとします。ある基地局を利用していますが，新幹線は最高時速約320キロで進みますから，すぐにこの圏内を飛び越えて電波が弱くなっていきます。すると今度は，より強い電波を受信できる基地局へバトンを渡すようにつなぎかえて，通信を維持します。これを**ハンドオーバー**といいます。

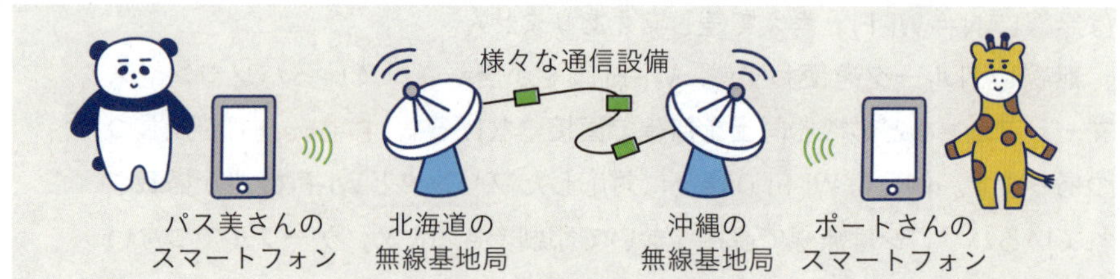

スマホで動画をサクサク見たい！

今やインターネット端末の主流はスマートフォンやタブレット端末に移っています。そしてより高速大容量な通信が求められています。現在日本で主流なのは第4世代，いわゆる**4G**（**LTE**）です。G はGeneration（世代）です。これは**キャリアアグリゲーション**といって，複数の周波数帯の電波を束ねて，高速化する手法を採用しています。通信速度は100Mbps～1Gbpsです。すでに**5G**も実用化されています。通信速度は10～20Gbpsにまで向上します。インターネットで動画が止まったり，音声が途切れたり**輻輳**（ふくそう）（通信が急増し，ネットワークの許容量を超え，つながりにくくなること）することがなくなり，より快適なインターネット環境を実現し，4Gでは30秒かかっていた映画のダウンロードも，5Gでは約3秒で完了します。また通信速度が向上することで，送信と受信を繰り返すことで生まれる遅延も少なくなります。

そして端末代金や通信料金は安い方がありがたいです。**仮想移動体通信事業者**（**MVNO**（エムブイエヌオー）：Mobile Virtual Network Operator）は，携帯電話などの移動体回線網を自社では持たずに，実際に保有する他の事業者から借りて，自社ブランドで通信サービスを行う事業者です。いわゆる「格安スマホ」事業者です。

関連用語

ローミング：携帯電話会社の電波が届かない場所に行った際に，携帯電話会社が提携している現地の携帯電話会社の電波を使って通信を行うこと。便利な機能であるが，知らないうちに通話料や通信料が非常に高額になる場合があるので，注意が必要。

eSIM（イーシム）：SIMの次世代規格。従来のSIMと同様，ごく小さなチップの形をしているが，端末から抜き差しすることはない。端末出荷時には，eSIMに携帯電話情報が書き込まれていない。あとでeSIMが埋め込まれた端末を操作し，「プロファイル」とよばれるデータのセットをダウンロードしてeSIMに書き込むことで，電話やインターネットなどの通信を利用できるようになる。

章末問題

問題

問1

重要度 ★★★ [令和4年　問73]

問　膨大な数のIoTデバイスをインターネットに接続するために大量のIPアドレスが必要となり，IPアドレスの長さが128ビットで構成されているインターネットプロトコルを使用することにした。このプロトコルはどれか。

ア　IPv4　**イ**　IPv5　**ウ**　IPv6　**エ**　IPv8

問2

重要度 ★★★ [令和5年　問68]

問　インターネット上のコンピュータでは，Webや電子メールなど様々なアプリケーションプログラムが動作し，それぞれに対応したアプリケーション層の通信プロトコルが使われている。これらの通信プロトコル下位にあり，基本的な通信機能を実現するものとして共通に使われる通信プロトコルはどれか。

ア　FTP　**イ**　POP　**ウ**　SMTP　**エ**　TCP/IP

問3

重要度 ★★☆ [令和5年　問97]

問　サブネットマスクの役割として，適切なものはどれか。

ア　IPアドレスから，利用しているLAN上のMACアドレスを導き出す。
イ　IPアドレスの先頭から何ビットをネットワークアドレスに使用するかを定義する。
ウ　コンピュータをLANに接続するだけで，TCP/IPの設定情報を自動的に取得する。
エ　通信相手のドメイン名とIPアドレスを対応付ける。

問4　重要度 ★★★　[令和3年　問98]

問　インターネットで用いるドメイン名に関する記述のうち，適切なものはどれか。

ア　ドメイン名には，アルファベット，数字，ハイフンを使うことができるが，漢字，平仮名を使うことはできない。
イ　ドメイン名は，Webサーバを指定するときのURLで使用されるものであり，電子メールアドレスには使用できない。
ウ　ドメイン名は，個人で取得することはできず，企業や団体だけが取得できる。
エ　ドメイン名は，接続先を人が識別しやすい文字列で表したものであり，IPアドレスの代わりに用いる。

問5　重要度 ★★★　[令和2年　問67]

問　TCP/IPにおけるポート番号によって識別されるものはどれか。

ア　LANに接続されたコンピュータや通信機器のLANインタフェース
イ　インターネットなどのIPネットワークに接続したコンピュータや通信機器
ウ　コンピュータ上で動作している通信アプリケーション
エ　無線LANのネットワーク

問6　重要度 ★★★　[令和4年　問87]

問　メールサーバから電子メールを受信するためのプロトコルの一つであり，次の特徴をもつものはどれか。

① メール情報をPC内のメールボックスに取り込んで管理する必要がなく，メールサーバ上に複数のフォルダで構成されたメールボックスを作成してメール情報を管理できる。
② PCやスマートフォンなど使用する端末が違っても，同一のメールボックスのメール情報を参照，管理できる。

ア　IMAP　　**イ**　NTP　　**ウ**　SMTP　　**エ**　WPA

問7

重要度 ★★★ [令和5年　問83]

問　スマートフォンなどで，相互に同じアプリケーションを用いて，インターネットを介した音声通話を行うときに利用される技術はどれか。

ア　MVNO　**イ**　NFC　**ウ**　NTP　**エ**　VoIP

問8

重要度 ★★★ [令和5年　問92]

問　電子メールに関する記述のうち，適切なものはどれか。

ア　電子メールのプロトコルには，受信にSMTP，送信にPOP3が使われる。
イ　メーリングリストによる電子メールを受信すると，その宛先には全ての登録メンバーのメールアドレスが記述されている。
ウ　メールアドレスの“@”の左側部分に記述されているドメイン名に基づいて，電子メールが転送される。
エ　メール転送サービスを利用すると，自分名義の複数のメールアドレス宛に届いた電子メールを一つのメールボックスに保存することができる。

問9

重要度 ★★★ [令和3年　問71]

問　移動体通信サービスのインフラを他社から借りて，自社ブランドのスマートフォンやSIMカードによる移動体通信サービスを提供する事業者を何と呼ぶか。

ア　ISP　**イ**　MNP　**ウ**　MVNO　**エ**　OSS

問10

重要度 ★★★ [令和2年　問95]

問　伝送速度が20Mbps（ビット／秒），伝送効率が80%である通信回線において，1Gバイトのデータを伝送するのに掛かる時間は何秒か。ここで，1Gバイト＝10^3Mバイトとする。

ア　0.625　**イ**　50　**ウ**　62.5　**エ**　500

解答・解説

問1　[令和4年　問73]

解答　ウ

解説　現在，インターネット環境で，一般的に普及して利用されている標準プロトコルがIPv4です。ただ，世界中で急速にインターネット利用者・利用機器が増加しています。IPv4はアドレスが32ビットなので，割り当てられるIPアドレスの上限は最大2の32乗（＝4,294,967,296）個です。そのためIPv4アドレスは不足することが懸念されています。これが「IPアドレス枯渇」という問題です。

この問題を解決すべく開発されたのがIPv6です。IPv6はアドレスが128ビットです。2の128乗，約340澗（340兆の1兆倍の1兆倍）個のIPアドレスが使用できるようになり，ほぼ無限になります。

問2　[令和5年　問68]

解答　エ

解説　TCP/IP（Transmission Control Protocol/Internet Protocol）は，現在のインターネット通信において最も利用されている通信プロトコルです。TCP/IPは複数のプロトコルからなりますが，中心的な役割を果たすのがTCPとIPであることからTCP/IPとよばれるようになりました。

層の名称	層の役割	主なプロトコル名	OSIモデルの階層との対応
アプリケーション層	アプリケーションごとの固有の規約	HTTP, FTP, Telnet, SMTP, POP3 など	5, 6, 7
トランスポート層	端末間のデータ転送の信頼性を確保するための規約	TCP, UDP など	4
インターネット層	データの伝送経路を決めて，伝送や中継を制御するための規約	IPなど	3
ネットワークインタフェース層	隣接する端末間の通信のための規約	イーサネット，トークンリング，フレームリレー，PPP，無線 LAN（IEEE802.11）など	1, 2

ア，イ，ウはいずれもアプリケーション層のプロトコルです。

問3　[令和5年　問97]

解答　イ

解説　**サブネットマスク**は，IPアドレスの**ネットワーク部**と**ホスト部**を区別する識別子のことです。具体的には，ネットワークアドレス部分に1を，ホストアドレス部分に0を並べます。

例えば192.168.72.1というIPv4のIPアドレスの先頭から26ビットがネットワークアドレス，6ビットがホストアドレスだとすると，サブネットマスクは255.255.255.192となります。

11000000	10101000	01001000	00000001	IPアドレス
11111111	11111111	11111111	11000000	サブネットマスク

ネットワークアドレス（26ビット）｜ホストアドレス（6ビット）

ア　**ARP**（Address Resolution Protocol）に関する記述です。
イ　適切な記述です。
ウ　**DHCP**（Dynamic Host Configuration Protocol）に関する記述です。
エ　**DNS**（Domain Name System）に関する記述です。

問4　[令和3年　問98]

解答　エ

解説

ア　英数字ドメイン名は，半角英数字（A～Z，0～9）・半角のハイフン「-」のみが使用できます。日本語ドメイン名は，全角ひらがな・カタカナ・漢字・半角英数字（A～Z，0～9）・半角のハイフン「-」以外の記号として「・」「ヽ」「ヾ」「ゝ」「ゞ」「々」「ー」なども使用可能です。
イ　電子メールアドレスの“@”以降に記述するのがドメイン名です。
ウ　ドメイン名は，企業のWebサイトやメールアドレス，個人のブログなどで利用され，法人・個人を問わず誰でも取得が可能です。ただしドメインの種類によっては，法人のみ，学校のみなどの制限があるので注意が必要です。

エ 適切な記述です。IPアドレスとドメイン名は1対1で対応します。数字の並びであるIPアドレスは覚えにくく，間違いやすいので，分かりやすいドメイン名が使われます。

問5　[令和2年　問67]

解答 ウ

解説 **ポート番号**は，TCP/IP通信において，コンピュータが通信に使用するプログラムを識別するための番号です。IPアドレスがあればネットワーク上のコンピュータを一意に識別することができますが，そのコンピュータのどのプログラムに通信パケットを届けるかは，IPアドレスだけでは決定できません。どのプログラムにパケットを渡すのかを決定するために，ポート番号を使用します。

ア MACアドレスにより識別します。
イ IPアドレスにより識別します。
ウ 適切な選択肢です。
エ ESSIDにより識別します。

問6　[令和4年　問87]

解答 ア

解説

ア 適切な選択肢です。**IMAP**（Internet Message Access Protocol）は，サーバにあるメールをパソコンなどの端末にはダウンロードせず，サーバ上でメールを管理するプロトコルです。一方，POP（Post Office Protocol）はサーバにあるメールをパソコンなどの端末にダウンロードして，端末上でメールを管理するプロトコルです。

イ **NTP**（Network Time Protocol）は，TCP/IPネットワークを通じて現在時刻の情報を送受信するプロトコルです。時刻合わせのプロトコルと考えましょう。

ウ **SMTP**（Simple Mail Transfer Protocol）は，クライアントからメールサーバに電子メールを送信したり，メールサーバ間で電子メールを転送したりするプロトコルです。

エ　WPA（Wi-Fi Protected Access）は，無線LANでクライアントとアクセスポイント間の通信を暗号化する規格です。

問7　[令和5年　問83]

解答　エ

解説

ア　MVNO（Mobile Virtual Network Operator：仮想移動体通信事業者）は，いわゆる格安スマホ業者のことです。ドコモやau，ソフトバンクといった電気通信事業者の回線を間借りして，移動通信サービスを提供する事業者です。

イ　NFC（Near Field Communication）は，数cm～10cm程度の至近距離での無線通信を行う国際標準規格です。おサイフケータイ機能やSuica，nanacoなどの電子マネーICカードで使用されている通信規格です。

ウ　NTP（Network Time Protocol）は，インターネットにおける時刻（協定世界時：UTC）合わせのプロトコルです。

エ　適切な選択肢です。VoIP（Voice over IP）は，インターネットなどのIPネットワークを通じて音声通話を行う技術の総称です。電話網をコンピュータネットワークに統合したもので，専用の電話機やパソコン，携帯端末などから音声通話を利用できます。IP電話という名称でおなじみです。

問8　[令和5年　問92]

解答　エ

解説

ア　受信にPOP3やIMAPが，送信にSMTPが使われます。

イ　メーリングリストとは，一度に複数人へ同じメールを送信できる仕組みです。宛先はメーリングリスト名で送信されるため，メンバーのメールアドレスは記述されません。

ウ　ドメイン名は“@”の右側部分です。

エ　適切な記述です。**メール転送サービス**は，あるメールアドレス宛てに届いたメールを，あらかじめ設定した別のアドレス宛てに自動的に転送するサービスです。

問9　[令和3年　問71]

解答　ウ

解説

ア　ISP（Internet Service Provider）は，個人や企業などに対してインターネットに接続するためのサービスを提供する事業者です。

イ　MNP（Mobile Number Portability：ナンバーポータビリティ）は，移動体通信事業者（キャリア）を変更しても，現在使っている電話番号を継続して利用することができる制度です。日本では2006年10月からMNPの制度がスタートしました。

ウ　適切な選択肢です。MVNO（Mobile Virtual Network Operator：仮想移動体通信事業者）は，移動体通信事業者から通信回線を借り受け，サービスを提供している事業者です。UQ mobile，OCNモバイルといったいわゆる「格安スマホ」の事業者です。

エ　OSS（Open Source Software）は，ソフトウェア作者の著作権は保持したまま，ソースコードの改変や再配布が自由に認められている無償のソフトウェアです。

問11　[令和2年　問95]

解答　エ

解説　基本的な公式は，

データ量÷伝送速度＝時間

です。

ただし，いくつか注意点があります。データ量はバイトで，伝送速度はビット／秒という単位が使われます。計算するためには単位を揃える必要があります。1バイト＝ 8ビットですから，データ量には8を掛けます。また，伝送効率80％というのは，伝送速度が80％になると考えて下さい。

以上を考慮して，計算します。

$$\frac{1\times10^3\times8}{20\times0.8}=500\ (秒)$$

chapter 2 セキュリティ

インターネットを含むITを利用している以上，セキュリティの脅威から逃れることはできません。日常生活に潜む様々な脅威とその対策について学習しましょう。ITパスポート試験では最も出題数の多いジャンルとなっています。

アクセスキー h （小文字のエイチ）

section
2.1 セキュリティとは

ここがポイント！
- そもそもセキュリティって何でしょう
- セキュリティの3（7）要素は頻出です
- 用語をしっかり覚えましょう

セキュリティとは

元々の語源はラテン語で，SE（欠如する）+CURE（心配），つまり心配事から逃れるという意味です。会社の資産を脅威から守るのが，セキュリティといえます。ここでいう資産とは，コンピュータなどのハードウェアや，情報システムなどのソフトウェアだけではありません。ビジネスチャンスや社会的信用といった目に見えないものも含まれます。**脅威**とは，マルウェアのような外からの攻撃はもちろんですが，災害や故障，そして内部の不正行為や「つい，うっかり」もあります。考えてみると，本当に様々な脅威がありますね。

そしてその脅威から守るためには，リスクの識別と脆弱性（ぜい）の把握が必要です。**リスク**は将来への「不確かさ」と，その「影響」のことです。ですから，厳密にいえばポジティブな意味も含みます。ただ，日本ではリスクという言葉が「危険」あるいは「危機」という意味で使われることが多いです。そしてリスクは次の式で表すことができます。

リスク＝　起こり得る損失　×　発生確率

一方，**脆弱性**（ぜい）は，損失を発生させる弱点や欠点のことです。一般的にはソフトウェアやWebサイトなどの設計上のミスが原因となって発生した，情報セキュリティ上の欠陥・弱点のことを指します（狭義の脆弱性）。しかし，IT運用全般におけるセキュリティ面での弱点と広く捉えれば，プログラムなどのソフトウェアに限らず，ハードウェア・ネットワーク・物理的環境・運用面での欠陥や弱点も脆弱性といえます。

整理しましょう。

脅威　・・・被害を引き起こす直接の原因や事象

リスク・・・被害に遭う可能性やその大きさ

脆弱性・・・狙われやすい弱点

盗難を例に挙げると，泥棒が脅威，盗難被害に遭う可能性やその被害額がリスク，鍵の壊れたドアが脆弱性です。

情報セキュリティポリシ

「わが社は情報セキュリティに関して，こういう方針で進める」と宣言するのが**情報セキュリティポリシ**です。出るとこ! 組織の経営者が最終的な責任者となり情報セキュリティの目標と，その目標を達成するために企業がとるべき行動を社内外に宣言する文書です。

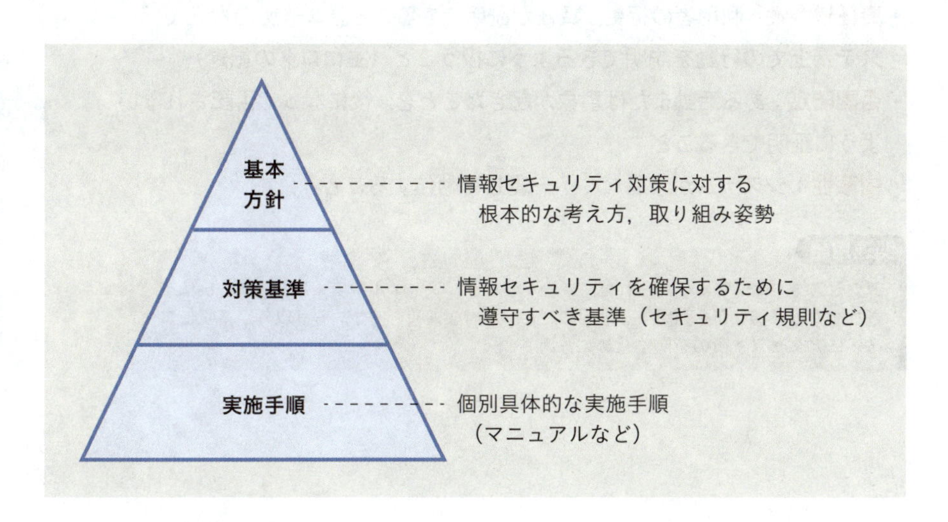

情報セキュリティの3要素

出るとこ!

そもそも情報セキュリティとは，情報資産の**機密性**，**完全性**，**可用性**を維持することです。情報資産とは，企業や組織などで保有している情報全般のことです。それらのデータが保存されているパソコンやサーバ，記録媒体，そして紙の資料も情報資産に含まれます。

- **機密性**：情報を不正アクセスから守り，漏えいや改ざんなどが行われないようにすること。アクセスを認可された者だけが情報にアクセスできるこ

とを確実にします

- **完全性**：情報に矛盾がなく，内容が正しいこと。情報資産の内容に欠落や重複，改ざんなどが発生しないように整合性を維持することです
- **可用性**：利用者が情報システムを使いたい時に使えること。システムの二重化などの冗長構成の実施や適切なバックアップ，定期的な保守作業や予防保守などによって，システム障害の発生に備えることです

上記の情報セキュリティの定義に，近年では次の4つも加えられています。

- **真正性**（しんせい）：情報システムの利用者が，確実に本人であることを確認し，なりすましを防止すること
- **責任追跡性**：利用者の行動，責任が説明できること。ユーザIDなどで，システム上での行動を説明できるように扱うこと（主にログの記録）
- **否認防止**：ある活動または事象が起きたことを，後になって否認されないように証明できること
- **信頼性**：システムが矛盾なく，一貫して動作すること

関連用語

アクセス権：ユーザに与えられた，ネットワーク，ファイルやフォルダ，あるいは接続された周辺機器などを利用する権限のこと。正当な権利を持つユーザ以外が不正にファイルにアクセスするのを防ぐために設定される。

section 2.2 様々な攻撃とマルウェア

ここがポイント！
- この節は毎回必ず出題されています
- 攻撃手法は数が多くて大変ですが，頑張って覚えましょう
- 知っているだけで解ける問題が多いです

ネットワークには悪意も潜む

正規の電子メールやWebサイトを偽装して価値のある情報の不正入手を図る手口を**フィッシング**といいます。

A銀行のネットバンキングを利用しているひかるくんの例を見てみましょう。ある日A銀行から次のようなメールが届きました。

宛先：ひかる様
件名：パスワード変更のお願い

当行でインターネットバンキングを悪用した不正送金被害が断続的に発生しています。
被害に遭わないために，下記のサイトから今すぐパスワードを変更して下さい。

https://www.A-bank.co.jp/login.html

ひかるくんは，慌ててメールに記載されたURLをクリックしました。A銀行のネットバンキングのログイン画面につながり，パスワードをより分かりにくいものに変更しました。これで安心です。

ところが！　実はこのメールこそが偽装されたものだったのです。ひかるくんはA銀行のネットバンキングのログイン画面そっくりに作られたニセのWebページに誘導され，まんまとパスワードを盗まれてしまいました。

これが**フィッシング**です。

Webサイトや電子メールに記載されたURLを1度クリックしただけで，多額の料金を請求される**ワンクリック詐欺**といった手法もあります。

身代金？

感染すると勝手にファイルやデータの暗号化を行い，元に戻すための代金を要求するソフトウェアを**ランサムウェア**といいます。出るとこ！

ひかるくんがパソコンを使っていると突然画面にメッセージが表示されました。「コンピュータをロックし，ファイルを暗号化しました。元に戻すためには支払いが必要です。」

ええっ！　何これ？　と，驚いて1つファイルを開こうとすると，開けません。他のファイルも試してみましたが全部ダメです。

そこに追い打ちのようにメッセージが。「24時間以内にビットコインで1万円を支払えば，ファイルは元に戻ります。」これって払った方がいいのでしょうか。

これは近年，感染被害が深刻化している**身代金要求型ウイルス**（**ランサムウェア**）の事例です。

一番弱いのは人間

システムを介さず，人間同士の関係によって攻撃を行う手口を**ソーシャルエンジニアリング**といいます。肩越しに画面やキーボードを覗き込む**ショルダーハック**なども立派なソーシャルエンジニアリングとなります。

B会社の新入社員がある日，電話を取ると，部長の大きな声が響きました。

「今，福岡出張中なんだが，購買システムのパスワード忘れちゃってね。入れなくて困っているんだ。教えてくれないかな」。断ってもさらに続けます。「何言ってるんだ。今すぐ，システムが使えないと2億円の取引を逃すんだぞ！　新入社員がどう責任を取るつもりだ！！」。結果，新入社員はびっくりしてパスワードを教えてしまいました。

この手口は**ソーシャルエンジニアリング**に当たります。

ウイルスだけじゃない

ウイルスは他人のコンピュータに勝手に入り込んで悪さをするプログラムです。他のプログラムに寄生して増殖し，感染，破壊，いたずら，盗聴などの被害を与えます。

昨今，ウイルスの被害が巷で話題になっているので，ひかるくんは気を付けています。怪しいサイトは閲覧しませんし，ウイルス対策ソフトもインストールしています。ところが最近になって，メールアドレスを教えてもいない相手から，身に覚えのないメール（スパムメールなど）が届くようになりました。これはいったいどうしたことでしょう。

ひかるくんのパソコンは**スパイウェア**とよばれるソフトに感染していました。これはパソコンを使うユーザの行動や個人情報などを収集したり，マイクロプロセッサの空き時間を借用して計算を行ったりする悪意のソフトです。得られたデータは知らないうちに，スパイウェアの作成元に送られます。ウイルスと異なり，被害が表面化しないことから，気がつかないユーザが多数います。

このように悪意のあるプログラム全般を**マルウェア**といいます。ウイルス以外にも下記のように様々なマルウェアがあります。

ワーム	独立して動作し，自分自身をコピーして増殖するソフトウェア
トロイの木馬	通常のソフトウェアに見せかけて，被害を与えるソフトウェア
ボット	外部からの命令により，他人のパソコンを制御したり，攻撃の踏み台にしたりするソフトウェア
RAT（Remote Administration Tool）	コンピュータを遠隔操作できるようにするツール。ボット化する手段の一つ
アドウェア	広告のウィンドウをポップアップ表示させたり，ブラウザで広告を表示させたりするソフトウェア
ファイルレスマルウェア	実行ファイルを使用しないため，ディスクに痕跡を残さず，メモリ内だけに常駐して，攻撃を実行する手段

気付かないうちに…

脆(ぜい)弱性（セキュリティ上の問題点）のあるWebサイトを踏み台にして，スクリプトとよばれる小さなプログラムを含むデータをそのサイトの訪問者に送り込む手法を**クロスサイトスクリプティング**といいます。

脆弱性の類義語に，ソフトウェアのセキュリティ上の欠点や弱点をいう**セキュリティホール**がある。

ひかるくんはあるWebサイトのアンケートを利用してプレゼントに応募しました。「応募者全員に粗品プレゼント！」と書かれていたのに，いつまでたっても送られてきません。それどころか，最近妙な勧誘電話がかかってくるようになりました。

Webサイトに埋め込むことのできる小さなプログラムのことを**スクリプト**といいます。実はこのアンケートには，サイトの運営者ではない何者かによって，悪意のあるスクリプトが埋め込まれていたのです。今回のアンケート回答のWebアプリケーションに脆弱性があり，そこを突かれて偽のアンケートページを表示させられたようです。

このように，Webサイトの脆弱性を利用して，悪意のあるスクリプトを混入させることで攻撃を実行する手口が**クロスサイトスクリプティング**です。

サイトが閲覧できない

大量のデータを送信してサーバのダウンを狙う攻撃が**DoS(ドス)攻撃**です。

ひかるくんはネットショッピングが大好きです。今日もお気に入りのサイトで商品を検索していました。「あれ，急に遅くなってきた」「あ，とうとう動かなくなっちゃった。他のサイトはちゃんと見られるのに，このサイトどうしちゃったんだろう？」

どうやらこのサイトは**DoS攻撃**を受けたようです。Webのサービスを行っているのはサーバというコンピュータです。このサーバはパソコンよりずっと処理能力の高いものですが，それでも一度に処理できるデータ量には限りがあります。この限界を超えるデータを送りつけてサーバを処理不能にさせるのです。多くの端末から攻撃を行う手口を**DDoS**（ディードス）といいます。

関連用語

サイバー攻撃：インターネットを利用して，特定の国家，企業，団体，個人に対して攻撃を行うこと。特に大がかりなものや国家に対するものを**サイバーテロ**とよぶこともある。

狙い撃ち

特定の企業や組織を狙った攻撃手法が**標的型攻撃**です。

ひかるくんのところに次のようなメールが届きました。

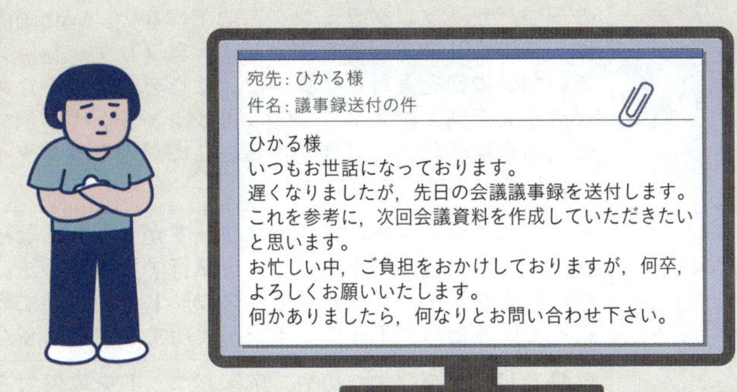

最近出席した会議についてのものだったので，何の疑いもなく添付ファイルを開きました。その結果，マルウェアに感染してしまったのです。こういったメールは「ひかるくんがどの会社といつ会議をしていたか」を調査しなければ

送信できません。つまり，このメールはひかるくんもしくはひかるくんの所属組織を狙ったものです。

標的型攻撃の中でも近年特に増加しているのが**ビジネスメール詐欺**（BEC：Business Email Compromise）です。海外の取引先や自社の経営層などになりすまして偽の電子メールを送って入金を促す詐欺です。

様々な攻撃手法

近年は新しい攻撃が次々生まれており，その目的は様々です。金銭目的が多いと考えられますが，その他にも世間を騒がせて自己満足する愉快犯的なものや，企業のイメージダウン・株価操作などを狙う組織犯罪，産業スパイ活動などもあります。

バッファオーバーフロー	バッファはコンピュータ上のプログラムが利用するメモリ領域の一つ。本来上限として想定される長さを超えたデータがバッファに入力され，確保していた領域からあふれてしまうことで，想定外の動作をさせる手口
ゼロデイ攻撃	ソフトウェアに脆弱性が存在することが判明したとき，そのソフトウェアの修正プログラムがベンダーから提供される前に，判明した脆弱性を利用して行われる攻撃
SQLインジェクション	データベースを操作する言語をSQLという。コンピュータ言語の一つだが，プログラミング言語ではない。Web画面の入力欄に，このSQL文の一部を入力して，アプリケーションが想定していない操作を実行させる手口。これを防御するためには問題がある文字列，例えば '（シングルクォート）や；（セミコロン）の入力を無効化する必要がある。この処理を**サニタイジング**または**エスケープ処理**という
パスワードリスト攻撃	あらかじめ用意されたIDとパスワードがセットになったアカウントリストを元に不正ログインを試行する攻撃手法。ユーザが複数のオンラインサービスでパスワードを使い回す行動習慣を狙っているため，不正ログインが成功する確率は高くなる
IPスプーフィング	攻撃者が身元を隠すためや，応答パケットを攻撃対象に送りつけるために，IPヘッダに含まれる送信元**IPアドレス**を偽装する攻撃手法
キャッシュポイズニング	DNSのキャッシュ（一時的にIPアドレスとドメイン名のペアを保存しておくメモリ領域）情報を意図的に書き換え，利用者を誤ったサイトへ誘導する攻撃

ドライブバイダウンロード	利用者が悪意のあるサイトを訪問した際に，自動的にマルウェアをダウンロードさせる攻撃
クリックジャッキング	Web サイト A のコンテンツ上に透明化した標的サイト B のコンテンツを配置し，Web サイト A 上の操作に見せかけて標的サイト B 上で操作させる
クリプトジャッキング	**暗号資産**（3.5 参照）を不正に取得する行為。他人のコンピュータを許可なく使用して，暗号通貨をマイニングする（**マイニング**とは暗号資産で必要となる膨大な量の計算を手伝った際の報酬。これ自体は違法ではない）
ディレクトリトラバーサル	攻撃者が，パス名を使ってファイルを指定し，管理者の意図していないファイルを不正に閲覧する。例えば「../secret/himitsu.txt」のように指定することで，secret ディレクトリのファイルを閲覧する
中間者攻撃	2 者間の通信を特別なソフトウェアなどの不正な手段を用いて傍受，盗聴して内容を取得する
第三者中継	メール送信サーバ（SMTP サーバ）が，外部からの送信依頼を受け付け，メールの送信を行うこと。または，メールサーバが誰でも自由に送信できるような設定になっていること。スパムメールなどの迷惑メールの送信手段として利用されてしまうため，好ましくないとされている
セッションハイジャック	コンピュータ間の通信におけるセッションを第三者が乗っ取る攻撃手法。Web ページにアクセスしたユーザが，そのページ内で行う一連の動作が 1 セッションとなる。例えば，ユーザ名とパスワードを入力して認証を行ってログインした場合，ログアウトしてその Web ページを退出するまでが，1 セッションである。セッションを一意に識別するためにセッション ID を利用する。それを盗聴・推測してセッションを乗っ取るなりすましの手法である
プロンプトインジェクション攻撃	AI に対して特殊な質問を入力することにより，AI 開発者が想定していない結果を引き起こし，チャットボットが保有する機密情報や公開すべきでないデータを引き出す手法（3.5 参照）。
敵対的サンプル	AI に対して機械学習モデルの認識を混乱させる攻撃手法。例えばパンダを手長猿に誤分類させるといった手法（3.5 参照）。

section
2.3 不正アクセスを防ぐ技術

ここがポイント！
- 攻撃の次は防御を学習します
- ファイアウォールの仕組みを理解しましょう
- 物理的セキュリティ対策もよく出題されます

ファイアウォール

ファイアウォールとは「防火壁」の意味です。自宅や勤務先のネットワーク（内部ネットワーク）とインターネットを含む外部ネットワークの間に設置して，外部からの攻撃や侵入を防ぎます。

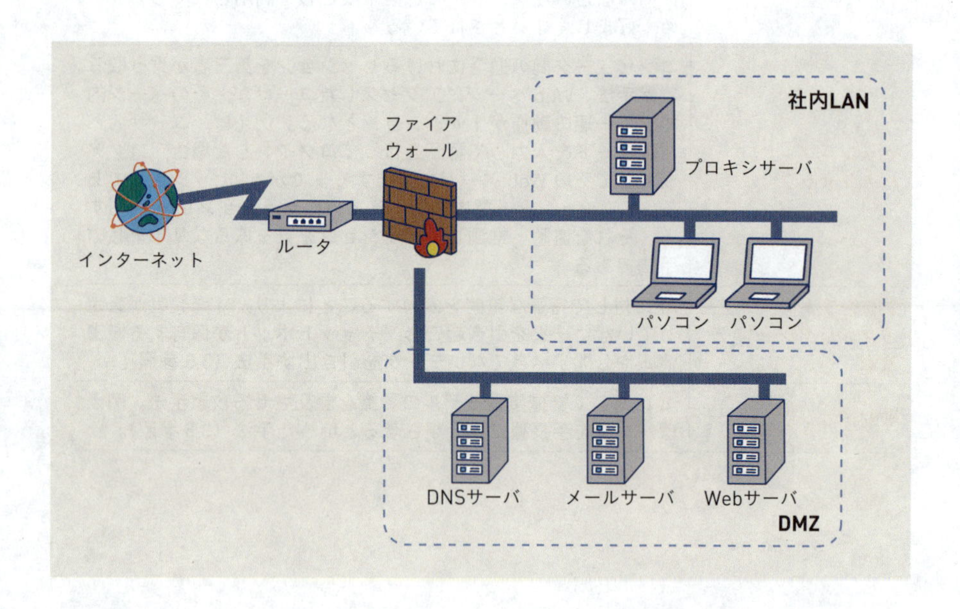

図中の**DMZ**（DeMilitarized Zone：非武装地帯）はインターネットと社内LANの間にあるネットワークで，公開サーバを設置します。インターネットから直接アクセスされる領域なので，ファイアウォールでセキュリティを強化しています。

プロキシサーバは社内LANのクライアントに代わって，インターネットへの接続を行う**代理サーバ**です。クライアントPCがインターネットへ直接接続しないため，クライアントPCへの攻撃の機会が減少し，セキュリティが向上します。

しかし，ファイアウォールは基本的にアクセス元と宛先，そして宛先のポート番号の組み合わせから，その通信を許可するか拒否するかを決定します。アクセスの内容までは見ていません。**WAF**（Web Application Firewall）はファイアウォールの一種で，従来のファイアウォールでは防げないWebアプリケーションに対する不正な攻撃を防御するセキュリティシステムです。WAFでは「シグネチャ」を用いて不正アクセスを防止します。「シグネチャ」とはアクセスのパターンを定義したもので，このパターンに一致するアクセスがあった場合に，通信許可と拒否の判断を行うという仕組みです。

それでも侵入者はいる！

絶対に侵入されないためには，他のユーザがアクセスできない「専用線」のネットワークを使う必要があります。実際に警察電話や銀行のオンラインシステムで使われています。しかしこれは非常にコストが高くなります。そこで公衆回線を，あたかも専用回線であるかのごとく利用できるようにするために使われる技術を**VPN**（Virtual Private Network）といいます。認証および暗号化と復号によって通信の安全性を確保します。一般のインターネット網を使う**インターネットVPN**と，通信事業者の専用回線・閉域網を使う**IP-VPN**があります。

また，ネットワークやホストをリアルタイムで監視し，異常を検知した場合に管理者に通知するなどの処置を行う**IDS**（Intrusion Detection System：侵入検知システム）を利用することもあります。検知するだけでなく，不正なアクセスの侵入を遮断するなどのアクションを行う**IPS**（Intrusion Prevention System：侵入防止システム）もあります。

家に泥棒が入ると，警察は捜査のため指紋採取を行います。これが証拠になるからです。ところがネットワークに侵入しても指紋が残りません。そこで不正アクセスなどコンピュータに関する犯罪の法的な証拠性を確保できるように，原因究明に必要な情報の保全，収集，分析をする**デジタルフォレンジックス**という技術が開発されています。

侵入以外にも内部から故意や不注意により情報が漏えいすることもあります。それを防ぐ仕組みとして**DLP**（Data Loss Prevention）があります。機密情報を自動的に特定し，送信や出力など，社外への持ち出しに関連する操作において，機密情報が検知された場合，該当操作をブロックします。

関連用語

SIEM（シーム）**（Security Information Event Management）**：様々なネットワーク機器やサーバからのセキュリティ情報を収集，分析し一元管理する仕組み。不正を検知すると，相関関係を分析，アラートで通知し，そのレポートを作成する機能を提供する。

ペネトレーションテスト：内外からの不正なアクセスの可能性について，攻撃者の視点で侵入を試みることで，システムに潜む脆弱性を洗い出すテスト。

ウイルス対策

ファイアウォールでは不正なアクセスや侵入は防げますが，ウイルスを防ぐことはできません。**ウイルス対策ソフト**（**ワクチンソフト**ともいいます）でウイルスの検出や駆除を行います。とはいえ，これを導入しておけば万全というわけでもありません。ウイルスを防ぐためには次のような注意が必要です。

- **ウイルス対策ソフトのパターンファイルを最新にしておく**

パターンファイルはすでに発見されたウイルスの特徴的な情報を記録したファイルです。これを定期的に更新する必要があります。通常は自動更新に設定します。

- **セキュリティパッチ（修正モジュール）の適用**

OSやその他のアプリケーションソフトには，**セキュリティホール**とよばれる欠陥が発見されることがあります。**セキュリティパッチ**はそれを修正するプログラムです。

- **感染が疑われた場合は，すぐにネットワークから切り離す**

他のコンピュータへの感染を防ぐためです。その後，ただちにシステム管理者に連絡します。

マルウェアや侵入を検知する方法としては，それが特定のビットパターンを含むかどうかで判断するパターンマッチングが一般的です。しかしこれでは，ゼロデイ攻撃のような未知の脅威を検出することはできません。そのため**振る舞い検知**という方法もとられています。これは，プログラムの動きを常時監視し，意図しない外部への通信のような不審な動きを発見したときに，その動きを阻止する仕組みです。

パスワードの管理

パスワードは本人認証手段として一般的に使われています。しかし，パスワードを破る手法も多く知られていますし，うっかりミスからパスワードが漏えいすることもあります。対策として次のような事項があります。

- **ワンタイムパスワードを使用する**

ワンタイムパスワードとは1回しか利用しない使い捨てのパスワードです。パスワードが盗聴されても，同じパスワードを使用しての不正アクセスはできないためセキュリティに優れています。

- **パスワードの強度を上げる**

意味のある単語や数字列は避ける，文字と数字と記号を混在させる，ある程度以上の長さにする，といった対策で類推や総当たりによる**クラッキング**(コンピュータネットワークにつながれたシステムに不正に侵入したり，コンピュータシステムを破壊・改ざんしたりするなど，コンピュータを不正に利用すること）を防ぎます。

- **パスワードの使い回しをしない**

複数のサービスで同じIDやパスワードを使い回していると，パスワードリスト攻撃（2.2参照）を受ける恐れがあります。複数のインターネットサービスでのパスワードの使い回しは避けます。

本物の侵入者！

もちろん，物理的なセキュリティも重要です。不審者が侵入したり，内部の要員がハードウェアやソフトウェアを持ち出したりすることも防がなければなりません。そのために，執務室やコンピュータルームは，**施錠管理**を行うとともに，**入退室管理**も厳重にします。場合によっては**監視カメラ**を設置することもあります。

しかし，認証を受けた人が意図的に誘導したり，認証を受けた人の後から駆け込んだりすることで，不正に入室できることがあります。このように正規な認証を得ずに，制限区画に入り込むことを「**共連れ**（ともづれ）入室」といいます。これを防ぐためには，次のような対策があります。

- **サークル型のセキュリティゲートを利用する**

　サークル型のセキュリティゲートとは，サークルの中で1人ずつ認証を行い，認証を受けたときには入った側とは別のドアが開く仕組みのゲートです。JRの改札のようなフラッパー型や，回転ドアのようなロータリー型のゲートもあります。

- **アンチパスバックを設定する**

　入室の認証の記録が無いと退室を許可しない仕組みのことをアンチパスバックといいます。共連れ入室した場合部屋から退室できないため，入室時の認証が必須となります。

- **常駐警備員を配置する**

　有効ですが，コストがかなりかかります。

　物理的対策として，取り扱う情報の重要性に応じて，オフィスなどの空間を物理的に区切り，オープンエリア，セキュリティエリア，受渡しエリアなどに分離する**ゾーニング**も有効です。ゾーニングとは，「区分する」という意味です。病院や介護施設などでのゾーニングは，安全に医療を行う，感染を拡大させないようにするために行われます。

　個人としての注意事項もあります。離席する際に，机の上に書類や記憶媒体などを放置しない**クリアデスク**，パソコンの画面を他人がのぞき見したり，操作したりできる状態のまま放置しない**クリアスクリーン**が奨励されます。具体的には，個人情報や機密情報を記載した書類や保存したUSBメモリを放置しないとか，操作しないまま一定の時間が経つと自動的にパスワード付きスクリーンセーバが起動するようにするといった内容です。整理整頓，セキュリティ的にも大切ですね。

関連用語

セキュリティケーブル（セキュリティワイヤ）：コンピュータの盗難や不正な持ち出し，ケーブルや周辺機器の不正な差し込みなどを防止するための金属線でできた固定器具。

section
2.4 暗号化技術

ここがポイント！
- 盗み見対策としての暗号化を学びます
- 暗号化の2つの方式はきちんと理解しましょう
- 無線LANの暗号化方式は名前を覚えましょう

暗号化とは

公衆回線上や無線で飛ばしているデータを，盗み見から完全に守るのは容易ではありません。「PASUMI」という単語をそのまま送信すると，盗み見されて悪用されるかもしれない場合，「RCUWOK」に変換して送信します。すると見られても意味が分かりませんから，結果として安全となります。これを**暗号化**といいます。暗号を受け取った側は，元のPASUMIに戻せれば（**復号**（ふくごう）できれば）いいわけです。

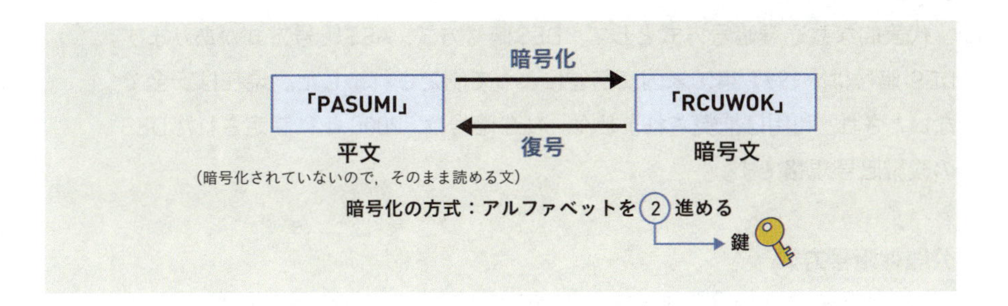

2つの暗号化方式

暗号化の代表的な方式（**暗号化アルゴリズム**）は次の2種類です。

共通鍵暗号方式

共通鍵暗号方式は暗号化および復号に使う鍵が**同じ**である暗号化方式です。暗号文を送受信する場合は，送信者と受信者で同じ鍵を使用することになります。

「送信者は宝物を箱に入れて，鍵をかける。鍵は封筒に入れて書留で送る。箱は宅配便で送る。受信者は鍵と箱を受け取り，鍵で箱を開けて宝物を取り出す」というイメージです。

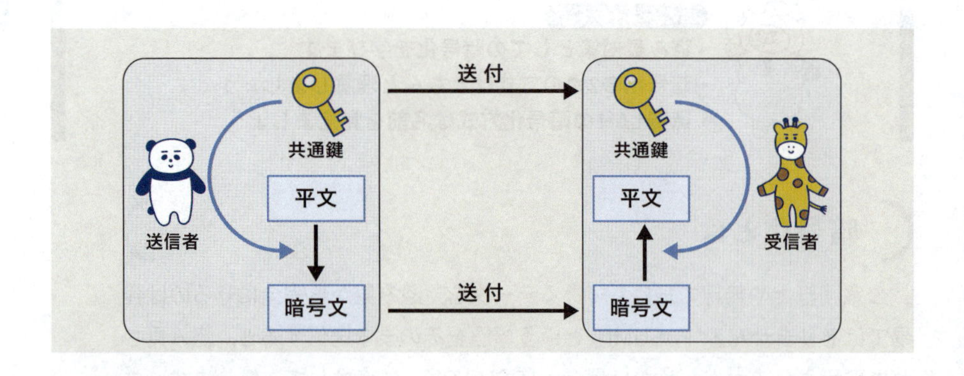

共通鍵暗号方式はシンプルなので，**高速**に暗号化・復号が可能です。しかし，事前に相手に鍵を**安全に配布**する必要があります。また暗号化通信を行う相手の数だけ，鍵を保有する必要があるので，鍵の数が**多く**なってしまいます。

代表的な共通鍵暗号方式として，DES暗号方式，AES暗号方式があります。DES暗号は，1977年に米国商務省によって制定されました。現在は安全でないとされ，利用は推奨されません。AES暗号は，2000年に制定されたDESの後継暗号規格です。

公開鍵暗号方式

公開鍵暗号方式は暗号化と復号に使用する鍵が**異なる**暗号化方式です。鍵は2つで一組です。暗号化に使用する鍵は公開し，復号に使用する鍵は**秘密鍵**とします。このようにすれば，誰でも公開鍵を使って暗号化を行えますが，復号できるのは対となる秘密鍵を持つ本人だけとなります。

出るとこ！

「受信者が南京錠（上に掛け金の付いたカチッとかける鍵）を多数の送信者に送っておく。送信者は宝物を箱に入れて，その南京錠で鍵をかける。箱を宅配便で送る。受信者は自分だけが秘密で持っている鍵で南京錠を開けて宝物を取り出す」というイメージです。

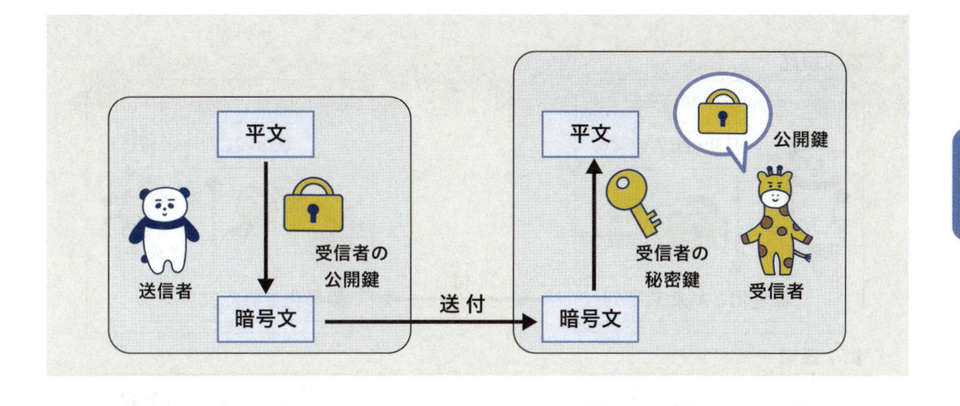

公開鍵暗号方式はアルゴリズムがやや複雑で，暗号化や復号の処理に時間がかかります。一方で自分の秘密鍵と公開鍵の2種類を管理するだけで済むので，鍵の管理が**容易**ですし，**不特定多数**との通信に役立ちます。

代表的な公開鍵方式として，**RSA暗号方式**・楕円曲線暗号方式などがあります。RSA暗号は，桁数が大きい数の素因数分解が困難であることを使った公開鍵暗号方式です。

ハイブリッド暗号方式

この2つの方式の“いいとこ取り”をしたのが**ハイブリッド暗号方式**です。ハイブリッド暗号方式は最初に公開鍵暗号方式を利用して共通鍵を受け渡しします。その後の伝送データの暗号化は，処理速度の速い共通鍵暗号方式を利用します。

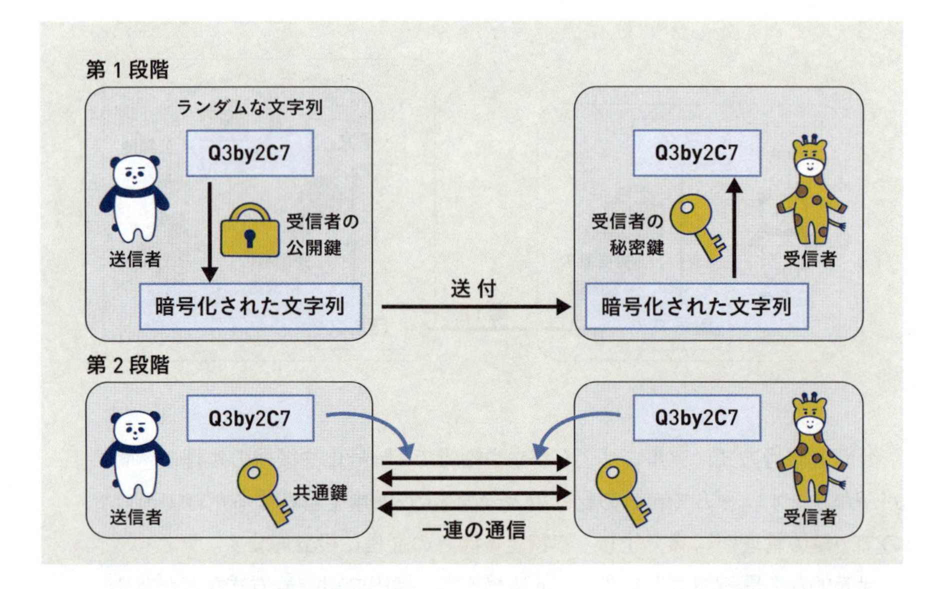

このハイブリッド暗号方式を使ってインターネット上の通信を暗号化した技術として**TLS**があります。TLSはサーバとクライアント間の通信の暗号化だけでなく，それが「本物のWebサイト」かどうかを確認する**認証**（2.5参照）にも使われています。

TLSが利用されている通信では**HTTPS**というプロトコルが使われます。Webサイトを閲覧するときにURLがhttpsから始まっているかどうか，また鍵マーク🔒が付いているかどうかを確認しましょう。なお，TLSの前のバージョンである**SSL**がとても普及していたため，**SSL/TLS**という名称でよばれることもあります。

鍵はどこに保存しよう

ところで，暗号化や復号には鍵が必要ですが，その鍵をどこに保管しておけばいいでしょう。ハードディスク？　ハードディスクの内容を暗号化しておいても，その鍵を同じハードディスク上に置いては盗まれたときに，すぐに復号されてしまいます。

TPM（Trusted Platform Module）は，PC端末の基盤に搭載されているICチップまたはモジュールで，**セキュリティチップ**ともいわれています。このTPMに鍵を置くことにより，ハードディスク盗難の際にも鍵が盗まれないようにします。また，非常にセキュリティが高い設計になっていて，物理的に取り出しても外部からは読み出せないような作りになっています。これは**耐タンパ性**という内部構造や情報などの外部からの読み取りをハードウェアやソフトウェアが防ぐ能力です。

無線LANのセキュリティ

無線LANは電波を使って情報をやりとりするため，適切な情報セキュリティ対策をとらずにいると，気がつかないうちに通信内容が盗み見られたり，ウイルスの配布などに悪用されたりするなどの被害に巻き込まれるおそれがあります。そこで，次のような対策をとる必要があります。

暗号化

無線LANの暗号化方式にはWEP・**WPA**・**WPA2**・**WPA3**・**AES**などがあります。このうち**WEP**は最も古い方式であり，現在では容易に解読されるおそれがあるため，安全とはいえません。

出るとこ!

ESSIDステルス

無線LANのアクセスポイントには，ネットワークの識別子である**ESSID**を一定時間ごとに周囲に発信する「ビーコン信号」機能があります。しかしこれを受信することで，正規のユーザ以外もアクセスポイントを発見できてしまうので，このビーコン信号の発信を停止します。これを**ESSIDステルス**といいます。

MACアドレスフィルタリング

MACアドレスフィルタリングは，あらかじめ登録した**MACアドレス**からしかアクセスポイントに接続できないようにする機能です。正規の端末以外は接続できなくなります。

section
2.5 認証技術

ここがポイント！

- バイオメトリクス認証がよく出題されています
- 認証方法も進化しています
- デジタル署名の鍵の使い方を暗号化と区別しましょう

認証とは

認証とは対象が確かであることの確認です。**本人認証**は，ある人が他の人に自分が確かに本人であると納得させることです。**メッセージ認証**はメッセージ（送信された文書など）が改ざんされていないことを保証します。

これらを総合的に実現する**デジタル署名**や**公開鍵基盤**が利用されています。

利用者認証

利用者認証（ユーザ認証）とは，ひかるくんが確かにひかるくんであることを証明することです。利用者認証の方式は，以下のようなものがあります。

知識による認証

パスワードなどの**知識**を認証に使います。簡単に利用できますが，本人が忘れたり，他人に盗まれたりする可能性があります。

持ち物による認証

ICカードや社員証などの**持ち物**を認証に使います。通常，ICカードそのものの複製は困難です。しかし，ユーザが紛失したり，カードなどが盗まれたりする可能性があります。

身体的特徴による認証

指紋，**声紋**，瞳の**虹彩**，**網膜**，手のひらや指の**静脈のパターン**など人間の**身体的特徴**を利用して認証します。**バイオメトリクス認証**（**生体認証**）とも

出るとこ！

いいます。近年では**顔認証**技術も進んでおり，PCアクセス認証やビル・施設などへの入退場管理などの企業ユースから，顔パス入場などのエンターテインメント分野などで利用されています。複製や盗難は事実上不可能ですが，識別に特別な装置が必要である点と，識別率が実用を阻む場合があります。

多要素認証は，上記3種類の認証手続きを組み合わせることにより，精度と安全性を高める手法です。2種類の場合は2要素認証ともよびます。別の種類でなければなりませんから，例えば「指紋と顔」や「パスワードと秘密の合言葉」では多要素認証にはなりません。

関連用語

他人受入率：他人が認証を試みたときに本人であると誤認してしまう割合。

本人拒否率：本人が認証を試みているのに本人であると認識できず拒否してしまう割合。

また人間には判別できるが機械的に判別できないような文字を正しく読み取らせたり，多くの写真の中から信号だけを選ばせたりする認証方法を**CAPTCHA**（**キャプチャ**）といいます。

近年，クレジットカードやスマホ決済において，なりすましの被害が相次いでいます。そのため，認証機能の強化が重要になってきています。

SMS認証とは，多くのスマートフォンが対応しているSMS（ショートメッセージサービス）を活用した，個人認証機能の通称です。Webサイトやクラウドサービスを利用するときの個人認証を強化する目的などに利用されます。SMS以外にも音声通話（携帯電話番号宛てに自動音声がかかってくる）を選択できることもあります。いずれにしても，ユーザID・パスワードを補完してセキュリティを強化するという狙いは同じです。

なお，これらの認証方法を2段階認証ともいいます。**2段階認証**は，認証の段階を2回経て認証しますが，要素の種類は問われません。例えば，ID・パスワードでログインを行ったあと「秘密の質問」の答えを入力する認証方式があります。この方式では認証の段階を2つ踏むため2段階認証といえますが，

2要素認証ではありません。両方とも，知識による認証だからです。SMS認証は，ID・パスワードでログインを行った後，スマートフォンという持ち物で認証を行うので，2段階認証かつ2要素認証となります。

デジタル署名

デジタル署名（電子署名）は，メッセージの正当性，つまり，発信者に**なりすまし**がなく確かに本人によってメッセージが作成されたことを確認すること（本人認証）と，メッセージの内容が**改ざん**されていないこと（メッセージ認証）を同時に保証する技術です。

出るとこ！

例を見てみましょう。パス美さんが上司に署名付きの文書を送るとします。文書部分がメッセージです。

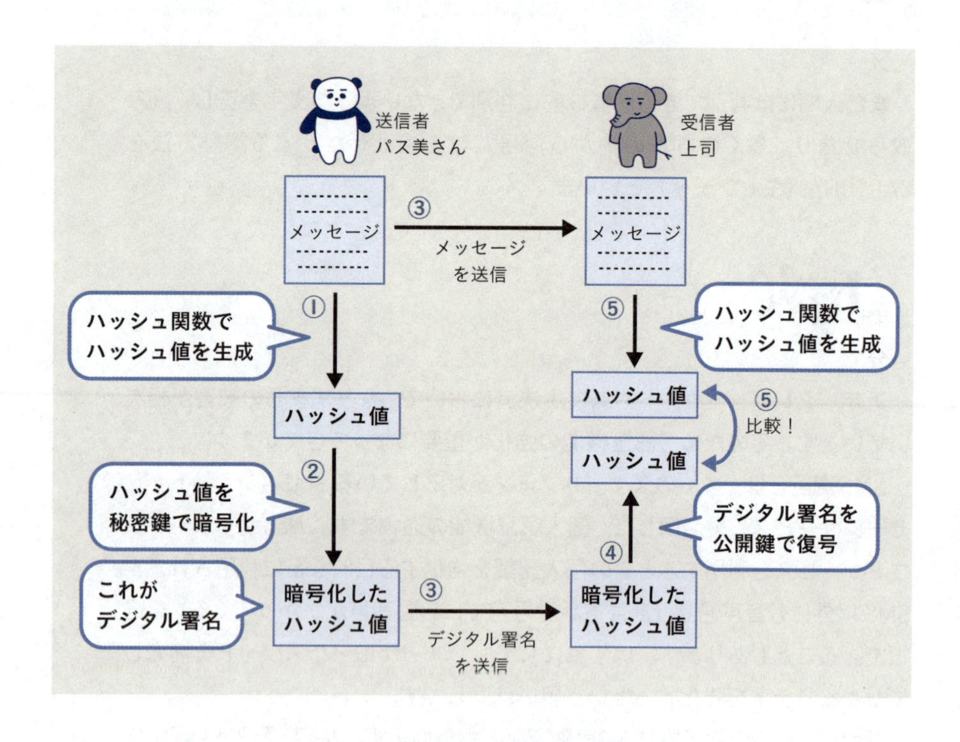

ハッシュ値とは，元のメッセージから一定の計算手順により求められる値です。違うメッセージから同じハッシュ値は生まれないこと，ハッシュ値からメッセージは復元できないことがポイントです。

送信者であるパス美さんは次の作業を行います。

①ハッシュ関数を使用してメッセージのハッシュ値を生成します。

②ハッシュ値を**パス美さんの秘密鍵で暗号化**します。

③上司にメッセージとデジタル署名（暗号化したハッシュ値）を送信します。

受信者である上司は次の作業を行います。

④届いたデジタル署名を**パス美さんの公開鍵で復号**します。

⑤パス美さんと同じハッシュ関数を使用して，受信したメッセージからハッシュ値を生成しこの2つを**比較**します。一致すれば，次のことが証明されます。

- パス美さんの公開鍵で復号できる暗号文を作成できるのは，それと組になっている秘密鍵を持っている人しかあり得ない。したがって，メッセージはパス美さん本人から送られたものである
- メッセージは改ざんされていない（改ざんされていれば，ハッシュ値は異なる値となる）

電子証明書

ネットワーク上では相手が見えないので，身分を偽ることが簡単にできてしまいます。本人であることを証明するためには身分証明書が必要ですが，自分で作れるような身分証明書では信用できません。ネットワーク上でも信頼できる第三者が作った証明書が**電子証明書**であり，証明書を発行する機関を**認証局**（**CA**：Certification Authority）といいます。

具体的に見てみましょう。次の電子証明書の抜粋の図を見て下さい。

X.509 電子証明書の抜粋

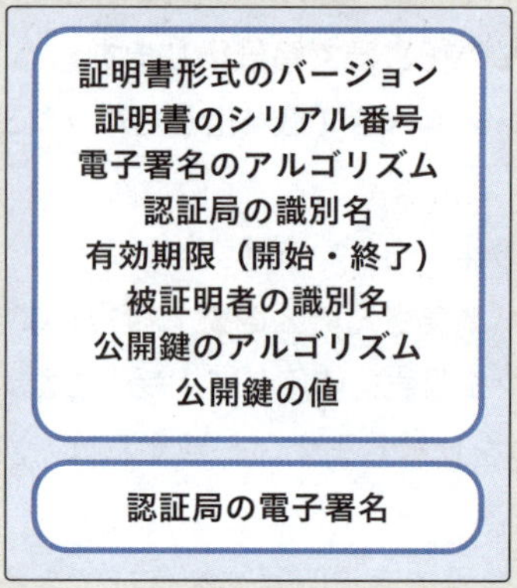

この中に「公開鍵の値」がありますね。電子証明書を送付することにより，鍵を送る，つまり公開することができます。また「認証局の電子署名」が含まれているので，これを復号することにより，この証明書が偽造されたものでないことも確認できます。

電子証明書により公開鍵の正当性を確認できるというわけです。

電子証明書には，Webサイトの所有者を証明する**サーバ証明書**とクライアント個人の身元特定に使用される**クライアント証明書**があります。TLSで暗号化された通信を行うにあたっては，お互いの証明書を交換して，相手が確かであることを確認しています。

関連用語

CRL（Certificate Revocation List：**証明書失効リスト**）：何らかの理由で有効期限前に失効させられたデジタル証明書のリスト。証明書の発行元の認証局（CA）が管理・公開しており，定期的に更新される。

section

2.6 情報セキュリティ管理

ここがポイント！

- 管理面も必ず数問出題されます
- PDCAサイクルが頻出です
- 組織や規格は目を通しておけばいいでしょう

ISMS

ISMS（出るとこ！）（Information Security Management System）は組織における情報セキュリティを管理するための仕組みのことです。セキュリティポリシに従ったPDCA（出るとこ！）サイクル（9.1も参照）を実現して，継続的な改善をすることが必要です。

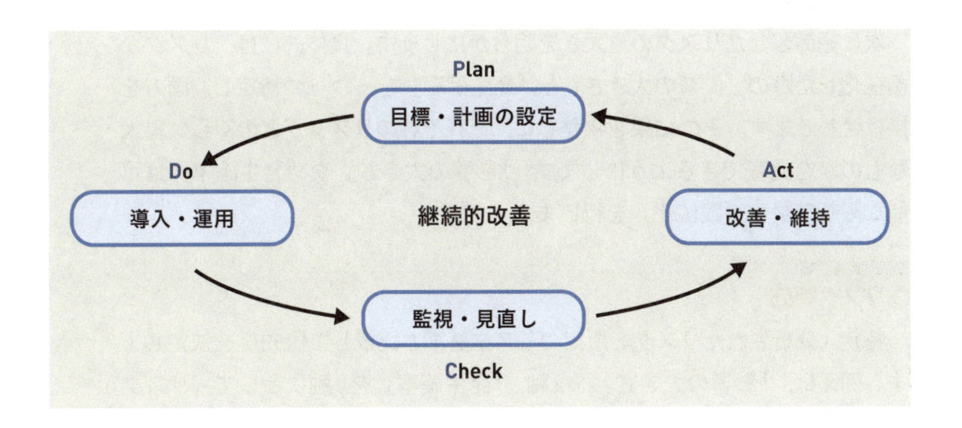

企業などの組織において，情報セキュリティマネジメントシステムが適切に構築，運用され，ISMS認証基準の要求事項に適合していることを第三者機関が審査して認証する**ISMS適合性評価制度**があります。セキュリティマネジメントシステムについての「お墨付き」を与える制度と考えていいでしょう。

リスクマネジメント

情報セキュリティに関するリスクとは，情報資産に対する何らかのよくない影響を原因として，組織に被害が発生する可能性のことをいいます。ただし，近年では「悪い事象が起こる可能性（負のリスク）」だけではなく「良い事象が起こる可能性（正のリスク）」もリスクに含むという考え方もあります。

リスクマネジメントは具体的に次のような手順で実施されます。このうち①～③を**リスクアセスメント**といいます。出るとこ!

①リスク特定

はじめにリスクを目に見える形でリストアップします。具体的には，とにかくたくさん挙げることを目標に，関係者が想定するリスクをブレーンストーミングなどで抽出します。

②リスク分析

次に棚卸ししたリスクの重大さを明らかにします。具体的には，リスクが顕在化した際の「影響の大きさ」と「発生確率」を一つ一つ特定し，両方を掛け合わせます。その結果を物差しに，それぞれのリスクがどのくらい重大なものかを比較できるようにします。「影響の大きさ」や「発生確率」は可能な限り定量化（数値化）を行います。

③リスク評価

特定，分析されたリスクを所定のリスク基準と比較して優先度を決定します。例えば，「影響の大きさ」をx軸，「発生確率」をy軸にとって，リスク分析の結果に従って個々のリスクをマップ上にプロットしていきます。これにより，影響度が大きく，発生確率も高い重大なリスクがどれかが，誰の目にも明らかになります。

④リスク対応 出るとこ!

リスクへの対応には次の4種類があります。

- **リスク回避**：損失額が大きく，発生率の高いリスクに対して，リスク自体を排除すること。リスクが発生する原因となる情報資産を廃棄したり，業

務を停止したりします

- **リスク移転**：損失額が大きく，発生率の低いリスクに対して，リスクを他者に肩代わりさせること。リスクに備えて保険に加入したり，リスクのある業務を他社に外注したりすることを指します
- **リスク低減**（**最適化**）：損失額が小さく，発生率の高いリスクに対して，リスクによる損失を許容できる範囲内に軽減させること。ISMSなどを適用することで，リスクの発生率を小さくすることなどを指します
- **リスク受容**（**保有**）：損失額が小さく，発生率の小さいリスクに対して，対策を講じないでリスクをそのままにしておくこと

つまり車の運転をやめるのが**リスク回避**，自動車保険に入るのが**リスク移転**，エアバッグのついた車に乗り替えるのが**リスク低減**，めったに運転しないから何もしないのが**リスク受容**ってわけだ。

なるほど！　分かりやすいですね！

セキュリティ事故が多すぎる！

近年セキュリティの事故（**インシデント**といいます）がニュースで取り上げられることが増えています。「あ，しまった」「ちょっとやっちゃっても構わないだろう」というレベルから，インターネットを利用して特定の個人，企業，国家を狙う**サイバー攻撃**まで，世界中で膨大な数のインシデントが起きています。

故意の不正はなぜ起きるのでしょうか。「**不正のトライアングル**」はアメリカの組織犯罪研究者であるドナルド・R・クレッシーが提唱したもので，不正は「動機」「機会」「正当化」という3つの要因がそろったときに発生するとした理論です。

- 動機：不正を犯す必要性。例えば仕事のストレスや不満など
- 機会：不正が発生する可能性。例えば機密情報が引き出せてしまう状況や家庭から企業のシステムに接続できる状況

- 正当化：不正行為をすることを正当化する不正行為者の考え方（言い訳）。例えば残業が多い，給与が安いなど

ネチケットって？

ネチケットはネットワークとエチケットを合わせた造語です。簡単にいうとネットマナー，つまりインターネット上で最低限守るべきこと，一般常識などのルールを指します。一般社会における，いわゆるエチケットと同様，法的拘束力を持つものではありません。お互いに快い関係を維持できるために成立し，善意によって遵守されている規範といえます。

ネチケットとして認識されている代表的なものとしては，「個人的なやりとりを相手の許可なく一般公開しない」「掲示板などで趣旨や話題と無関係なコメントを書き散らさない」「電子メールで事前の連絡もなく巨大なサイズのデータを添付して送りつけない」といったものがあります。また，気付かないうちにソーシャルメディアで**フェイクニュース**や**ヘイトスピーチ**を拡散しないことなども，ネチケットといえるでしょう。

また企業がソーシャルメディアを使用するにあたり，取り決めた利用に対するガイドラインである**ソーシャルメディアポリシー**といったものもあります。昨今，ソーシャルメディアが広く普及し使用が拡大する中，発信した情報が炎上につながるケースもあります。従業員や関係者などが個人でコミュニケーションツールを使用する際の行動についても，定めた文書でリスクを未然に回避する必要が出てきました。

ELSI（エルシー）（ethical, legal and social issues）は，日本語では「倫理的・法的・社会的な課題」と訳されることが多いです。研究の是非や方向性への見解が分かれる分野で，広範な合意形成が求められる事柄のことを指します。例えば生命の尊厳，差別の抑止，情報保護，知る権利などの面において，どのように対応していくかといった問題です。

子供たちを守ろう

スマートフォンは確かに便利ですが，知識や経験が未熟な子供たちにそのまま使わせるには，不安な要素が多々あります。**有害サイトアクセス制限**をかけたり，情報通信機器の利用を親が監視して制限する**ペアレンタルコント**

ロールを実施したりするなど，しばらくは保護者が使い方を見守る必要があるでしょう。

セキュリティ関連組織

起こってしまったインシデントには組織として，対応していかなければなりません。CSIRT（シーサート）（Computer Security Incident Response Team）は，セキュリティ対応を専門とする組織のことで，企業内CSIRTもあれば，国家レベルのCSIRTもあります。

また，**情報セキュリティ委員会**は，情報セキュリティ対策を組織的かつ効果的に管理することを目的とした社内組織で，「情報セキュリティ管理基準」（経済産業省）において設置するよう求められているものです。

SOC（Security Operation Center）は，システムが発するアラートやセキュリティインシデントの予兆を専門のスタッフが24時間365日体制で監視し，インシデント発生時にはCSIRTへ報告を行うとともに支援を行う機関，または組織内の部署のことです。

とはいえ，サイバー攻撃が増加している現在，企業内だけの取り組みでは限界があります。IPA（情報処理推進機構）は**コンピュータ不正アクセス届出制度**で，国内の不正アクセス被害の届出を受け付けています。それを分析して実態把握し，結果を公開して注意喚起や啓発活動を行っています。また同様に，**コンピュータウイルス届出制度**，**ソフトウェア等の脆弱性関連情報に関する届出制度**も制定されています。

また，**サイバーレスキュー隊**（J-CRAT（ジェイ・クラート））では「標的型サイバー攻撃特別相談窓口」にて，広く一般から相談や情報提供を受け付け，提供された情報を分析して調査結果による助言を実施しています。

関連用語

JVN（Japan Vulnerability Notes）：日本で使用されているソフトウェアなどの脆弱性関連情報とその対策情報を，“JVN#12345678”などの形式の識別子を付けて提供し，情報セキュリティ対策に資することを目的とする脆弱性対策情報ポータルサイト。JPCERTコーディネーションセンターと情報処理推進機構（IPA）が共同運営している。

ファクトチェック：社会に広がっている情報・ニュースや言説が事実に基づいているかどうかを調べ，そのプロセスを記事化して，正確な情報を共有する行動。

J-CSIP（サイバー情報共有イニシアティブ）：公的機関であるIPAを情報ハブ（集約点）の役割として，参加組織間で情報共有を行い，高度なサイバー攻撃対策につなげていく取り組み。

セキュリティ関連の規格

情報セキュリティが重要なことは分かったけれども，具体的に何をどうしたらいいのか途方にくれる企業も多いでしょう。そのために，ガイドラインとなる管理基準が定められています。

情報セキュリティ管理基準は，情報セキュリティマネジメントにおける管理策の国際標準規格である**ISO/IEC 27001／27002**（それを日本語にした**JIS Q 27001／27002**）を基に，組織体が効果的な情報セキュリティマネジメント体制を構築し，適切なコントロール（管理策）を整備・運用するための実践的な規範として，情報セキュリティに関するコントロールの目的，コントロールの項目を規定しています。

PCIDSS（Payment Card Industry Data Security Standard）は，カード会員情報の保護を目的として，国際ペイメントブランド5社（アメリカンエキスプレス，Discover，JCB，マスターカード，VISA）が共同で策定したカード情報セキュリティの国際統一基準です。

章末問題

問題

問1　重要度 ★★★　[令和4年　問85]

問　情報セキュリティポリシを，基本方針，対策基準，実施手順の三つの文書で構成したとき，これらに関する説明のうち，適切なものはどれか。

ア　基本方針は，対策基準や実施手順を定めるためのトップマネジメントの意思を示したものである。

イ　実施手順は，基本方針と対策基準を定めるために実施した作業の手順を記録したものである。

ウ　対策基準は，ISMSに準拠した情報セキュリティポリシを策定するための文書の基準を示したものである。

エ　対策基準は，情報セキュリティ事故が発生した後の対策を実施手順よりも詳しく記述したものである。

問2　重要度 ★★★　[令和5年　問94]

問　ISMSにおける情報セキュリティ方針に関する記述として，適切なものはどれか。

ア　企業が導入するセキュリティ製品を対象として作成され，セキュリティの設定値を定めたもの

イ　個人情報を取り扱う部門を対象として，個人情報取扱い手順を規定したもの

ウ　自社と取引先企業との間で授受する情報資産の範囲と具体的な保護方法について，両者間で合意したもの

エ　情報セキュリティに対する組織の意図を示し，方向付けしたもの

問3

重要度 ★★★　[令和5年　問58]

問　Webサイトなどに不正なソフトウェアを潜ませておき，PCやスマートフォンなどのWebブラウザからこのサイトにアクセスしたとき，利用者が気付かないうちにWebブラウザなどの脆弱性を突いてマルウェアを送り込む攻撃はどれか。

ア　DDoS攻撃　**イ**　SQLインジェクション
ウ　ドライブバイダウンロード　**エ**　フィッシング攻撃

問4

重要度 ★★★　[令和5年　問73]

問　攻撃者がコンピュータに不正侵入したとき，再侵入を容易にするためにプログラムや設定の変更を行うことがある。この手口を表す用語として，最も適切なものはどれか。

ア　盗聴　**イ**　バックドア
ウ　フィッシング　**エ**　ポートスキャン

問5

重要度 ★★★　[令和5年　問89]

問　企業の従業員になりすましてIDやパスワードを聞き出したり，くずかごから機密情報を入手したりするなど，技術的手法を用いない攻撃はどれか。

ア　ゼロデイ攻撃　**イ**　ソーシャルエンジニアリング
ウ　ソーシャルメディア　**エ**　トロイの木馬

問6

重要度 ★★★　[令和4年　問64]

問　a～dのうち，ファイアウォールの設置によって実現できる事項として，適切なものだけを全て挙げたものはどれか。

a　外部に公開するWebサーバやメールサーバを設置するためのDMZの構築
b　外部のネットワークから組織内部のネットワークへの不正アクセスの防止
c　サーバルームの入り口に設置することによるアクセスを承認された人だけの入室

d　不特定多数のクライアントからの大量の要求を複数のサーバに動的に振り分けることによるサーバ負荷の分散

ア　a，b　　イ　a，b，d　　ウ　b，c　　エ　c，d

問7

重要度 ★★★　［令和5年　問90］

問　情報セキュリティにおける物理的及び環境的セキュリティ管理策であるクリアデスクを職場で実施する例として，適切なものはどれか。

ア　従業員に固定された机がなく，空いている机で業務を行う。
イ　情報を記録した書類などを机の上に放置したまま離席しない。
ウ　机の上のLANケーブルを撤去して，暗号化された無線LANを使用する。
エ　離席時は，PCをパスワードロックする。

問8

重要度 ★★★　［令和5年　問57］

問　IoTデバイスにおけるセキュリティ対策のうち，耐タンパ性をもたせる対策として，適切なものはどれか。

ア　サーバからの接続認証が連続して一定回数失敗したら，接続できないようにする。
イ　通信するデータを暗号化し，データの機密性を確保する。
ウ　内蔵ソフトウェアにオンラインアップデート機能をもたせ，最新のパッチが適用されるようにする。
エ　内蔵ソフトウェアを難読化し，解読に要する時間を増大させる。

問9

重要度 ★★★　［令和4年　問60］

問　公開鍵暗号方式で使用する鍵に関する次の記述中のa，bに入れる字句の適切な組合せはどれか。

　それぞれ公開鍵と秘密鍵をもつA社とB社で情報を送受信するとき，他者に通信を傍受されても内容を知られないように，情報を暗号化して送信することにした。

A社からB社に情報を送信する場合，A社は［ a ］を使って暗号化した情報をB社に送信する。B社はA社から受信した情報を［ b ］で復号して情報を取り出す。

	a	b
ア	A社の公開鍵	A社の公開鍵
イ	A社の公開鍵	B社の秘密鍵
ウ	B社の公開鍵	A社の公開鍵
エ	B社の公開鍵	B社の秘密鍵

問10

重要度 ★★★　　[令和5年　問86]

問　ハイブリッド暗号方式を用いてメッセージを送信したい。メッセージと復号用の鍵の暗号化手順を表した図において，メッセージの暗号化に使用する鍵を(1)とし，(1)の暗号化に使用する鍵を(2)としたとき，図のa，bに入れる字句の適切な組合せはどれか。

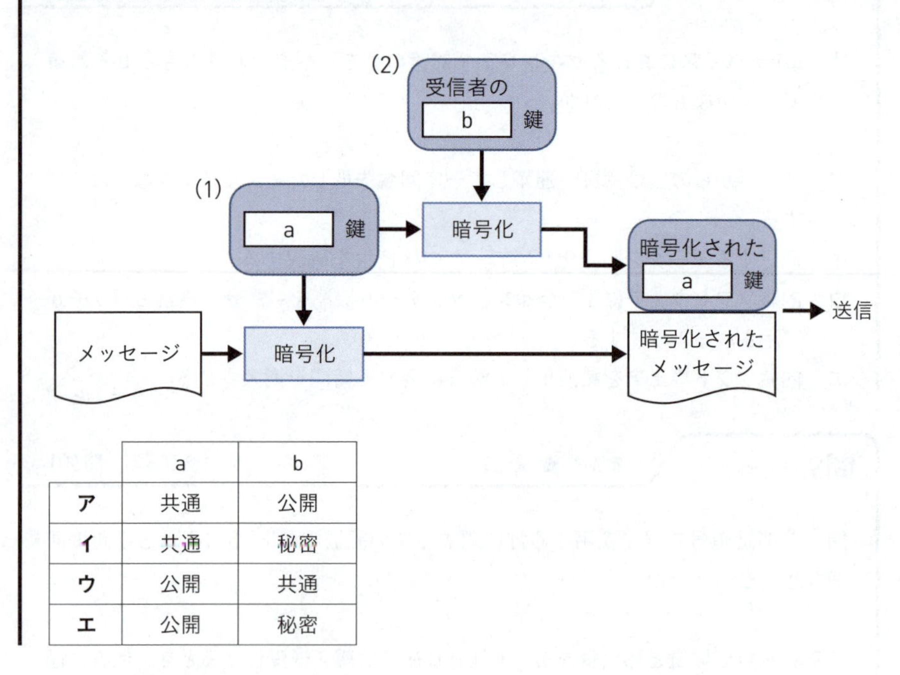

	a	b
ア	共通	公開
イ	共通	秘密
ウ	公開	共通
エ	公開	秘密

問11

重要度 ★★★ [令和5年　問62]

問　情報セキュリティにおける認証要素は3種類に分類できる。認証要素の3種類として，適切なものはどれか。

ア　個人情報，所持情報，生体情報
イ　個人情報，所持情報，知識情報
ウ　個人情報，生体情報，知識情報
エ　所持情報，生体情報，知識情報

問12

重要度 ★★☆ [令和5年　問84]

問　メッセージダイジェストを利用した送信者のデジタル署名が付与された電子メールに関する記述のうち，適切なものはどれか。

ア　デジタル署名を受信者が検証することによって，不正なメールサーバから送信された電子メールであるかどうかを判別できる。
イ　デジタル署名を送信側メールサーバのサーバ証明書で受信者が検証することによって，送信者のなりすましを検知できる。
ウ　デジタル署名を付与すると，同時に電子メール本文の暗号化も行われるので，電子メールの内容の漏えいを防ぐことができる。
エ　電子メール本文の改ざんの防止はできないが，デジタル署名をすることによって，受信者は改ざんが行われたことを検知することはできる。

問13

重要度 ★★☆ [令和5年　問72]

問　情報セキュリティのリスクマネジメントにおけるリスク対応を，リスク回避，リスク共有，リスク低減及びリスク保有の四つに分類したとき，リスク共有の説明として，適切なものはどれか。

ア　個人情報を取り扱わないなど，リスクを伴う活動自体を停止したり，リスク要因を根本的に排除したりすること
イ　災害に備えてデータセンターを地理的に離れた複数の場所に分散するなど，リスクの発生確率や損害を減らす対策を講じること
ウ　保険への加入など，リスクを一定の合意の下に別の組織へ移転又は分散することによって，リスクが顕在化したときの損害を低減すること

エ リスクの発生確率やリスクが発生したときの損害が小さいと考えられる場合に，リスクを認識した上で特に対策を講じず，そのリスクを受け入れること

問14

重要度 ★★★ [令和5年 問79]

問 PDCAモデルに基づいてISMSを運用している組織の活動において，次のような調査報告があった。この調査はPDCAモデルのどのプロセスで実施されるか。

社外からの電子メールの受信に対しては，情報セキュリティポリシーに従ってマルウェア検知システムを導入し，維持運用されており，日々数十件のマルウェア付き電子メールの受信を検知し，破棄するという効果を上げている。しかし，社外への電子メールの送信に関するセキュリティ対策のための規定や明確な運用手順がなく，社外秘の資料を添付した電子メールの社外への誤送信などが発生するリスクがある。

ア P　**イ** D　**ウ** C　**エ** A

解答・解説

問1 ［令和4年　問85］

解答　ア

解説　**情報セキュリティポリシ**は，企業などの組織が定める情報セキュリティに関する方針・行動指針のことです。企業が持つ情報資産をどのように内外の脅威から守るか，どのような対策を講じるかなどを具体的に示します。内容は「基本方針」「対策基準」「実施手順」の3部構成が一般的です。

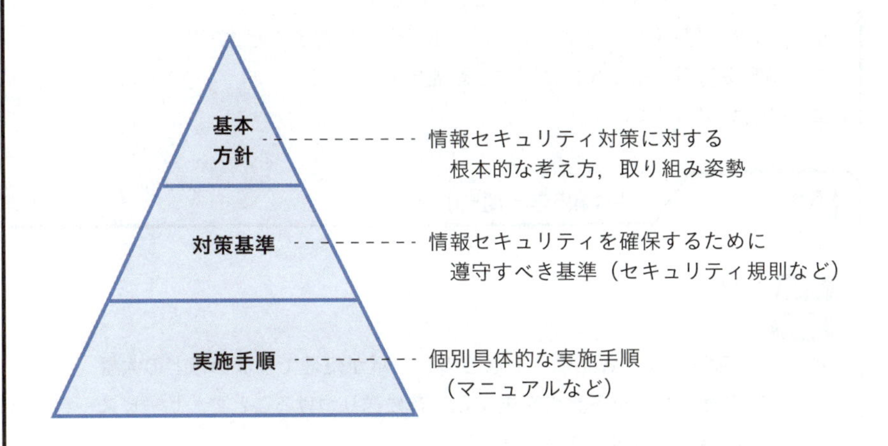

ア　適切な記述です。組織の経営者が情報セキュリティに適切に取り組むことの意思表明です。また，組織全体に対しての，情報セキュリティに取り組む方針を示すものでもあります。

イ　実施手順は，対策基準よりもさらに詳細な手順をまとめたもので，いわゆるマニュアルに当たります。

ウ，エ　対策基準は，基本方針に沿って，組織的にどのような対策を講じるのか分野ごとにルール化したものです。情報セキュリティに関わる人事規定や就業規定などもこれに当たります。

問2　[令和5年　問94]

解答　エ

解説　**情報セキュリティ方針**（**ポリシ**）とは，企業や組織において実施する情報セキュリティ対策の方針や行動指針のことです。情報セキュリティ方針には，社内規定といった組織全体のルールから，どのような情報資産をどのような脅威からどのように守るのかといった基本的な考え方，情報セキュリティを確保するための体制，運用規定，基本方針，対策基準などを具体的に記載するのが一般的です。

ア　**セキュリティベースライン**に関する記述です。
イ　**個人情報保護方針**（プライバシーポリシ）に関する記述です。
ウ　**秘密保持契約**（**NDA**）に関する記述です。
エ　適切な記述です。

問3　[令和5年　問58]

解答　ウ

解説

ア　**DDoS攻撃**とは，Webサイトなどのサーバが処理できないほどの大量のアクセス要求を多数の端末から一斉に送りつけることで，サービス停止に追い込む攻撃手法です。
イ　「**SQL**」はデータベースを操作する言語の名称で，「**インジェクション**」は「注入」の意味です。具体的には検索ボックスや入力フォームなどに記入する文字列に不正な操作を行うSQL文を意図的に「注入」することにより，データベース内のデータの消去や改ざんといった操作やデータの盗用を図る攻撃手法です。
ウ　適切な選択肢です。**ドライブバイダウンロード**とは，Webサイトを見ただけでウイルス感染させられる攻撃手法です。ユーザに気付かれることなく，マルウェアを勝手にダウンロードさせます。
エ　**フィッシング**とは，電子メールやSMS，Webサイトなどにリンクを置き，リンクから偽サイト（フィッシングサイト）に誘導し，クレジットカード番号，アカウント情報（ユーザID，パスワードなど）といった重要な個人情報を盗み出す攻撃手法です。

問4　［令和5年　問73］

解答　イ

解説

ア　セキュリティにおいて**盗聴**とは，ネットワークでやりとりされているデータや，ネットワーク上に接続されているコンピュータのデータを不正に盗み取ることです。

イ　適切な記述です。**バックドア**は，直訳すると「裏口」や「勝手口」を意味します。ITやセキュリティの分野では「攻撃者が管理者に気付かれないようにコンピュータへ不正に侵入するための入り口」の名称として用いられます。悪意ある第三者がシステム内部に侵入成功した後いつでも侵入できるように，情報システム内部から攻撃者の用意したサーバに対して外部通信をするために設置したプログラムを指します。

ウ　**フィッシング**とは，送信者を詐称した電子メールを送りつけたり，偽の電子メールから偽のホームページに接続させたりするなどの方法で，クレジットカード番号，アカウント情報（ユーザID，パスワードなど）といった重要な個人情報を盗み出す行為のことです。

エ　**ポートスキャン**とは，ネットワークに接続されている，通信可能なポートを一つ一つ順番に特定のデータを送信して，その応答状況を調べることを指します。サイバー攻撃を行う前に攻撃対象のどこから侵入できるかを調べるために行われることも多く，サイバー攻撃の前兆ともいえます。

問5　［令和5年　問89］

解答　イ

解説

ア　**ゼロデイ攻撃**とは，ソフトウェアなどのセキュリティホールが発見されてから，その情報公開や対策が講じられる前に，そのセキュリティホールを狙う攻撃のことです。

イ　適切な選択肢です。**ソーシャルエンジニアリング**とは，ネットワークに侵入するために必要となるパスワードなどの重要な情報を，技術的手法を使用せずに盗み出す方法です。その多くは人間の心理的な隙や行動のミスにつけ込むものです。電話でパスワードを聞き出す，肩越しにキー入力を見る（ショルダハッキング）といった手口です。

ウ　ソーシャルメディアとは，個人や企業が情報を発信・共有・拡散することによって形成される，インターネットを通じた情報交流サービスの総称です。SNSもその一つです。

エ　トロイの木馬とは，一見無害なプログラムやデータであるように見せかけながら，何らかのきっかけにより悪意のある活動をするように仕組まれているマルウェアです。

問6　［令和4年　問64］

解答　ア

解説　ファイアウォール（Firewall）は，企業などの社内ネットワークにインターネットを通して外部から侵入してくる不正アクセスや，社内ネットワークから外部への許可されていない通信から守るための“防火壁”です。

a　適切です。ファイアウォールにより，ネットワークを外部ネットワーク，公開するエリア（DMZ），公開しない内部LANのエリアに分離することができます。

b　適切です。ファイアウォールの主要な役割の一つです。

c　適切ではありません。物理的な入退室を制御するものではありません。

d　適切ではありません。負荷分散装置（ロードバランサー）に関する記述です。

問7　［令和5年　問90］

解答　イ

解説　クリアデスクとは，離席や退社時にデスクの上に個人情報が記載された書類や，USBなどの記憶媒体を放置しないことです。廃棄・盗難・紛失による情報漏洩対策の一つで，放置荷物による占有化も防ぎます。

ア　フリーアドレスの記述です。

イ　適切な記述です。

ウ　LANケーブルを撤去するだけでは，クリアデスクとはいえません。

エ　クリアスクリーンの記述です。

問8　［令和5年　問57］

解答　エ

解説　**耐タンパ性**とは，機器や装置，ソフトウェアなどが，外部から内部構造や記録されたデータなどを解析，読み取り，改ざんされにくいようになっている状態をいいます。例えば，ICカードについて，不正利用のための解析が行われたら，内部回路が破壊されるようにし，内容を読み取られないようにすることが，耐タンパ性を高めることになります。

ア　不正アクセス対策です。
イ　通信データを暗号化することは，機器や装置の耐タンパ性にはなりません。
ウ　機器の安全性を高める対策です。
エ　適切な記述です。内蔵ソフトウェアを難読化することで，解読をしにくくしています。

問9　［令和4年　問60］

解答　エ

解説　**公開鍵暗号方式**では，暗号化と復号に異なる鍵を使います。これらの鍵は，あらかじめ決められたルールに従ってペアで作られ，どちらか一方で暗号化すれば，もう一方で復号できるようになっています。暗号に使うときは，受信者の公開鍵で暗号化し，送信します。受信者はそれを自分の（受信者の）秘密鍵で復号して，平文に戻します。

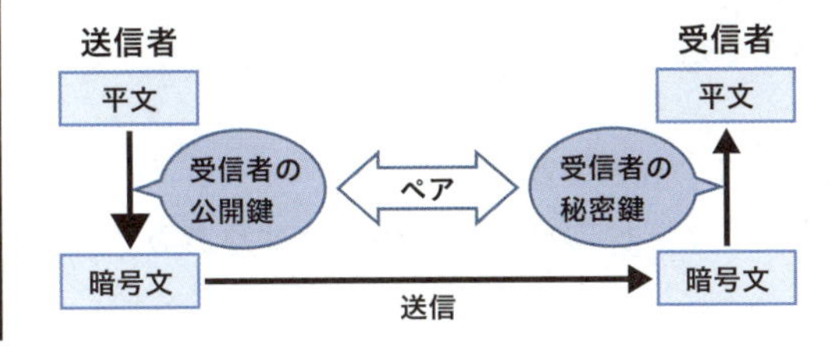

問10　[令和5年　問86]

解答　ア

解説　**ハイブリッド暗号方式**とは，共通鍵暗号方式と公開鍵暗号方式の長所を併せ持つ暗号方式です。

	共通鍵暗号方式	公開鍵暗号方式
メリット	処理に時間がかからない	鍵を安全に受け渡せる
デメリット	鍵の送付や管理が難しい	処理に時間がかかる

公開鍵暗号方式を共通鍵の受け渡しのみに適用することで，安全性と高速処理を両立します。やりとりの流れは以下のとおりです。

① 送信者が共通鍵を生成
② メッセージを共通鍵で暗号化
③ メッセージと受信者の公開鍵で暗号化した共通鍵を送信
④ 受信者が自分の秘密鍵で共通鍵を復号し，その共通鍵でメッセージを復号

問題では空欄aが上記の①②に該当し，空欄bが③に該当します。したがって，aは「共通」，bは「公開」が入ります。

問11　[令和5年　問62]

解答　エ

解説　認証の3要素とは次の3つです。

- **知識情報**　パスワード，PINコード，秘密の質問など
- **所持情報**　ICカード，社員証，スマートフォン，トークンとよばれるハードウェアなど
- **生体情報**　指紋，手のひらの静脈，顔，声紋，筆跡など

これらのうち，2つの要素を組み合わせた認証を2要素認証とよんでいます。

問12 ［令和5年　問84］

解答　エ

解説　**デジタル署名**とは，電子文書に対し暗号を用いた特殊な電子データを付与することで，その電子文書が確かに本人によって作成されたこと，電子文書が作成されて以降改変されていないことを証明する技術です。

ア　送信者のデジタル署名では，メールサーバが不正かどうかは判別できません。
イ　デジタル署名は送信者の公開鍵で復号することで，検証します。
ウ　デジタル署名は暗号化の技術を利用していますが，本文の暗号化は行いません。
エ　適切な記述です。改ざんを防止することはできませんが，改ざんされた場合にそれを検知することはできます。

問13 ［令和5年　問72］

解答　ウ

解説　リスク対応には次の4種類があります。

- **リスク回避**
  起こり得るリスクに備えるために関連する事業活動を停止することです。
- **リスク低減**（リスク最適化）
  起こり得るリスクを最小限に抑える対策のことです。
- **リスク共有**（リスク移転）
  第三者に金銭的な損失を移転させることです。
- **リスク保有**（リスク容認）
  リスクの発生を受け入れることです。

ア　リスク回避に該当します。
イ　リスク低減に該当します。
ウ　適切な記述です。保険に加入することで，リスクが実際に発生した場合の損害額の負担が自社と保険会社とに分配されることになります。このようにリスクの一部を他者に移す対応は，リスク共有に該当します。

エ　リスク保有に該当します。

問14　[令和5年　問79]

解答　ウ

解説　ISMSにおけるPDCAモデルとは，情報セキュリティ水準を継続的に高めるための枠組みのことです。

- **Plan**（計画）：問題の整理や現状の把握から，目標設定，目標達成のための計画を策定する
- **Do**（実行）：計画を基に実際の運用，業務を行う
- **Check**（評価）：計画が実際に行われて，有効に働いているか評価する
- **Act**（改善）：評価結果から，改善点を新たに計画に組み込み実行する

問題の調査報告は，電子メールの仕組みに対して，その有効性や問題点について言及しているので，Checkに該当します。

chapter 3

基礎理論

ここでは，コンピュータの中で数値，文字，画像，音声といったデータがどのような形で格納されているかを学習します。コンピュータの内部ではすべてが，0と1で表現されています。暗記よりも理解が必要なジャンルです。苦手意識があるかもしれませんが，避けて通れない分野ですから，頑張りましょう。

アクセスキー	e （小文字のイー）

section
3.1 デジタルとアナログ

ここがポイント！
- 補助単位は必ず覚えます
- 2進10進変換をマスターしましょう
- できれば16進数まで

ビットとバイト

コンピュータは電気で動いています。豆電球1つで表すことができる情報は**OFFとONの2種類**しかありません。コンピュータ内部では，この豆電球と同じくすべての情報をこのOFFとONの組み合わせで表現しています。ここで分かりやすくするために，OFFを0，ONを1としましょう。数値や文字はもちろん，画像も音声もこの0と1の組み合わせで表現されます。

この豆電球1個分の情報量のことを1**ビット**（bit）といいます。1ビットで表現できる情報の量は**0**と**1**の2通りです。では2ビットあったら，情報量はどれだけになるでしょうか。

0 0
0 1
1 0
1 1

この4通りです。では，3ビットなら？

000

001

010

011

100

101

110

111

これで漏れもダブりもありません。8通りです。考えてみれば，1ビット目が0か1の2通り，2ビット目も2通り，3ビット目も2通りですから，

$2\times2\times2=2^3=8$

で8通りのわけです。

ここからnビットあれば表現できる情報量が**2^n**であることが分かります。

また8ビットをひとまとめにして，1**バイト**（byte）という単位を使います。

1バイト＝8ビット

memo

1バイトは8ビットなので，2^8=256通りの表現ができます。

これは，この後，たびたび登場しますから，確実に覚えておきましょう。

補助単位を覚えよう

コンピュータの世界では非常に大きな数を扱います。「12,000,000,000バイト」と書いたのでは，0を数えるのが大変です。そこでこれを「12G（ギガ）バイト」というように補助単位を使って書きます。同様に，処理速度などは「0.000000001秒」と書く代わりに「1ナノ秒」と書きます。

ここでは覚えておきたい補助単位を紹介します。

書き方	読み方	大きさ
k	キロ	10^3（＝1,000）
M	メガ	10^6
G	ギガ	10^9
T	テラ	10^{12}
P	ペタ	10^{15}

書き方	読み方	大きさ
m	ミリ	10^{-3}（＝1/1,000）
μ	マイクロ	10^{-6}
n	ナノ	10^{-9}
p	ピコ	10^{-12}

2進数って？

私たちが普段使っている数値は**10進数**です。0〜9の10種類の数字を使って表し，10になると桁が上がる数値です。3,456と書くと無意識のうちに「三千四百五十六」と読んでいますが，それは実際には次のような意味です。ちなみに，どんな数の0乗も1です。

$$3{,}456 = 3\times1{,}000 + 4\times100 + 5\times10 + 6\times1$$
$$= 3\times10^3 + 4\times10^2 + 5\times10^1 + 6\times10^0$$

1,000の位　100の位　10の位　1の位

10倍の重み　10倍の重み　10倍の重み

コンピュータは0と1しか知らないので，その2種類の数字を使って数値を表す**2進数**を用います。2進数では，0，1ときて，次は2ではなく，桁上がりして10です。「じゅう」ではないので「いちぜろ」と読みましょう。これに1足すと11（いちいち）です。さらに1足すと桁上がりして100（いちぜろぜろ）となります。10進数との対応表を作りましたので，空欄を埋めてみて下さい。

10進数	2進数
0	0
1	1
2	10
3	11
4	100
5	101
6	
7	
8	

10進数	2進数
9	
10	
11	
12	
13	
14	
15	
16	

※この表の答えは090ページ

2進数は8桁単位で表現することが多くあります。例えば，こんな感じです。

01011101

これは下位桁から2^0の位，2^1の位，2^2の位，2^3の位，2^4の位，2^5の位，2^6の位，2^7の位です。1桁上がるごとに2倍の重みがつきます。

2^7	2^6	2^5	2^4	2^3	2^2	2^1	2^0	位取り
0	1	0	1	1	1	0	1	

10進数と2進数以外は何がありますか？

秒や分は60進数ですね。例えば，20日は何週間ですか？

えーと，20÷7＝2あまり6だから，2週間と6日。あ，週は7進数ですね！

基数変換

出るとこ!

2進数の「2」，10進数の「10」のように基（もと）になる数値を基数（きすう）といい，2進数から10進数へ，10進数から2進数へ，また10進数から16進数へのように基数を変えることを基数変換といいます。

2進数から10進数へ

では，この2進数の01011101を10進数に変換するとどうなるでしょう。

下位桁から1, 2, 4, 8,…と位取りを書いていきます。そして，1のところだけ○をつけましょう。

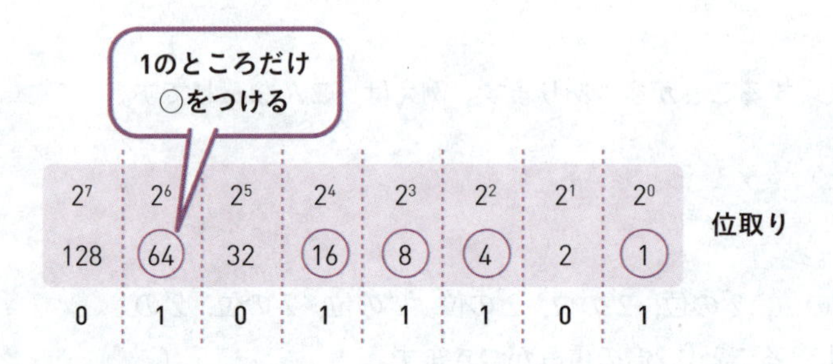

○のついた数字を足します。

64＋16＋8＋4＋1＝93

2進数の01011101は10進数では93になります。

10進数から2進数へ

次は10進数を2進数に変換してみましょう。10進数の73を8桁の2進数にします。まず，位取りを書いておきましょう。

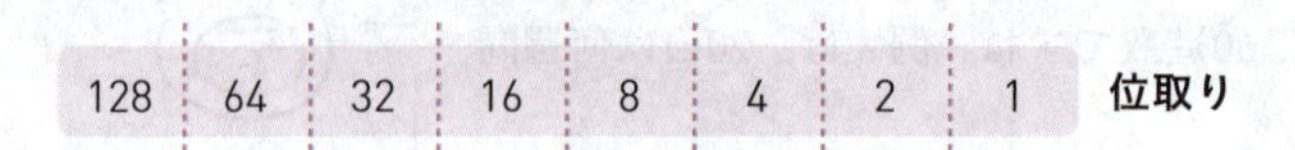

左から見ていきます。73の中に128はないので，128の位は0です（①）。73の中に64はあるので，64の位は1です（②）。64はここで使ったので，残りは73－64＝9です（③）。

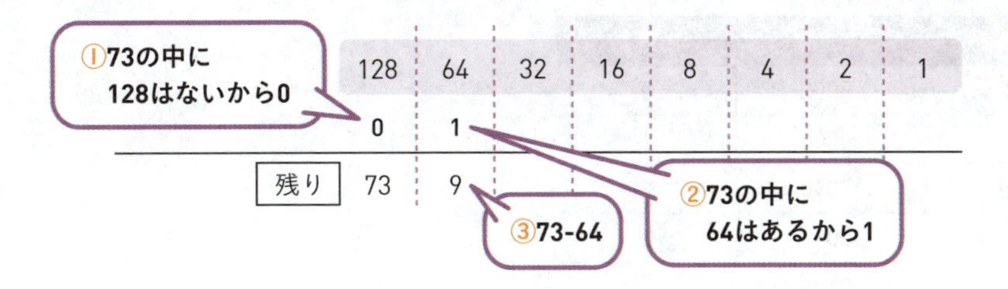

9の中に32はないので0です（④）。
9の中に16はないので0です（⑤）。
9の中に8はあるので1です。残りは1です（⑥）。
1の中に4はないので0です（⑦）。
1の中に2はないので0です（⑧）。
1の中に1はあるので1です。残りは0です（⑨）。

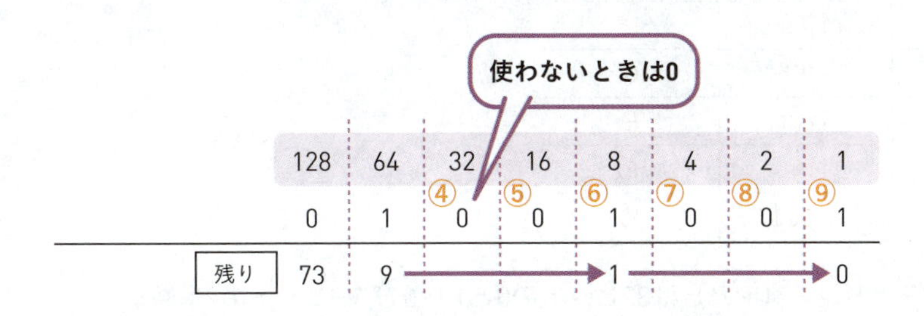

よって，10進数の73は2進数の01001001となります。

数値をデジタル化する仕組みは以上のようなものです。数値には負の数や小数などもあり，まだまだ奥が深いのですが，まずこの仕組みを理解しましょう。

16進数

16進数もコンピュータの世界ではよく使われます。2進数は桁が多くなりすぎ，読みにくいためです。2進数4桁を16進数1桁にまとめて表現します。

16進数では，0，1，2，…，9，A，B，C，D，E，Fの16種類の「数字」を使います。最下位桁が1の位，順に16の位，16^2の位と位取りが上がるのは2進数や10進数と同様です。先ほどの対応表に16進数も加えてみましょう。

10進数	2進数	16進数
0	0000	0
1	0001	1
2	0010	2
3	0011	3
4	0100	4
5	0101	5
6	0110	6
7	0111	7
8	1000	8
9	1001	9
10	1010	A
11	1011	B
12	1100	C
13	1101	D
14	1110	E
15	1111	F
16	10000	10

例えば，IPアドレス（IPv4）は32ビットの0と1の並びを8ビットの2進数4個とみなし，10進数に直して表記します（**1.1**参照）。

11000000　10101000　01001000　00000001…2進数
192　.　168　.　72　.　1　…10進数

次世代のIPアドレスであるIPv6は128ビットです。

1 0 1 0 1 0 1 1 1 1 0 0 1 1 0 1　1 1 1 0 1 1 1 1 0 0 0 0 0 0 0 1
0 0 1 0 0 0 1 1 0 1 0 0 0 1 0 1　0 1 1 0 0 1 1 1 1 0 0 0 1 0 0 1
0 1 1 0 0 1 1 1 1 0 0 0 1 0 0 1　1 0 1 0 1 0 1 1 1 1 0 0 1 1 0 1
1 1 1 0 1 1 1 1 0 0 0 0 0 0 0 1　0 0 1 0 0 0 1 1 0 1 0 0 0 1 0 1

これを16ビットずつ8つに分け，それを“:”（コロン）で区切った数値列で表します。これが16進数の表記です。

ABCD:EF01:2345:6789:6789:ABCD:EF01:2345…16進数

最初の16ビットだけ見てみましょう。次のようになっていることが分かります。

1010	1011	1100	1101
A	B	C	D

コンピュータの内部では0と1だけれども，そのままでは人間には分かりにくいので，表記方法を変えているのです。

section
3.2 マルチメディアの表現と論理

ここがポイント！
- 画像や音声のファイル形式を覚えましょう
- ディスプレイとプリンタで色の作り方が異なります
- 論理演算は0と1で計算できるようにします

文字の表現

コンピュータでは，文字も0と1で表現します。例えば 01000001 というビットの並び（ビット列）に‘A’という文字を，‘B’という文字にはそれとは異なるビット列を割り当てます。このようにビット列を文字に対応させる体系を**文字コード**体系といいます。

アルファベットの大文字・小文字と数字程度であれば100種類ほどの文字種類です。これだけなら7ビットあれば足ります。2^7＝128だからです。米国規格協会によって定められた7ビットで1文字を表現するコード体系を**ASCII**（アスキー）**コード**といいます。これに1ビットのエラーチェックのための符号を加えて8ビットで運用します。

ただ，漢字まで表現しようとすれば，2^7＝128種類や2^8＝256種類では足りません。そこで**JIS**（ジス）**漢字コード**は2バイト（＝16ビット）使って，かなや漢字を表現しています。

文字コード体系には次のように複数の種類があります。

memo

文字コード体系が異なれば，ある文字が別の文字と解釈されることもあり，これが文字化けの一因となっている。

文字コード	説明
JISコード（ジス）	JIS（日本工業規格）で規格化された**8ビット**の文字コード体系。英数字，カタカナ，各種記号など256種類が定められている。その他，漢字を表すことができる**16ビット**の **JIS 漢字コード**がある
シフトJISコード	JIS コードをベースにした文字コード体系。16ビットの漢字コードのデータと英数字，カタカナなどの8ビットコードが混在している場合でも簡単に識別できるように工夫している。公的な規格ではないが，日本国内のパソコンの OS でデファクトスタンダート（事実上の標準）として使用されてきた
Unicode（ユニコード）	世界各国の多くの文字を1つのコード体系で表現するために **ISO**（**国際標準化機構**）で標準化された複数バイトの文字コード体系
EUC（Extended Unix Code）	UNIX という OS で扱うために制定された文字コード。日本語の文字を収録したものを**日本語 EUC** あるいは **EUC-JP** とよび，日本国内で EUC といった場合はこれを指すことが多い

画像のデジタル化

画像も0と1で表現しています。画像は点（**画素**・**ピクセル**）に分割して，それぞれの点を色で表現しています。デジタルカメラやカメラ付き携帯電話などでよく話題になる「メガピクセル」という単位はこの**画素数**を示します。5メガピクセルなら500万の画素で表現できるということです。

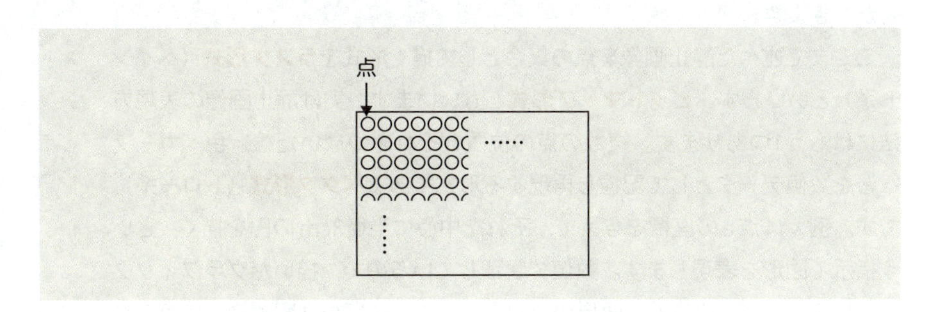

画素数が多い方が，より細密できれいな写真や画像を表現できます。最近のデジタルカメラやスマートフォンは，画素数の設定を変更できるものが多くなっています。記録画素数（出力画素数）の数字が大きいほど，プリントできるサイズは大きくなりますし，画質は精密になりますが，撮影可能枚数は減ります。それはファイルサイズ（記録容量）が大きくなるからです。

ぼくのスマホのカメラは12メガピクセルみたいなんですが，それってどういう意味ですか？

メガが100万の意味なので，写真が1200万画素で撮れるということです。でも画素数が多いと保存できる枚数が少なくなるから気を付けてね。

画像の画質とファイルサイズを決めるもう1つの要素が**色数**です。色を表現するには，文字と同様に，異なる色に異なるビット列を割り当てています。実際にはモニタにカラー画像を表示する場合，通常，**RGB**（光の三原色）とよばれる，**赤**（Red），**緑**（Green），**青**（Blue）の3色を混色して表現します（**4.1**参照）。R，G，Bにそれぞれ1ビットずつ，つまり1つの画素に3ビットを割り当てれば，2^3＝8色を表現することができます。1つの画素に24ビットずつ割り当てた表現は，**フルカラー**とよばれており，赤緑青をそれぞれ256階調（＝2^8）で混色して16,777,216色を表現します。人間が認識できる色は各色256階調以下なので，24ビットあれば十分自然なカラー画像を表現することができます。

ここまで述べた静止画像を点の集合として描く形式を**ラスタ形式**（ペイント系）といいます。**ビットマップ形式**ともいいます。実は静止画像の表現方法にはもう1つあります。複数の点の位置とそれをつないだ線，色，カーブなどを数値データとして記憶し再現する形式である**ベクタ形式**（ドロー系）です。例えば点aの座標を与えて，それを中心に半径3cmの円を描く，という指示で図形を表現します。数値で管理しているので，描いたグラフィック自体はデータ量も小さく，変形がしやすいです。写真や細密画などはラスタ形式が向いています。

描画用のソフトウェアもこの2つの描き方があります。Adobe Photoshop（アドビ フォトショップ）やWindowsのペイントなどは「ペイントソフト」です。Adobe Illustrator（アドビ イラストレータ）は「ドローソフト」です。

画像のデータ形式には次のようなものがあります。

データ形式	説明
BMP	古くから Windows が標準でサポートしている画像ファイル形式。画像をピクセルごとの RGB 値で表現し，圧縮していないために，サイズが大きくなる
JPEG（ジェイペグ）	**静止画**の圧縮ファイルフォーマット。ISO（国際標準化機構）による国際基準であり，高い圧縮率と良好な画像により，デジタルカメラや Web サイトなど広範囲で扱われている
GIF（ジフ）	静止画の圧縮ファイルフォーマット。256 色以下の画像を扱うことができる
PNG（ピング）	静止画の圧縮ファイルフォーマット。画像の劣化が少なく，透過処理などもできるため，Web で多く使われている
TIFF（ティフ）	静止画の圧縮ファイルフォーマット。「タグ」とよばれる識別子を付けて，複数パターンの画像表現を 1 つのファイルとして保存できる

動画のデジタル化

動画は，静止画を1秒間に何枚も連続して表示することで表現します。パラパラ漫画の要領です。

テレビやビデオは普通，1秒間に30**フレーム**（画面）を表示します。1秒間の動画が何枚の画像で構成されているかを示す単位を**フレームレート**（fps）といいます。フレームレートが高いと滑らかな動画，低いとカクカクした動画になります。データ量は膨大なものになります。

動画のデータ形式には次のようなものがあります。

データ形式	説明
MPEG(エムペグ)	動画の圧縮ファイルフォーマット。DVD，デジタルビデオカメラ，デジタルハイビジョン放送などに利用されている。ISOによる国際標準規格
H.264	ITU（国際電気通信連合）によって定められた，動画データの圧縮方式の標準の一つ。ISOによって，動画圧縮標準MPEG-4の一部（MPEG-4 Part 10 Advanced Video Coding）としても勧告されている。さらに圧縮率を高めたH.265もある
AVI	Microsoft社が開発した，動画を保存するためのファイル形式。動画と付随する音声を記録・再生できる

音声のデジタル化

音声は，波として表現できるアナログ情報です。このアナログ情報をコンピュータで扱えるデジタル情報に変換するために**PCM**（Pulse Code Modulation：パルス符号変調）という方式を使います。まずアナログ情報を一定の時間間隔で測定します。これを**標本化**（**サンプリング**）といいます。その測定値を数値化します。これを**量子化**といいます。例えばCDの場合は，1秒間に44,100回のサンプリングを行い，それを16ビット（65,536段階）で量子化しています。

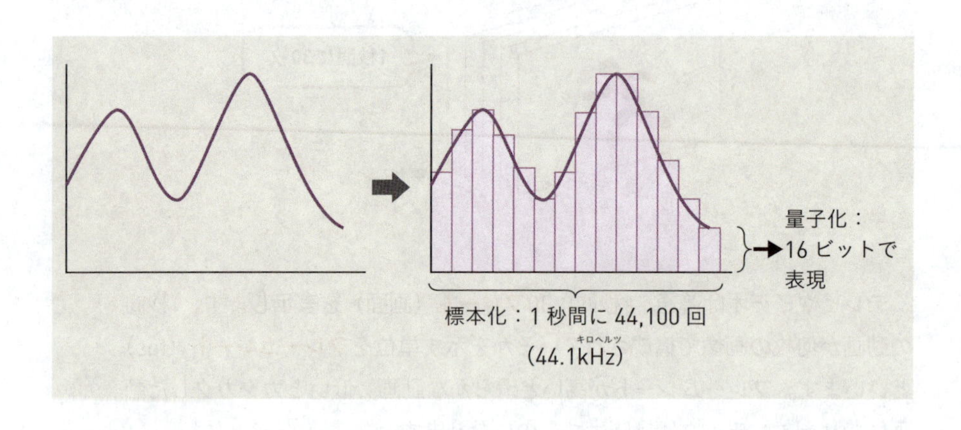

音声のデータ形式には，次のようなものがあります。

データ形式	説明
WAV(ウェヴ/ワヴ)	Microsoft社とIBMにより開発された音声データフォーマット。無圧縮である
AIFF(エーアイエフエフ/アイフ)	Apple社により開発された音声データフォーマット。無圧縮である
FLAC(フラック)	ハイレゾ(高解像度)音源の一つで高音質。データサイズは原音の約半分であり，圧縮率は低い
MP3(エムピースリー)(MPEG Audio Layer-3)	音声の圧縮ファイルフォーマット。動画圧縮方式のMPEG-1で音声を記録するために策定されたものである。圧縮率が高い割に音のひずみが小さいため，インターネットでの配信によく使われている
AAC	音声データの標準圧縮方式の一つ。MP3の後継規格で，MP3より若干データサイズが大きいが，音質は良い

圧縮技術

音声や静止画，動画などのマルチメディアデータは非常に膨大な容量となります。例えば，1,000万画素の一般的なデジタルカメラによる写真データは，24ビットでカラー情報を表現した場合，1枚当たり30Gバイトの容量になります。圧縮しない状態では，データ量が膨大となり取り扱いが困難となります。そこで，**データ圧縮**を行います。

データ圧縮方式のうち，圧縮後も元のデータを完全に復元できるものを**可逆圧縮方式**(かぎゃく)，復元できないものを**非可逆圧縮方式**とよびます。非可逆圧縮方式では，元のデータを再現できない代わりに圧縮率を高めることができます。通常，コンピュータのデータは，1ビットでも誤っていると誤った処理結果となってしまうため，非可逆圧縮方式は採用されません。しかし，画像や音声などは，元のデータが完全に再現されなくとも，人間には十分解釈できます。多少劣化しても，圧縮後のデータサイズを小さくする方が優先されるため，画像や音声には非可逆圧縮方式がよく利用されます。

論理演算をマスターする

出るとこ!

コンピュータの世界では，計算のことを**演算**とよびます。コンピュータにできる演算の種類には，数学の足し算・引き算・掛け算・割り算（算術演算）の他にもいくつかの種類があります。その中でも，よく使われるのが**論**

理演算です。

論理演算は，算術演算と異なり，真（“1”）か偽（“0”）か2つの状態から一定の規則に従って結果を得る計算方法です。真理値表（論理演算の結果を表にまとめたもの）とベン図（論理演算の結果を図で表したもの）を使って，それぞれの論理演算について説明します。

論理和（OR）

論理和は少なくともいずれか一方が真であれば，結果が真となる演算です。OR「または」なので，どちらか一方でも1なら1，と覚えましょう。

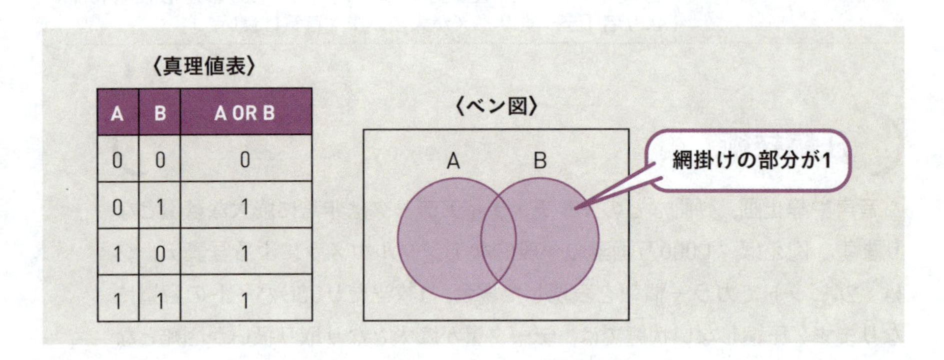

A	B	A OR B
0	0	0
0	1	1
1	0	1
1	1	1

論理積（AND）

論理積は両方が真の場合のみ，結果が真となる演算です。AND「かつ」なので，両方1なら1，と覚えましょう。

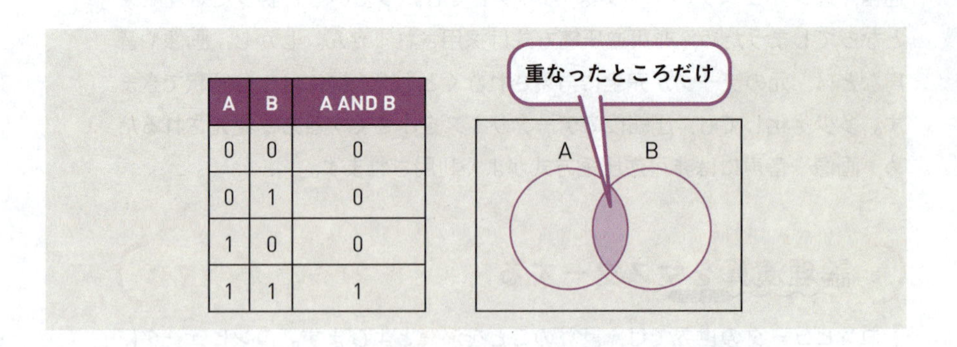

A	B	A AND B
0	0	0
0	1	0
1	0	0
1	1	1

排他的論理和（Exclusive OR：EORもしくはXOR）

排他的論理和はいずれか一方が真の場合は結果が真に，両方の値が一致した場合は結果が偽となる演算です。「排他」なので，同じなら0だけど違ったら1，と覚えましょう。

A	B	A XOR B
0	0	0
0	1	1
1	0	1
1	1	0

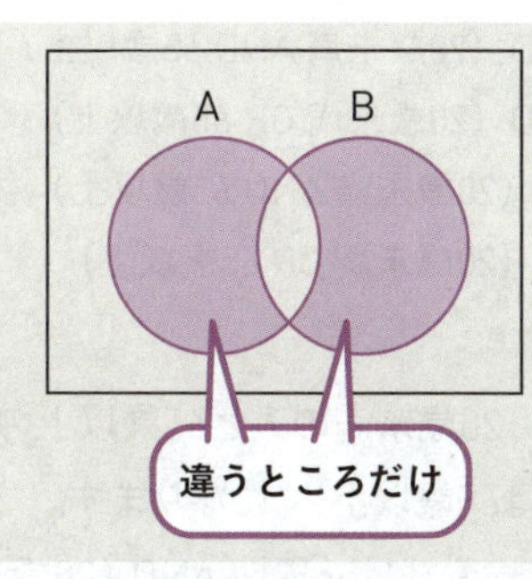

否定（NOT）

否定（NOT）は，真偽を反転させる演算です。これは覚えやすいですね。

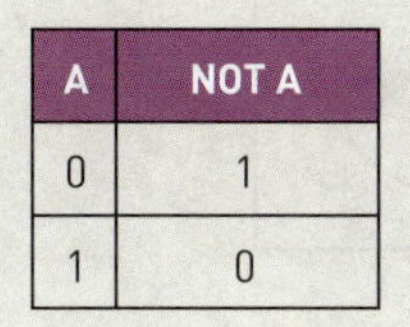

A	NOT A
0	1
1	0

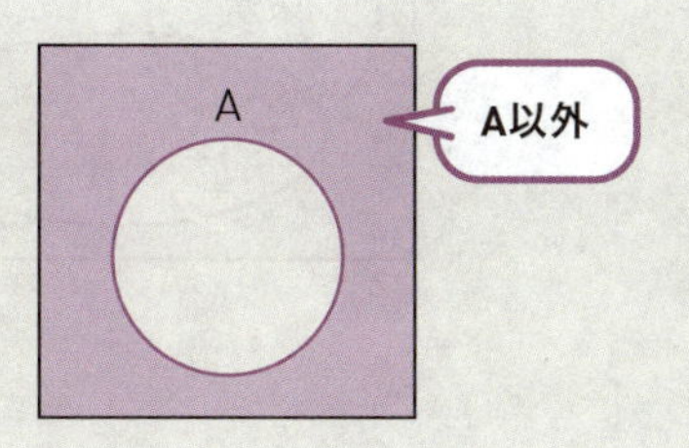

検索式

では，この論理演算は具体的にどのように使うのでしょうか。コンピュータ内部の算術演算やICとよばれる回路で使われているのですが，ここでは次の例題で考えてみましょう。

例題　（平成25年秋　問54）

“男性のうち，20歳未満の人と65歳以上の人”に関する情報を検索するための検索式として，適切なものはどれか。

ア　男性 AND（20歳未満 AND 65歳以上）
イ　男性 AND（20歳未満 OR 65歳以上）
ウ　男性 OR（20歳未満 AND 65歳以上）
エ　男性 OR（20歳未満 OR 65歳以上）

“男性のうち，20歳未満の人と65歳以上の人”を言い換えると，“男性かつ（20歳未満または65歳以上）”になります。“かつ”がAND，“または”がORに相当するので，検索式は「男性 AND（20歳未満 OR 65歳以上）」となり，正解はイとなります。

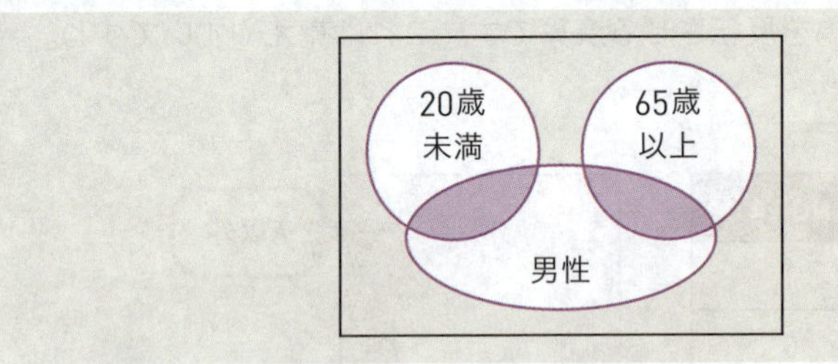

論理演算の演算子には優先順位があります。
NOT＞AND＞ORの順に優先順位が高くなります。

「イケメンでかつお金持ち」の方が「イケメンまたはお金持ち」より優先するってことですね。

万能のカード！

ポーカーをやったことありますか？　ジョーカーはワイルドカードという

扱いで，どんなカードの役割もしてくれます。まさに万能のカードなんですね。

コンピュータの世界にも，どんな文字や文字列にもなる**ワイルドカード**があります。文字列の指定や比較，探索などを行う際に，任意の，あるいは特定のパターンに一致する文字列を表す特殊な記法や記号のことをワイルドカードといいます。

例えば，Windowsでファイル名などを指定する際に，「?」は任意の1文字を，「*」は0文字以上の長さの任意の文字列を表します。「ta?e」と書くと「take」「tale」「tape」などに一致します。「ta*e」と書くと，これらに加えて「tae」「taste」「tackle」などにも一致することになります。どの記号がどのパターンを意味するかはOSやアプリケーションによって異なるので注意が必要です。

section
3.3 アルゴリズムとデータ構造

ここがポイント！
- アルゴリズムはプログラムの土台です
- フローチャートで出題されることが多いです
- データ構造はスタックとキューがよく出題されます

アルゴリズムはプログラムの土台

プログラムは聞いたことがあるけど，アルゴリズムは聞いたことがないという人が多いのではないでしょうか。**アルゴリズム**は問題解決にいたる「やり方」や「考え方」のことです。スタートからゴールまでの道筋といってもいいでしょう。そして**データ構造**は，データの集まりをコンピュータプログラムで処理する際に扱いやすいように，一定の形式で格納したものです。この2つが**プログラム**の基礎になります。

ここでクイズを出します。

問題

8枚のコインがあり，1枚だけ，他のコインより重いコインが混じっています。天秤を2回だけ使って重さの違うコインを特定するにはどうしたらよいでしょう。

なかなか難しいですね。紙と鉛筆を用意して，メモをとっていかないと混乱してきそうです。1回目に何枚ずつのせて…2回目は…と考えていきます。実はそれがアルゴリズムというものです。

アルゴリズムとは，求める解を導き出すための処理手順のことです。ソフトウェアのプログラムは，プログラミング言語で記述されたアルゴリズムの一つです。コンピュータにも解釈できるように，一定の文法に基づいて手順を書いたものです。

さて，先ほどのクイズの解答です。**フローチャート**という図で示しています。文章よりも分かりやすいのではないでしょうか。

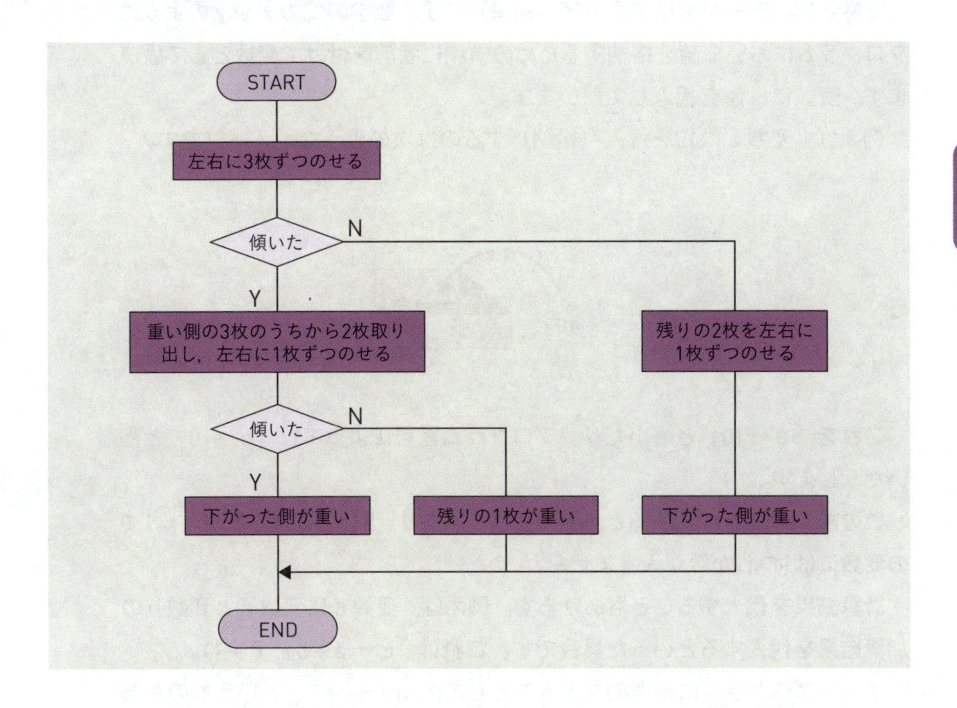

フローチャート記号はJIS（日本産業規格）により規格化されています。主な記号は次の図です。

図記号	名称	意味
	端子	プログラムの「はじまり」と「おわり」を示す
	処理	「入力」「記憶」「演算」「出力」の処理を示す
	判断	分岐や繰り返しを示す
	ループの開始	繰り返しの開始位置を示す
	ループの終了	繰り返しの終了位置を示す

変数は入れ物

変数とは，データを格納する箱（領域）です。数学の式のｘやｙのように，プログラムにおいて値を格納するための領域に名前を付けて変数として扱います。変数には値を代入して使います。

例えば，変数ａに10を**代入**（格納）するのは次のようなイメージです。

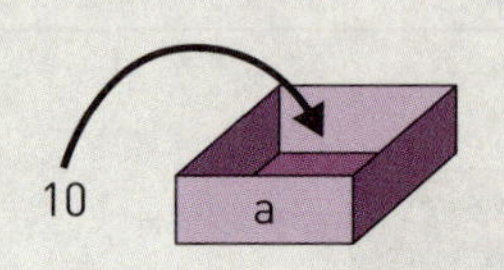

これを「a←10」と書いたり，プログラム言語によっては「a＝10」と書いたりします。

この後，aに5を代入すると，前の10はなくなり，5が上書きされます。1つの変数には1つしか値が入りません。

計算結果を代入することもあります。例えば，変数ｃに変数ａと変数ｂの加算結果を代入するといった具合です。これは「c ← a + b」ですね。

また，プログラムに特徴的な書き方として，「a ← a + 1」というものがあります。これは元の変数aに1を加えて，aに上書きするという意味で，aに1加算されることになります。

一軒家（変数）とアパート（配列）

プログラムで，10人の学生のテスト結果を格納する変数を用意すると仮定します。A，B，C，D，E，F，G，H，I，Jという10個の変数を用意したのでは面倒ですし，加算するのも大変です。そこで，プログラムでは**配列**（はいれつ）という表記を使います。配列は，同じ名前で番号により区別する変数です。この番号を**添字**（そえじ）といいます。

10人の学生のテスト結果を格納する変数は，A[0]～A[9]もしくはA[1]～A[10]という配列で表すことができます。配列の先頭要素を0番と1番のどちらにするかは，問題文に示されているので注意しましょう。番号を囲むカッコも，[ ]または( )が使われます。

配列のイメージは，データを入れる箱が並んだもの，つまりアパートと考えましょう。添字が部屋番号です。

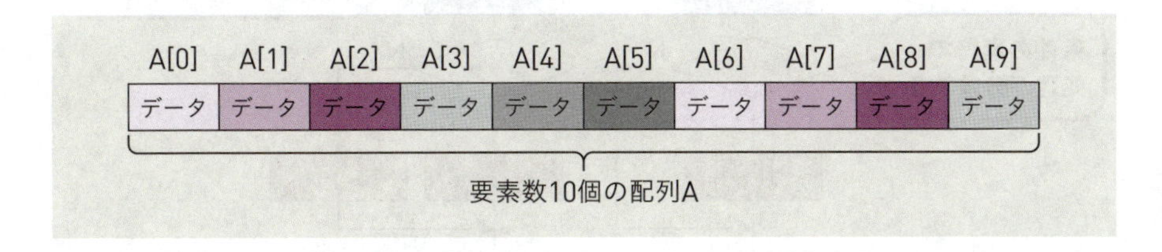

3つの制御構造

すべてのプログラムは究極のところ3種類の構造からできています。

- 順次：上から順番に実行する

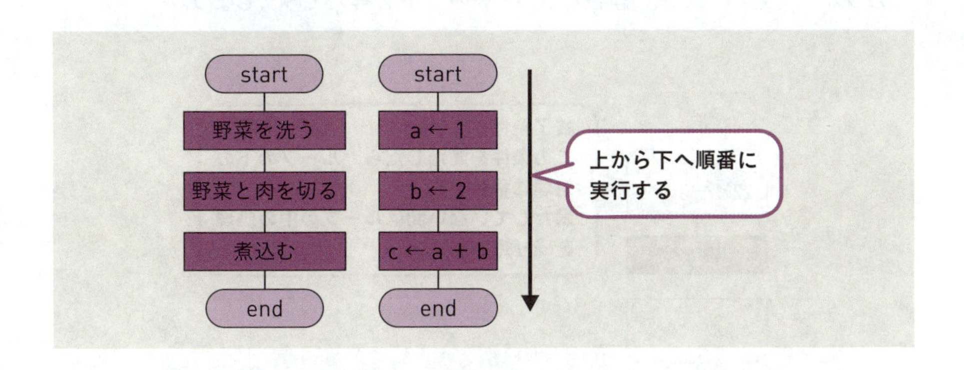

- 選択（分岐）：条件の真（YES）と偽（NO）で処理が分かれる

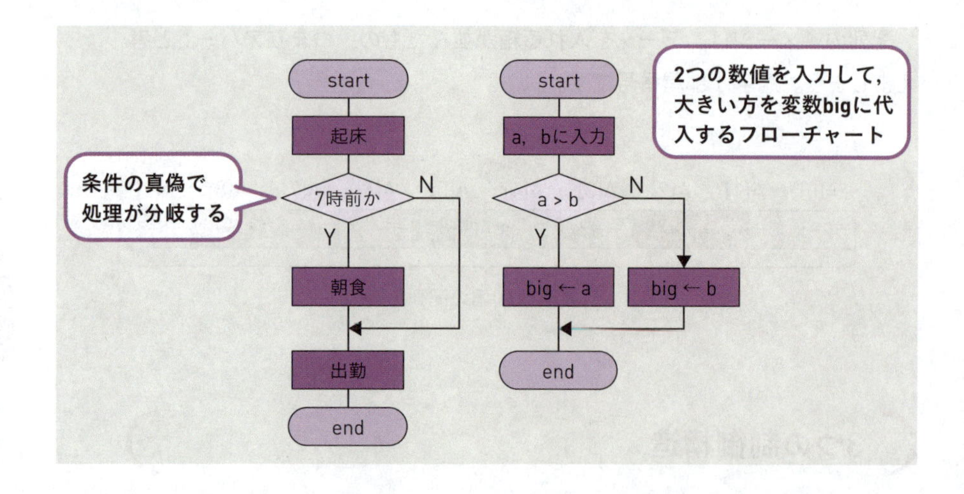

- 繰り返し（反復・ループ）：ある条件の間処理を繰り返す

カラオケで22時まで歌い続けるフローチャートを考えてみましょう。

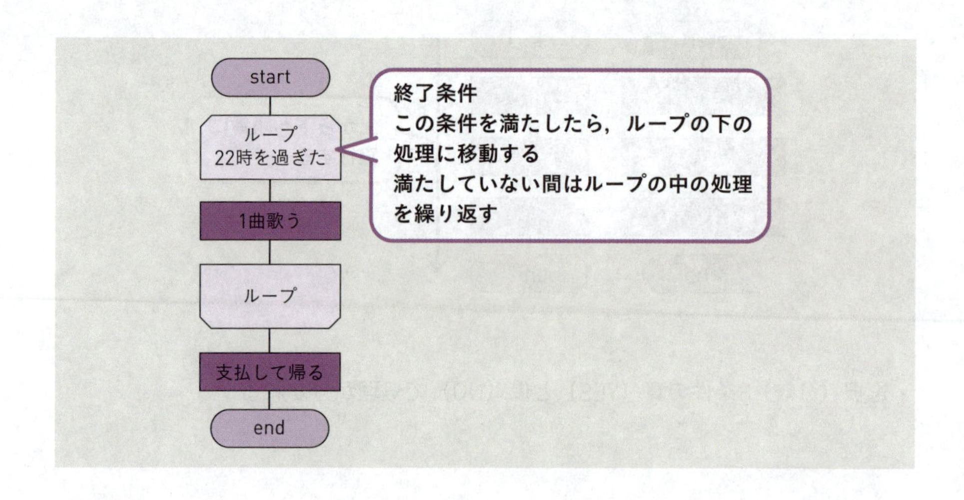

このようにループに入る時に，ループに入るかどうかを判断するタイプの繰り返し処理を**前判定**（まえはんてい）といいます。実はこの繰り返しでは，ループの終了のところに，終了条件を書くこともあります。これを**後判定**（あとはんてい）といいます。

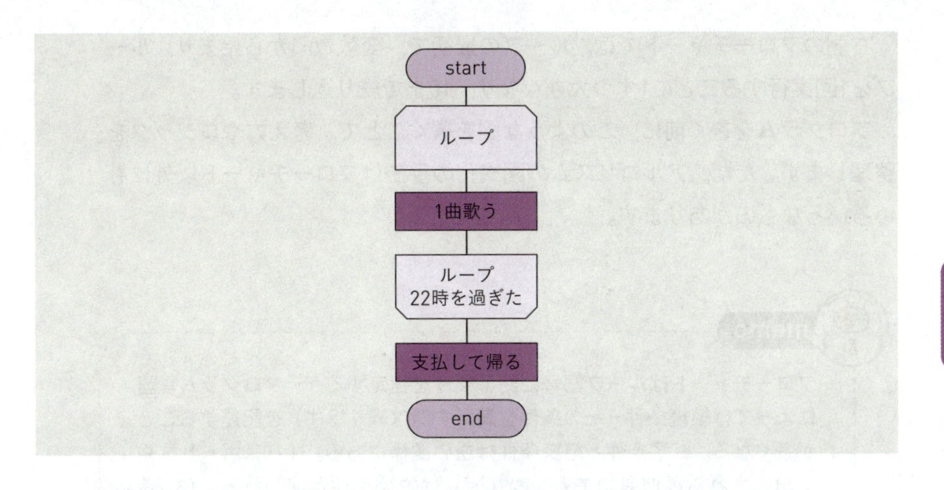

前判定と後判定はどこが違うでしょう。前判定では，1曲も歌わずに帰ることがあり得ます。STARTの時点で22時を過ぎていた場合です。後判定では，1度はループに入って中の処理を実行します。その後に22時を過ぎているかどうかを判定します。何時にお店に入っても，1曲は歌えるわけですね。

繰り返しのフローチャートにはいろいろな書き方があります。1から10までの和を求めてwaに代入するフローチャートを考えてみましょう。下図は書き方が異なりますが，同じ結果になります。

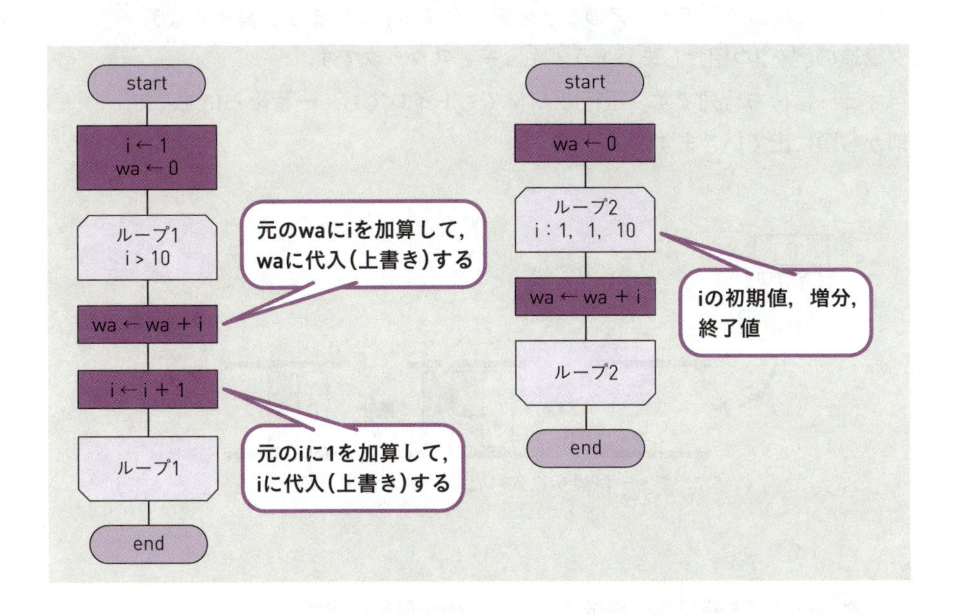

右側のフローチャートでは，ループの最初で，変数iが1から始まり，ループを1回実行するごとに1ずつ大きくなり，10まで繰り返します。

プログラムを書く前に，このような図を書くことで，考え方やロジックを整理します。ただ，アルゴリズムの図式化の手法はフローチャート以外にもいろいろなものがあります。

フローチャートはループ記号に終了条件を指定するが，プログラム言語によっては継続条件（その条件を満たす間は繰り返す）を記述することが多くなる。終了条件と継続条件は逆の関係にある。ITパスポート試験で出題される擬似言語でも，繰り返しは継続条件が使われる。（**3.4**参照）

データ構造はデータの並べ方と出し入れ

アルゴリズムとともに，プログラムで必要となる考え方に**データ構造**があります。コンピュータは大量のデータを扱います。大量のデータを処理しやすいように配置するアイデアのことをデータ構造といいます。具体的なデータ構造の例を2つ紹介しましょう。キューとスタックです。

キューは待ち行列です。銀行のATMでもトイレでも，一番後ろに並んで，前から順に出ていきます。

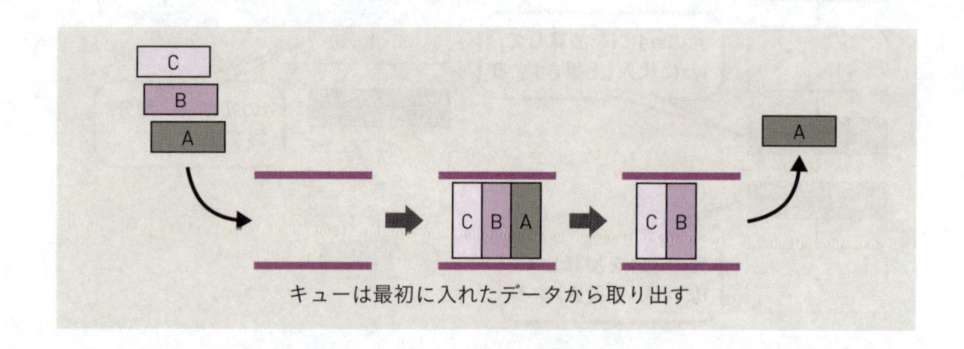

キューは最初に入れたデータから取り出す

スタックはゴミ箱です。最後に入れたものが最初に出てきます。

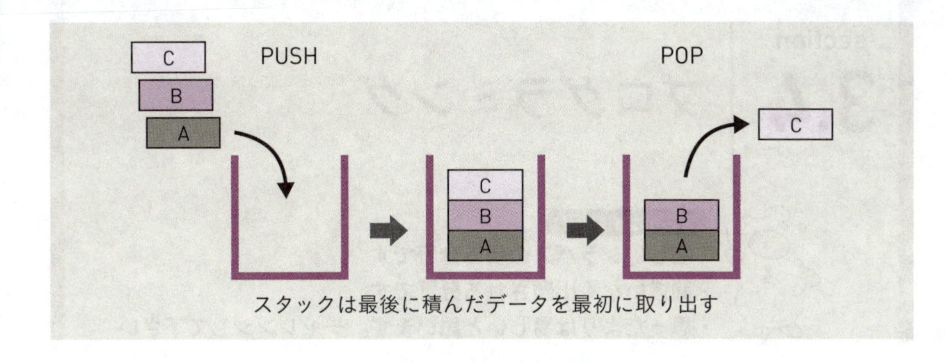

スタックは最後に積んだデータを最初に取り出す

section
3.4 プログラミング

ここがポイント！

- 新しいシラバスの目玉分野です
- 間違いなく出題される分野です
- 思ったよりは易しいと思います。チャレンジして下さい

プログラムとは

プログラムという言葉はコンピュータとは関係なく，日常生活にも登場します。例えば映画のプログラムや入社式のプログラムといった具合です。これらのプログラムとは，「物事の順番（手順）」が書かれたものといえます。コンピュータのプログラムも，「コンピュータに何をやらせるかを順番に書いたもの」です。

ただ，コンピュータは機械ですので，いわれたことしかできません。空気を読む，なんてことはできないのです。それも厳密に文法を決め，それに従った書き方でなければ，解釈して実行してくれません。その決まりごとが**プログラム言語**です。人間の言語にも日本語，英語，フランス語などいろいろな種類があるように，プログラム言語にもたくさんの種類があります。**C**（シー），**Fortran**（フォートラン），**Java**（ジャバ），**C++**（シープラスプラス）などです。プログラム言語は数百種類あります。言語ごとに特色があり，大掛かりなシステムを作りたいときには大規模システムに向いた言語を，ちょっとした処理を書きたいだけなら小回りが利く軽量言語を，というように言語を使い分けることで，効率よくプログラムが書けます。プログラム言語で書かれたプログラムをソースコードといいます。

人間が理解できるソースコードをコンピュータは理解できません。コンピュータが実行できるのは**機械語**だけです。そこで，翻訳する必要があります。多くの言語は**コンパイル方式**といって，**コンパイラ**というソフトウェアで翻訳を行います。さらにそれに必要なものを付け加えるためにリンクという処理をして，ようやく実行できる形式になります。

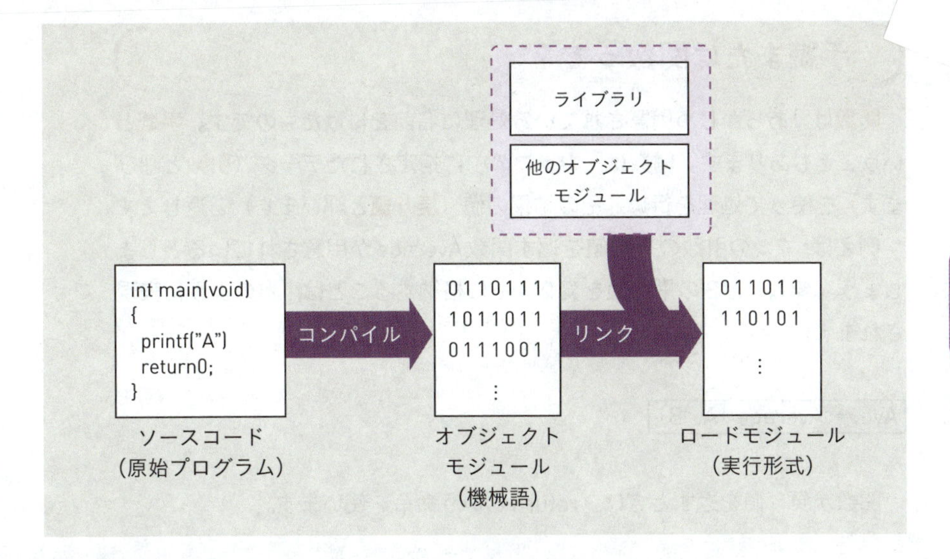

擬似言語

ITパスポート試験では擬似言語によるプログラムが出題されます。これは,アルゴリズムを表現するための擬似的なプログラム言語です。擬似的なものですので,実際にパソコン上で打ってみたり,動かしたりすることはできません。擬似言語の記述形式は情報処理推進機構(IPA)から発表されています。

memo

擬似言語の仕様は下記にあります。必ず目を通しておくようにしましょう。
「試験で使用する情報技術に関する用語・プログラム言語など」(擬似言語は4〜5ページに掲載)
https://www.ipa.go.jp/shiken/syllabus/ps6vr7000000i9dp-att/shiken_yougo_ver5_0.pdf

手続または関数って？

関数は，あらかじめ用意されている処理に名前を付けたものです。**手続**ということもあります。関数は，カッコの中に指定されたデータ（**引数**（ひきすう）と呼びます）を使って処理を行い，その結果の値（**戻り値**と呼びます）を返します。

例えば，2つの引数の平均値を返す関数Averageが用意されているとしましょう。変数AとBの平均値を変数Aveに格納することは，次のように表現されます。

```
Ave ← Average (A, B)
```

関数が戻り値を返すときは，returnという命令を使います。

型って？

変数（3.3参照）には**型**があります。前節で変数はデータを入れる箱のようなものと説明しました。これに入るデータの種類を**データ型**といい，プログラムの冒頭で宣言します。代表的なデータ型とそこに入るデータの具体例は次のようなものです。

整数型	1, -23, 456
実数型	1.23, -45.678, 987.65
文字型	‘A’, ‘x’, ‘i’
論理型	true, false

プログラムも3つの制御構造

また前節で3つの制御構造について学習しました。プログラミングもこの3つの制御構造でできています。

- 順次：上から順番に実行する
  これは特に命令ではなく，プログラムも基本的には上から順に実行されます。
- 選択：条件の真（YES）と偽（NO）で処理が分かれる

if命令を使います。if～endifまでが一連の命令になります。

if(<u>*条件式1*</u>)
　<u>*処理1*</u>
elseif(<u>*条件式2*</u>)
　<u>*処理2*</u>
elseif(<u>*条件式n*</u>)
　<u>*処理n*</u>
else
　<u>*処理n+1*</u>
endif
	選択処理を示す。
	　<u>*条件式*</u>を上から評価し，最初に真になった<u>*条件式*</u>に対応する<u>*処理*</u>を実行する。以降の<u>*条件式*</u>は評価せず，対応する<u>*処理*</u>も実行しない。どの<u>*条件式*</u>も真にならないときは，<u>*処理 n ＋ 1*</u>を実行する。
	　各<u>*処理*</u>は，0 以上の文の集まりである。
	　elseif と<u>*処理*</u>の組みは，複数記述することがあり，省略することもある。
	　else と<u>*処理 n ＋ 1*</u>の組みは一つだけ記述し，省略することもある。

- 繰り返し：ある条件を満たしている間，処理を繰り返す

while～endwhile，do～while，for～endforという3種類の書き方があります。

while(<u>*条件式*</u>)
　<u>*処理*</u>
endwhile
	前判定繰返し処理を示す。
	　<u>*条件式*</u>が真の間，<u>*処理*</u>を繰返し実行する。
	　<u>*処理*</u>は，0以上の文の集まりである。

do 　<u>*処理*</u> while(<u>*条件式*</u>)	後判定繰返し処理を示す。 　<u>*処理*</u>を実行し，<u>*条件式*</u>が真の間，<u>*処理*</u>を繰返し実行する。 　<u>*処理*</u>は，0以上の文の集まりである。

for(<u>*制御記述*</u>)
　<u>*処理*</u>
endfor
	繰返し処理を示す。
	　<u>*制御記述*</u>の内容に基づいて，<u>*処理*</u>を繰返し実行する。
	　<u>*処理*</u>は，0以上の文の集まりである。

「試験で使用する情報技術に関する用語・プログラム言語など Ver.4.3」より引用

ただ，これらは具体例がないと，分かりにくいので，具体的なプログラム例で説明していきましょう。

そろそろ具体的なプログラムを！

さっぱり分からないという方もいらっしゃるでしょう。では，例として先ほどの「2つの引数の平均値を返す関数Average」を書いてみます。行頭の数字は説明のための行番号です。

```
1: /* 引数に指定された2つの数値の平均値を求める */
2: ○実数型：Average(整数型：X,整数型：Y)
3: 実数型：Ans
4: Ans ← (X + Y) ÷ 2
5: return Ans
```

1: /*から*/までは「注釈（コメント）」です。プログラムの実行には影響を与えません。何を書いてもいいです。この注釈はプログラムを読む時には有力なヒントになります。

2: **関数**の名前はAverageです。**引数**は，**整数型**のXとYの2つです。Averageという関数自体は，実数型の値を返します。

3: この関数の中で，実数型の変数Ansを使用します。

4: (X + Y) ÷ 2を計算してAnsに代入します。

5: そのAnsの値を戻り値として返します。つまり，別のプログラムの中で，Average（5, 9）は7という値になるわけです。

次に，IPAが発表した「サンプル問題」を使って説明しましょう。なお，実際の試験では行頭の数字は付きません。

問題 1

関数calcMeanは，要素数が1以上の配列dataArrayを引数として受け取り，要素の値の平均を戻り値として返す。プログラム中のa，bに入れる字句の適切な組合せはどれか。ここで，配列の要素番号は1から始まる。

〔プログラム〕

```
1: ○実数型:calcMean(実数型の配列:dataArray) /* 関数の宣言 */
2: 実数型:sum, mean
3: 整数型:i
4: sum ←0
5: for(iを1から dataArrayの要素数まで1ずつ増やす)
```

```
6:      sum ← [   a   ]
7:    endfor
8:    mean ← sum ÷ [   b   ] /* 実数として計算する */
9:    return mean
```

	a	b
ア	sum ＋ dataArray[i]	dataArrayの要素数
イ	sum ＋ dataArray[i]	(dataArrayの要素数＋1)
ウ	sum × dataArray[i]	dataArrayの要素数
エ	sum × dataArray[i]	(dataArrayの要素数＋1)

1行ずつ見ていきましょう。

1: 関数名はcalcMeanで，引数は配列dataArray
2: プログラム中で実数型の変数sum，meanを使う
3: 同じく整数型の変数iを使う
4: sumに0を代入する
5: 繰り返し処理の始まり
6: sumに空欄aを代入する

さて，この空欄aには何が入ればいいでしょうか。問題文から，この関数は「配列dataArrayを引数として受け取り，要素の値の平均を戻り値として返す」ものであることが分かります。平均値を求めるために必要なものは，配列の各要素の合計と，配列の要素数です。

繰り返しの中では，配列の要素の合計を計算していることが予想されます。配列の要素を1つずつ変数sumに加算していけばいいはずです。

```
sum ← sum+dataArray[1]
sum ← sum+dataArray[2]
sum ← sum+dataArray[3]
        :
```

これを要素数分繰り返すわけです。したがって空欄aには

sum ＋ dataArray[i]

が入ります。

7: 繰り返し処理の終わり

8: meanにsumを空欄bで割った演算結果を代入する

繰り返し処理から抜けた後は，平均を求めます。平均は合計÷要素数です。sumに合計が入っていますから，空欄bには

dataArrayの要素数

が入ります。

9: meanを戻り値として，関数を終了する

以上のことから，正解はアとなります。

memo

このプログラムで，6行目は書き出しが少し右にずれている。これは**インデンテーション**（**字下げ**）といって，プログラムを読みやすくするための工夫である。条件分岐処理や繰り返し処理などを行う際，「その条件にマッチしたときに行う処理」を1段字下げして書く，といったルールを決めておくことが多い。

問題 2

手続printStarsは，“☆”と“★”を交互に，引数numで指定された数だけ出力する。プログラム中のa，bに入れる字句の適切な組合せはどれか。ここで，引数numの値が0以下のときは，何も出力しない。

〔プログラム〕

```
1:  ○printStars(整数型:num)      /* 手続の宣言 */
2:    整数型:cnt ← 0            /* 出力した数を初期化する */
3:    文字列型:starColor ← "SC1"  /* 最初は“☆”を出力させる */
```

```
4:   [ a ]
5:   if(starColor が "SC1" と等しい)
6:     "☆"を出力する
7:     starColor ← "SC2"
8:   else
9:     "★"を出力する
10:    starColor ← "SC1"
11:  endif
12:  cnt ← cnt + 1
13:  [ b ]
```

	a	b
ア	do	while（cnt が num 以下）
イ	do	while (cnt が num より小さい)
ウ	while（cnt が num 以下）	endwhile
エ	while (cnt が num より小さい)	endwhile

この問題は1行ずつ解説せずに考えてみましょう。選択肢を見ると，空欄aと空欄bの組が「do-while」のものと「while-endwhile」のものがあります。「do-while」は後判定，「while-endwhile」は前判定です。後判定は，繰り返し処理を少なくとも1回は実行します。前判定は，条件によっては1回も実行しないことがあります。

問題文に「引数numの値が0以下のときは，何も出力しない」とあります。繰り返しの中で“☆”や“★”を出力しています。ということは，繰り返しの中の処理を実行しないことがある前判定が正解です。ウかエです。

では，次にウとエの違いを見てみましょう。条件が真の間，処理を繰り返します。その条件が「cntがnum以下」か「cntがnumより小さい」かの違いです。つまり，cntがnumと等しいときに繰り返し処理に入るかどうかの違いです。

繰り返しの外（2行目）でcntには0が代入されています。繰り返しの中の最後（空欄bのすぐ上）で，cnt←cnt+1が実行されます。これによりcntは1大きくなります。つまり，“☆”や“★”を出力すると，cntは1大きくなるわけです。cntは出力した星の数を示しています。したがって，cntがnと等しくなったら，繰り返しを終了しなければなりません。

分かりにくければ，具体的な数字で考えてみましょう。あまり大きくない方がいいですね。引数nが3だったと仮定しましょう。

繰り返しの外	cntが0になる	
繰り返し1回目	☆を出力する	cntは1になる
繰り返し2回目	★を出力する	cntは2になる
繰り返し3回目	☆を出力する	cntは3になる

ここで終了させたいです。cntがnと等しいときは繰り返しに入ってはいけません。したがって，条件は「cntがnumより小さい」となります。

以上のことから正解はエです。分かりにくいときは，具体的な例を作って考えてみましょう。

memo

本来アルゴリズムは自分で考え，プログラムは自分で書くものである。しかし，試験では誰かの書いたプログラムを読み取ることが求められる。また，ITパスポート試験では，選択肢があってその中から正解が選べればよい。よって，さっさと選択肢を見てしまい，見当をつけるというのも使える「手」である。

section

3.5 IoTとAI

ここがポイント！

- **近年出題が急増している分野です**
- **用語の意味が分かっていれば解ける問題が多くなります**
- **普段から新聞やネットニュースにアンテナを張っておきましょう**

IoTって何？

IoT（アイオーティー）はInternet of Thingsの略で，「モノのインターネット」と訳されています。モノがインターネット経由で通信することを意味します。

この場合のモノって何でしょう。例えば服・時計・靴などの身に着けるもの，家電製品や温度計など家にあるもの，車や作業機械や家そのものなど大型のもの，その他ネットワークにつなげれば，なんでもモノになります。極端にいえば，気体や液体のように物理的にインターネットに接続するのが困難なもの以外はほぼすべてモノです。

IoTにより大量のデータ（**ビッグデータ**）を集めることができます。ビッグデータは通信回線とコンピュータの処理能力の向上により，処理が可能になった膨大なデータのことです。例えば，1億人分の携帯電話のGPS情報のようなイメージです。これを分析して，「災害が起こった時に，どこに人が移動したか」や「緊急事態宣言で渋谷の街の人はどうなったか」などの統計を取ることができます。

ではIoTで具体的に何ができるのでしょうか。例えば，農業です。土壌に**センサ**をつけて水分量や成分をモニタします。これにより水やりのタイミングが分かります。自動で水をまくこともできるでしょう。他には例えば，介護があります。離れて暮らす親の元にセンサ付き電気ポットを置きます。この使用状況が息子のスマートフォンに届きます。他には，交通情報です。自動車のセンサから混雑具合をサーバに送ります。そしてそれを集約して交通情報として車にフィードバックします。これにより，今よりもずっとピンポイントの渋滞情報が得られます。降雨情報なども得られますね。

このようにIoTの利用事例は幅広く，現在注目を浴びている技術です。

IoTの技術

IoTは3種類の要素から構成されています。

- **IoTデバイス**
  情報を測定し送信します。またフィードバックを受けます。光・赤外線・磁気・加速度・角度（ジャイロ）・超音波・温度・湿度・圧力・**煙**などを検知・検出するセンサを有しています。
  フィードバックを受けるハードウェアとしてアクチュエータがあります。電気・空気圧・油圧などのエネルギーを機械的な動きに変換し，機器を正確に動かす駆動装置です。DC モータ，油圧シリンダ，空気圧シリンダなどがあります。
  外気温に応じて窓を開閉するシステムで，外気温を計測するのがセンサ，IoTサーバからの指示で窓を開閉するのが**アクチュエータ**ということです。
- IoTゲートウェイ
  IoTデバイスとサーバ間のデータを中継します。
- サーバ
  データを蓄積・処理・分析し，フィードバックします。

非常に多くのIoTデバイスから情報を送るための通信技術として**LPWA**（出るとこ!）（Low Power Wide Area）があります。なるべく消費電力を抑えて遠距離通信を実現する通信方式です。データ量は極めて小さいので，音声やWebには向きませんが，IoTのネットワークとして期待されています。

また，**エッジコンピューティング**はコンピュータネットワーク上で，利用者に近い場所に多数のサーバを配置し，負荷の分散と通信の低遅延化を図っています。

関連用語

エネルギーハーベスティング：周りの環境から光や熱（温度差）などの微小なエネルギーを集めて，電力に変換する技術。IoTデバイスへの電力供給でも用いられる。

BLE（Bluetooth Low Energy）：Bluetoothの拡張仕様の一つで，極低電力で通信が可能な規格。

ZigBee（ジグビー）：低コスト，低消費電力でワイヤレスセンサネットワーク構築に適した無線通信規格。

ビッグデータをどう活かすか

「マネーボール」という映画をご存じですか。2011年に公開されたブラッド・ピット主演の映画です。メジャーリーグの球団，オークランド・アスレチックスのゼネラルマネージャが，セイバーメトリクスとよばれる統計学的手法を用いて，プレーオフ常連の強豪チームを作り上げていく様子を描いています。出塁率，長打率，選球眼といった多種多様で膨大なデータを分析することで，年俸総額1位のニューヨーク・ヤンキースの1/3程度でありながらも全30球団で最高の勝率，最多の勝利数を記録したチームのノンフィクションが原作です。

IoTで大量のデータが集まったとしても，それを活用して新しい価値を見出さなければ，意味がありません。多くのデータから有意義な価値を引き出すための研究分野を**データサイエンス**といい，携わる研究者を**データサイエンティスト**といいます。

例えば**テキストマイニング**という技術は，大量の文章データ（テキストデータ）から，有益な情報を取り出すものです。SNS（Facebook，LINE，Xなど）には大量のテキストデータがあります。これをテキストマイニングによって分析することで株価など不規則に変動するものや商品の需要など，「将来の予測」に活用できます。

IoTの活用事例

IoTはすでに私たちの身近なところで活かされています。

情報収集にドローン

ドローンは「空飛ぶIoT」ともいわれています。災害現場や高所など，人間が行くには危険を伴ったり，時間がかかったりする場所にも簡単に行けることがドローンの特徴です。さらにドローン本体には，カメラや通信機能などを搭載することができるため，様々な現場の情報を収集して遠隔地に送信することが可能です。現在では，タブレット端末やスマートフォンといった誰でも扱えるデバイス（**スマートデバイス**）でドローンのコントロールや制御もできるようになりました。IoTデバイスとして利用できるわけです。

memo

ドローン

無人で遠隔操作や自動制御によって飛行できる航空機の総称です。おもちゃのようなドローン，産業用のドローン，軍事利用のドローンなど様々なタイプがあります。

スマートデバイス

写真は，Apple社の「HomePod mini」です。インターネットの接続と音声認識・音声操作が可能な，AIアシスタントを搭載しているスピーカーです。AIが質問やお願いに応えてくれるイメージです。

写真は，「Apple Watch Series 7」です。
スマートウォッチはタッチスクリーンとCPUが搭載されていて，文字盤の部分に触れることでさまざまな機能を使用できる腕時計型の電子機器です。スマホと連携できるものが多いです。

関連用語

ビーコン： Bluetooth信号を発信して位置情報を知らせる発信機。観光地や建物内でのナビゲーション，美術館や博物館の作品ごとの音声ガイド，従業員の勤怠管理や，車やバスの現在位置などに利用されている。

ウェアラブルデバイス

昨今，身に着けられる（ウェアラブル）デバイスが急激に普及しています。いわゆるスマートウォッチがその一例です。その応用事例として歩数や運動時間，睡眠時間などを，搭載された各種センサによって計測するウェアラブル機器である**アクティビティトラッカ**をお持ちの方も多いでしょう。また，ARやMR技術が進歩し，様々な企業がスマートグラスやARグラス/MRグラスを開発・発表しています。**スマートグラス**は現実にディスプレイ上のデジタル情報を重ねて表示するメガネ型のウェアラブルデバイスです。**ARグラス/MRグラス**は，現実空間にある壁や床などをカメラやセンサで認識し，デジタル情報を重ねて表示します。周囲の環境を認識するため，3Dオブジェクトを床や机の上に配置したり，壁に貼り付けたりといったことが可能で，物体がまるでそこにあるかのように見ることができます。

MOVERIO BT-45CS／セイコーエプソン株式会社

memo

VR（仮想現実/Virtual Reality）：ディスプレイの中に，現実とは異なるもう一つの仮想空間を作り出し，それを見たり，その世界に参加できたりする技術
AR（拡張現実/Augmented Reality）：目の前に見えるリアルな現実の風景に，さまざまな情報を付け加える技術
MR（複合現実/Mixed Reality）：ARをさらに拡張し，頭に装着するディスプレイを通し，実際にはその場所にないものを現実世界と仮想の世界を重ね合わせて表示し，自由な位置や角度から体感できる技術
例えば，博物館に実際には行かず，CG上の博物館に入るのがVR。実際に博物館に行って，展示物を見たときに詳細な説明がディスプレイに表示されるのがAR。そこにはない展示物が実物大のホログラムとして表示され，それを好きな位置から見られたり，ジェスチャー操作で動かしたりできるのがMR。

家庭内

一般の家庭内でのIoT活用事例としては，**HEMS**（Home Energy Management System）が挙げられます。家庭で使うエネルギーを節約するための管理システムです。家電や電気設備とつないで，電気やガスなどの使用量をモニタ画面などで「見える化」したり，家電機器を「自動制御」したりします。政府は2030年までにすべての住まいにHEMSを設置することを目指しています。

交通網

MaaS（マース）（Mobility as a Service）は，交通機関や自動車会社が中心的に開発を進めている注目のテクノロジーです。バスや電車，タクシー，飛行機など，すべての交通手段による移動を2つのサービスに統合し，ルート検索から支払いまでをスムーズにつなごうという発想です。自家用車に代わる移動手段を提供することで，CO_2排出量削減，都市部の交通渋滞を減らす，足の悪い人や高齢者などの交通弱者対策といった効果が挙げられています。

関連用語

コネクテッドカー：常時インターネットに接続している自動車。自動運転・車両情報管理・運行管理などを通じて，交通事故低減や渋滞緩和などを目指すもの。

生産現場

スマートファクトリーは，IoTにより製造管理システムと産業機械やロボット同士を，ネットワークを通して連携させることで，最大の利益を生み出す工場のことです。**インダストリー4.0**（**第4次産業革命**）といわれる生産活動の大きな変革の中心に位置付けられています。

また，**マシンビジョン**（Machine Vision：MV）は，産業（特に製造業）でのコンピュータビジョンの応用で，自動検査，プロセス制御，ロボットのガイドなどに用いられます。これもIoTの事例といえます。

関連用語

ロボティクス：ロボット工学。制御工学を中心に，センサ技術・機械機構学などを総合した，ロボットの設計・製作および運転に関する研究。

スマートグリッド：電力の流れを供給側・需要側の両方から制御し，電子通信技術を利用して最適化できる送電網。

IoTのセキュリティ

IoTシステムは技術の集合体です。言い換えれば，セキュリティリスクの塊でもあります。IoTデバイスは数が多く，ネットワーク利用は頻度が多くなります。ここに盗み見や改ざんのリスクが存在します。ネットワーク経由でコネクテッドカーの車載コンピュータに侵入されたらどんなことが起きるでしょう。ブレーキを無効化されたら，それは恐ろしいことになります。セキュリティリスクへの対策は必須といえます。

2.3で説明したような対策はもちろんですが，新しいネットワーク上の脅威に対処するために経済産業省と総務省が示したのが，**IoTセキュリティガイドライン**です。ここでは，ユーザ企業のみならず，システムを提供するIT企業も含め，それぞれの役割分担と協力についてのガイドラインを示しています。

AIは愛？

AIとはArtificial Intelligenceの略です。「人工知能」と訳されています。AIの定義は，専門家の間でもまだ定まっていないのが現状です。様々な専門家がそれぞれの定義をしており，統一的な定義はありません。ただ一般的には**「強いAI」**と**「弱いAI」**に分類されています。「強いAI」はドラえもんや鉄腕アトムのイメージです。人間のように知恵を使って汎用的に物事に対処します。心があるともいわれています。しかし現時点では実現にはほど遠いです。「弱いAI」は限られた知能を使い，一見知的な問題解決手法を提示します。別に人間に近づく必要はありません。現在のAI，例えば将棋で人間の名人に勝利したり，家電製品に搭載されたりしているのがこちらです。

実は1980年頃にもAIブームがありました。例えばエキスパートシステムです。多くの医療情報を入力しておき，いくつかの質問に答えることにより，病気の犯人と思われる細菌名のリストと推奨する薬物療法を提示するようなものです。専門医には及ばないが，専門でない医師の診断よりは良い結果を得られるとされていました。しかしブームは去ってしまいます。知識をコンピュータに理解できる形にするのが難しく，また多くのデータを入力するには大変な労力が必要だったためです。今のAIブームはこの問題点を**機械学習**により，解決しています。

機械学習とディープラーニング

機械学習とは，AI自身が特徴を見つけて学習する仕組みです。何だか難しそうですが，人間は普通に行っています。次の写真は何の写真でしょうか。

猫，ですね。私たちは「猫とはこういうものだ」と理論的に教わっていないと思います。でも，シャムでもペルシャでも三毛でも，猫は猫だと当たり前に分かります。経験則というものです。しかしこれはコンピュータにはとても難しいことだったのです。これを可能にしたのが機械学習です。大量のデータを処理しながら特徴を抽出し，「分け方」として学習します。あたかも人間の脳を模しているかのように，です。人間の脳の仕組み（ニューロン間の相互接続）から着想を得たもので，脳機能の特性のいくつかをコンピュータ上で表現するために作られたモデルを**ニューラルネットワーク**といいます。

memo

機械学習のうち「これは猫の写真ですよ」というラベルをつけて「猫」を学習させるものを**教師あり学習**といい，猫から犬からキリンから，とにかく大量の動物データを与えてそこから特徴を抽出させるものを**教師なし学習**という。さらに，学習データに正解はないが，目的として設定された「報酬（スコア）」を最大化するための行動を学習する手法を**強化学習**という。また，基盤モデル（Foundation Model）とは大量のデータから学習することで，高い汎化性能を獲得したAIのことである。生成AI（後述）につながる。

十分なデータ量があれば，人間の力なしにコンピュータが自動的にデータから特徴を抽出してくれる学習が**ディープラーニング**です。大量のデータを高速に処理できるコンピュータならではの学習方法といえます。

AIの活用事例

IoTで大量のデータを集め，それをAIに与えて学習させることにより，様々な活用方法が考えられます。

金融：フィンテック（FinTech）

IT技術を使った新たな金融サービスです。金融を意味する「Finance」と，技術を意味する「Technology」を組み合わせた造語です。例えば，AIがはじき出した点数を基に融資やローンなどの額や金利を決定するスコア・レンディングといった手法があります。また株式など金融資産への投資を，AIを導入して，株価の変動を予測したり，どのように分散投資すれば利益を最大化できるかを判断したりするといった使い方もあります。応用例の一つに**暗号資産**（仮想通貨）があります。暗号資産はインターネット上で流通する電子的な資産です。「ビットコイン」など600種類以上が存在するとされていますが，法定通貨と異なり，特定の発行者や管理者は存在しません。

関連用語

ブロックチェーン：暗号資産を支えるセキュリティ技術。データが地理的に離れたサーバに分散保持され，記録されたデータがなくならない，また一部のサーバが不正侵入されても動き続けるという特徴を備えたデータベース。分散台帳とよばれている。

暗号資産って，流出しちゃうイメージがあります。

そこばかりニュースになりますもんね。従来の円やドルといった現実の法定通貨に比べると，送金のスピードは速く，手数料も安くて，24時間365日取引できるメリットもあるんですよ。

コミュニケーション：チャットボット

テキストや音声を通じて会話を自動的に行うプログラムを**チャットボット**（出るとこ！）といいます。簡単にいえば「会話を行うロボット」のことです。チャットボットは従来では人間が対応していた問い合わせを代行する目的で導入され，カ

chapter 3 基礎理論

スタマーサポートやヘルプデスクの負担軽減に活躍しています。

AIアシスタントは，AI（人工知能）によって個人のタスク（用事）をサポートする機能です。Apple社の「Siri」，Google社の「Google Assistant」，Amazon社の「Amazon Alexa」，Microsoft社の「Cortana」などが有名です。現在のスマートフォンにはAIアシスタントが搭載されているのが当たり前になっていますし，「Amazon Echo」や「Google Home」といった**スマートスピーカ**にも搭載されています。

医療：医療診断

例えば，画像データから異常を発見する診断システムです。画像診断には経験からくる直感も必要であり，また人間だから起きる見落としも生じますが，AIによる画像診断では異常を見落とすことはなく，また過去の膨大な診断画像から医師の直感も働かないような小さな異常も発見できます。

マーケティング：顧客分析

イベントや店舗でのカメラ映像から，来場者の年齢や性別を推定して，来場者の傾向分析が可能になります。そこから販売戦略に結び付けられます。

芸術・創作

小説を自動作成するプロジェクトが発足しています。またAP通信社では事実ベースの新聞記事はかなりの量をAIが自動作成しているそうです。

IoTとAIにより，技術的にできないことは少なくなっています。例えばドラえもんのポケットから出現する機械の多くは，遠くない将来実現可能でしょう。だとすれば「想像」や「創造」にこそ価値のある時代を迎えたといえます。

生成AIとは

今，話題になっているのが**生成AI**です。さまざまなコンテンツを生成できるAIのことです。文章（テキスト），画像，音声，音楽，動画などを指定した条件に従って生成してくれます。中でもChatGPT（チャットジーピーティー）の普及が目覚ましいです。文章で質問したことに対して，その意味や目的を理解し，返答を生成してくれる会話型AIサービスです。2022年11月に人工知能を研究する民間団体である「OpenAI」により発表されました。一般の人向けに無償で提供されているサイトもあり，誰でも自由に質問することができます。試してみることが可能でしたら「ITパスポートに合格するにはどうしたらいいですか」と聞いてみて下さい。とても無難でそれらしい回答が返ってくるはずです。

生成AIは，大規模言語モデル（Large Language Models/LLM）とよばれる，大量のデータセットとディープラーニング技術を用いた機械学習の自然言語処理モデルにより構築されています。

これは使いこなせればかなり便利なツールです。アイディア出しや原稿のたたき台作り，文章を要約したり，間違いを探したりもできます。またプログラムのコードも作成してくれます。報告書やレポートに使えそう！と思った人も多いでしょうね。ただし，いくつかの注意点や問題点があります。

- 必ずしも正しいとは限らない

  生成AIは膨大なデータの中から出現頻度を元に頻度の高い（もっともらしい）文章を作っているだけです。正しいとか善悪とかを判断しているわけではありません。「生成AIは嘘をつく」といわれるゆえんです。こうした誤った情報をまことしやかな文章で回答してしまうことを「**ハルシネーション**（幻覚）」といいます。生成された文章は非常に自然な文章であるため，生成された内容に精通していなければ，誤った情報がどれなのかを見分けるのは難しくなります。

- 著作権，商標権などの権利侵害になる可能性がある

  生成されたデータが，既存のデータ（著作物）と同一だったり類似している場合は，その生成物の利用が著作権侵害になる可能性があります。そのまま論文やレポートに使用するのはリスクがあります。

- 生成AIに入力した情報が他者に流出するおそれがある

  ユーザが入力したデータはAIのモデルの学習に利用されることがあります。秘匿性の高い情報を入力してしまうと，生成AIのサービスを提供している会社やほかのユーザにも情報の内容が流出するおそれがあります。「会議の議事録の担当者」も要約に便利だから，と安易に使用してしまうと会議の内容が流出しかねません。

- 人間が最終的な指示をする必要がある

  生成AIはプログラムを作ることはできますが，それを実行することはで

きません。

これらの特徴や注意点を踏まえて，上手に利用する必要があります。

マルチモーダルAIは，テキスト，音声，画像，動画，センサ情報など，2つ以上の異なるモダリティ（データの種類）から情報を収集し，それらを統合して処理するAIシステムである。

AIをよりよく利用するために

AIはまだ世に出て間もない技術です。しかしAIに関する研究開発や利活用は今後飛躍的に発展することが期待されています。私たちはAIとどう向き合っていけばいいでしょうか。

内閣府は2019年に「**人間中心のAI社会原則**」を発表しています。この中で人工知能を利用する際に守るべき7つの原則について述べています。それは人間中心の原則，教育・リテラシーの原則，プライバシーの原則，セキュリティ確保の原則，公正競争確保の原則，公平性，説明責任及び透明性の原則，イノベーションの原則です。

また，これを受けて総務省は，AI開発利用原則策定の手引きとして「AI利活用ガイドライン」を出しています。この中の基本理念には「人間がAIネットワークと共生することにより，その恵沢がすべての人によってあまねく享受され，人間の尊厳と個人の自律が尊重される人間中心の社会を実現すること」とされています。

IoTやAIは私たちを幸せにするのか

IoTやAIは私たちを幸せにするのでしょうか。AIにより，人間の仕事がなくなってしまうのではないか，自動運転で事故がむしろ増えるのではないか，AI兵器による世界大戦が勃発しないか，不安をあおる要素はいくらでも挙げられます。

「ITの浸透が，人々の生活をあらゆる面でより良い方向に変化させる」

これは，2004年にスウェーデンのウメオ大学のエリック・ストルターマン教授によって提唱された**デジタルトランスフォーメーション**（**DX**：Digital transformation）という概念です。IT技術は既存の価値観や枠組みを根底から覆すような革新的なイノベーションを起こす力があります。それをよい方向に向けて使っていくのは，やはり人間の想像力なのではないでしょうか。

身の回りのIoTとAI

便利で人気なIoT家電のひとつ。最近の製品は，スマホと連携して，外出先から掃除を開始したり，曜日ごとの掃除スケジュールを設定したりすることもできる。

写真は，TRUST SMITH社がロボットが物体を掴む上で最適な位置を検出するアルゴリズムを開発・実用化産業用ロボット。

写真は，Aeolus Robotics Corporationの自律型ヒューマン支援ロボット「アイオロス・ロボット」。

章末問題

問題

問1

重要度 ★★★　[令和5年　問96]

問　CPUのクロック周波数や通信速度などを表すときに用いられる国際単位系（SI）接頭語に関する記述のうち，適切なものはどれか。

ア　Gの10の6乗倍は，Tである。
イ　Mの10の3乗倍は，Gである。
ウ　Mの10の6乗倍は，Gである。
エ　Tの10の3乗倍は，Gである。

問2

重要度 ★★☆　[令和2年　問62]

問　10進数155を2進数で表したものはどれか。

ア　10011011　　**イ**　10110011
ウ　11001101　　**エ**　11011001

問3

重要度 ★☆☆　[令和3年　問66]

問　RGBの各色の階調を，それぞれ3桁の2進数で表す場合，混色によって表すことができる色は何通りか。

ア　8　　**イ**　24　　**ウ**　256　　**エ**　512

問4

重要度 ★★★ [令和4年　問79]

問　流れ図で示す処理を終了したとき，xの値はどれか。

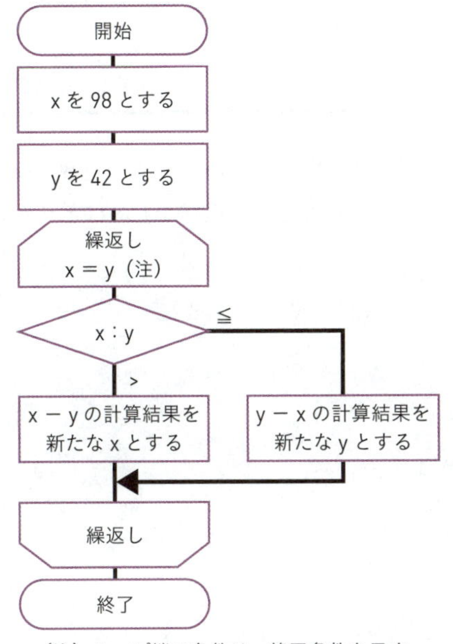

（注）ループ端の条件は，終了条件を示す。

ア　0　　**イ**　14　　**ウ**　28　　**エ**　56

問5

重要度 ★★★ [令和1年　問62]

問　下から上へ品物を積み上げて，上にある品物から順に取り出す装置がある。この装置に対する操作は，次の二つに限られる。

PUSH x：品物xを1個積み上げる。
POP　　一番上の品物を1個取り出す。

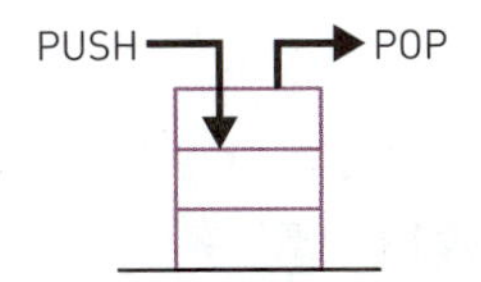

最初は何も積まれていない状態から開始して，a，b，cの順で三つの品物が到着する。一つの装置だけを使った場合，POP操作で取り出される品物の順番としてあり得ないものはどれか。

ア a，b，c　　**イ** b，a，c　　**ウ** c，a，b　　**エ** c，b，a

問6

重要度 ★★★　　[令和5年　問64]

問　関数sigmaは，正の整数を引数maxで受け取り，1からmaxまでの整数の総和を戻り値とする。プログラム中のaに入れる字句として，適切なものはどれか。

〔プログラム〕

```
○整数型:sigma（整数型:max）
  整数型:calcX ← 0
  整数型:n
  for（nを1からmaxまで1ずつ増やす）
    [  a  ]
  endfor
  return calcX
```

ア　calcX ← calcX × n　　**イ**　calcX ← calcX ＋ 1

ウ　calcX ← calcX ＋ n　　**エ**　calcX ← n

問7

重要度 ★★★　　[令和5年　問60]

問　手続printArrayは，配列integerArrayの要素を並べ替えて出力する。手続printArrayを呼び出したときの出力はどれか。ここで，配列の要素番号は1から始まる。

〔プログラム〕

```
○printArray（）
  整数型: n, m
  整数型の配列: integerArray ← {2, 4, 1, 3}
  for（nを1から（integerArrayの要素数 － 1）まで1ずつ増やす）
    for（mを1から（integerArrayの要素数 － n）まで1ずつ増やす）
```

```
        if (integerArray[m] > integerArray[m + 1])
          integerArray[m] と integerArray[m + 1] の値を入れ替える
        endif
      endfor
    endfor
    integerArray の全ての要素を先頭から順にコンマ区切りで出力する
```

ア 1,2,3,4　　**イ** 1,3,2,4　　**ウ** 3,1,4,2　　**エ** 4,3,2,1

問8

重要度 ★☆☆　　[令和5年　問11]

問　IoTやAIといったITを活用し，戦略的にビジネスモデルの刷新や新たな付加価値を生み出していくことなどを示す言葉として，最も適切なものはどれか。

ア　デジタルサイネージ　　**イ**　デジタルディバイド
ウ　デジタルトランスフォーメーション　　**エ**　デジタルネイティブ

問9

重要度 ★★★　　[令和4年　問97]

問　水田の水位を計測することによって，水田の水門を自動的に開閉するIoTシステムがある。図中のa，bに入れる字句の適切な組合せはどれか。

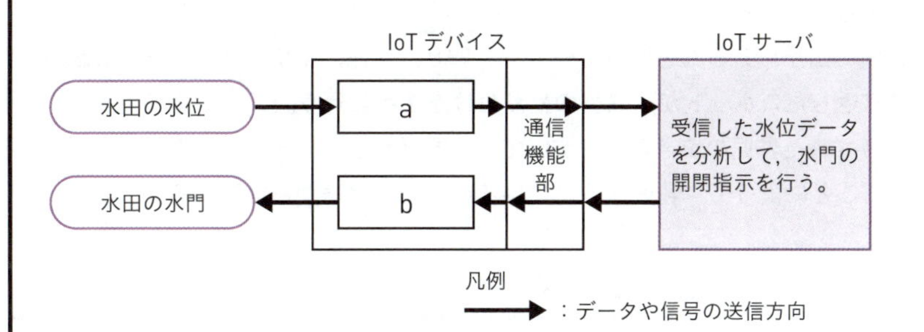

	a	b
ア	アクチュエータ	IoTゲートウェイ
イ	アクチュエータ	センサ
ウ	センサ	IoTゲートウェイ
エ	センサ	アクチュエータ

問10

重要度 ★★★　[令和5年　問74]

問　ニューラルネットワークに関する記述として，最も適切なものはどれか。

ア　PC，携帯電話，情報家電などの様々な情報機器が，社会の至る所に存在し，いつでもどこでもネットワークに接続できる環境

イ　国立情報学研究所が運用している，大学や研究機関などを結ぶ学術研究用途のネットワーク

ウ　全国の自治体が，氏名，生年月日，性別，住所などの情報を居住地以外の自治体から引き出せるようにネットワーク化したシステム

エ　ディープラーニングなどで用いられる，脳神経系の仕組みをコンピュータで模したモデル

問11

重要度 ★★★　[令和4年　問24]

問　教師あり学習の事例に関する記述として，最も適切なものはどれか。

ア　衣料品を販売するサイトで，利用者が気に入った服の画像を送信すると，画像の特徴から利用者の好みを自動的に把握し，好みに合った商品を提案する。

イ　気温，天候，積雪，風などの条件を与えて，あらかじめ準備しておいたルールベースのプログラムによって，ゲレンデの状態がスキーに適しているか判断する。

ウ　麺類の山からアームを使って一人分を取り，容器に盛り付ける動作の訓練を繰り返したロボットが，弁当の盛り付けを上手に行う。

エ　録音された乳児の泣き声と，泣いている原因から成るデータを収集して入力することによって，乳児が泣いている原因を泣き声から推測する。

問12

重要度 ★★★　[令和4年　問92]

問　IoTエリアネットワークの通信などに利用されるBLEは，Bluetooth4.0で追加された仕様である。BLEに関する記述のうち，適切なものはどれか。

ア　Wi-Fiのアクセスポイントとも通信できるようになった。

イ　一般的なボタン電池で，半年から数年間の連続動作が可能なほどに低消費電力である。

ウ　従来の規格であるBluetooth3.0以前と互換性がある。
エ　デバイスとの通信には，赤外線も使用できる。

問13

重要度 ★★★　[令和5年　問98]

問　IoT機器であるスマートメーターに関する記述として，適切なものはどれか。

ア　カーナビゲーションシステムやゲームコントローラーに内蔵されて，速度がどれだけ変化したかを計測する。
イ　住宅などに設置され，電気やガスなどの使用量を自動的に計測し，携帯電話回線などを利用して供給事業者にそのデータを送信する。
ウ　スマートフォンやモバイルPCなどのモバイル情報端末に保存しているデータを，ネットワークを介して遠隔地から消去する。
エ　歩数を数えるとともに，GPS機能などによって，歩行経路を把握したり，歩行速度や道のアップダウンを検知して消費エネルギーを計算したりする。

問14

重要度 ★★★　[令和5年　問16]

問　コールセンターにおける電話応対業務において，AIを活用し，より有効なFAQシステムを実現する事例として，最も適切なものはどれか。

ア　オペレーター業務研修の一環で，既存のFAQを用いた質疑応答の事例をWebの画面で学習する。
イ　ガイダンスに従って入力されたダイヤル番号に従って，FAQの該当項目を担当するオペレーターに振り分ける。
ウ　受信した電話番号から顧客の情報，過去の問い合わせ内容及び回答の記録を，顧客情報データベースから呼び出してオペレーターの画面に表示する。
エ　電話応対時に，質問の音声から感情と内容を読み取って解析し，FAQから最適な回答候補を選び出す確度を高める。

問15

重要度 ★★★　[生成AIに関するサンプル問題　問3]

問　AIにおける基盤モデルの特徴として，最も適切なものはどれか。

ア　“AならばBである”といったルールを大量に学習しておき，それらのルールに基づいた演繹的な判断の結果を応答する。

イ 機械学習用の画像データに，何を表しているかを識別できるように“犬”や“猫”などの情報を注釈として付与した学習データを作成し，事前学習に用いる。

ウ 広範囲かつ大量のデータを事前学習しておき，その後の学習を通じて微調整を行うことによって，質問応答や画像識別など，幅広い用途に適応できる。

エ 大量のデータの中から，想定値より大きく外れている例外データだけを学習させることによって，予測の精度をさらに高めることができる。

解答・解説

問1　[令和5年　問96]

解答　イ

解説　国際単位系接頭語は次のものです。

接頭語	読み方	値
K	キロ	10^3
M	メガ	10^6
G	ギガ	10^9
T	テラ	10^{12}
P	ペタ	10^{15}

接頭語	読み方	値
m	ミリ	10^{-3}
μ	マイクロ	10^{-6}
n	ナノ	10^{-9}
p	ピコ	10^{-12}
f	フェムト	10^{-15}

ア　Gの10の6乗倍はPです。
イ　適切です。Mの10の3乗倍はGです。
ウ　Mの10の6乗倍はTです。
エ　Tの10の3乗倍はPです。

問2　[令和2年　問62]

解答　ア

解説　10進数から2進数への変換のためには，位取りを考えましょう。2進数は一番右（最下位桁）が1の位，その左が2の位，その左が4の位と，2倍2倍になります。まず，それを8桁分，128まで書いておきます。

位取り	128	64	32	16	8	4	2	1

本問の10進数155は128より大きいので，128の位は1です。これで128を使ったことになるので，残りは155－128＝27です。それも書いておきましょう。

位取り	128	64	32	16	8	4	2	1
2進数	1							
残り	27							

27は64より小さいので，64の位は0です。残り27はそのままです。
27は32より小さいので，32の位も0です。残り27はそのままです。
27は16より大きいので，16の位は1です。残りは27－16＝11です。

位取り	128	64	32	16	8	4	2	1
2進数	1	0	0	1				
残り	27			11				

この調子で残りを最下位桁まで進めていきましょう。

位取り	128	64	32	16	8	4	2	1
2進数	1	0	0	1	1	0	1	1
残り	27			11	3		1	0

10進数155 は，2進数では10011011となります。

問3　[令和3年　問66]

解答　エ

解説　ディスプレイの色はR（Red：赤）とG（Green：緑）とB（Blue：青）の混色で作成します。例えばRを3桁の2進数で表すと2^3＝8通りの段階を表すことができます。具体的には，000，001，010，011，100，101，110，111の8通りです。

したがって，RGBの混色は，

8 × 8 × 8 ＝ 512

となり512通りの色を表すことができます。

問4 [令和4年　問79]

解答　イ

解説　フローチャートに値を入れて，変数の変化を追っていくことをトレースといいます。トレースしてみましょう。

x ← 98

y ← 42

x ≠ yなので，繰返しに入る。x > yなので，x ← 98 − 42 = 56

x ≠ yなので，繰返しに入る。x > yなので，x ← 56 − 42 = 14

x ≠ yなので，繰返しに入る。x ≦ yなので，y ← 42 − 14 = 28

x ≠ yなので，繰返しに入る。x ≦ yなので，y ← 28 − 14 = 14

x = yなので，繰返し終了。

フローチャート終了。

以上から，フローチャート終了時のxの値は14です。これはxとyの最大公約数を求めるユークリッドの互除法という定番のアルゴリズムです。

問5 [令和1年　問62]

解答　ウ

解説　最後にPUSHした品物が最初にPOPされるスタックの構造です。選択肢がそれぞれできるかどうか，やってみましょう。

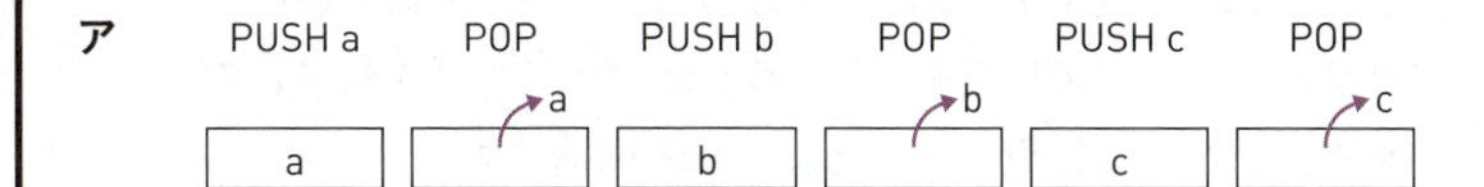

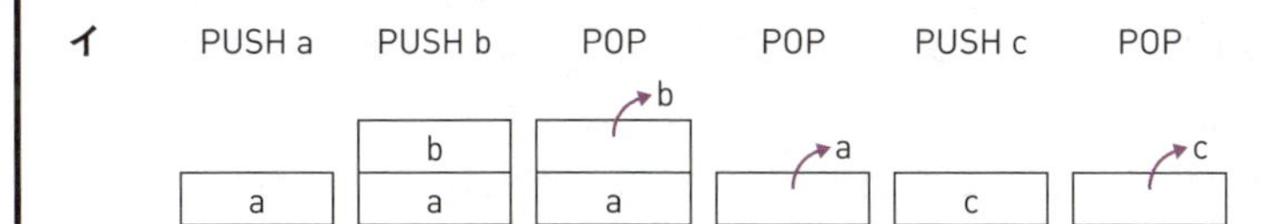

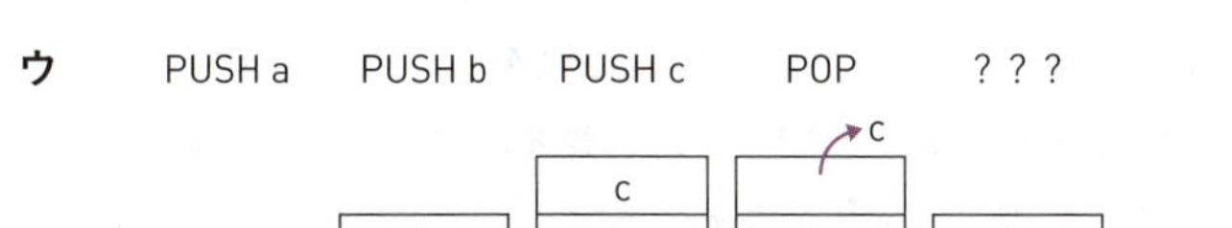

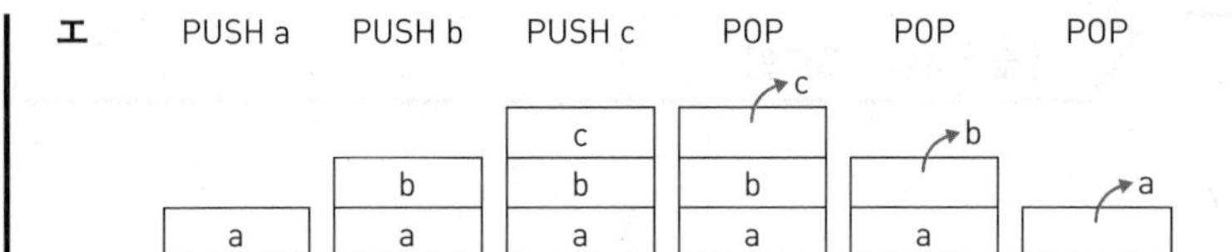

ウだけはどうしてもできません。

問6　[令和5年　問64]

解答　ウ

解説　関数sigmaは，1からmaxまでの整数の総和を返します。例えばsigma（5）を呼び出したとすると，
1＋2＋3＋4＋5＝15を返すことになります。

for文で，nを1から5まで1ずつ増やしていますので，戻り値となる変数calcXにこのnを加算していけばいいわけです。

繰り返し処理となる空欄aには

calcX ← calcX ＋ n

の式を入れます。

問7　[令和5年　問60]

解答　ア

解説　プログラムの動きを1行ずつ追いかけることをトレースといいます。このプログラムをトレースしてみましょう。for文が2つ「入れ子」の形になっています。いわゆる二重ループとよばれる構造です。

外側のfor文でnを1から3まで1ずつ増やします。integerArrayの要素数は4つだからです。内側のfor文ではmを1からintegerArray－nまで1ずつ増やします。nが1のとき，mは1から4－1＝3まで，1ずつ増えます。nが2のとき，mは1から4－2＝2まで，1ずつ増えます。nが3のとき，mは1から4－3＝1までということになりますから，実際には1回の実行です。

このときのn，mの動きと，ループの中での処理をトレースします。integerArray[m] ＞ integerArray[m +1]の時は入れ替えが実行され，そうでないときはそのままで，次のようになります。

n	m	integerArray[m]	integerArray[m+1]	入れ替え	integerArrayの状態
1	1	2	4	×	{2, 4, 1, 3}
1	2	4	1	○	{2, 1, 4, 3}
1	3	4	3	○	{2, 1, 3, 4}
2	1	2	1	○	{1, 2, 3, 4}
2	2	2	3	×	{1, 2, 3, 4}
3	3	3	4	×	{1, 2, 3, 4}

したがって，出力は1, 2, 3, 4となります。

問8　[令和5年　問11]

解答　ウ

解説

ア　**デジタルサイネージ**とは，商業施設や駅，店頭などに設置される映像表示システムのことです。「電子看板」を意味し，主に広告媒体として利用されています。

イ　**デジタルディバイド**とは，情報通信技術（特にインターネット）の恩恵を受けることのできる人とできない人の間に生じる経済格差を指し，通常「情報格差」と訳されます。

ウ　適切な選択肢です。**デジタルトランスフォーメーション（DX）**とは，企業がビジネス環境の激しい変化に対応し，データとデジタル技術を活用して，顧客や社会のニーズを基に，製品やサービス，ビジネスモデルを変革するとともに，業務そのものや組織，プロセス，企業文化・風土を変革し，競争上の優位性を確立することです。

エ　**デジタルネイティブ**とは，一般的に「インターネットやデジタル機器がある環境で生まれ育った人」を表す総称のことで，おおむね1990年代以降に生まれた人に対して使われます。

問9　[令和4年　問97]

解答　エ

解説　空欄aは水田の水位を測定し，それをデジタル情報に変換してIoTサーバに送信しています。これは「**センサ**」の役割です。空欄bはIoTサーバからの情報を受けて，水門を開閉，つまり物理的な動きに変換します。これは「**アクチュエータ**」の役割です。以上よりエが適切です。

なお，解答群の中にある「**IoTゲートウェイ**」は，端末と遠隔のサーバのデータのやりとりを中継する役割を担う機器です。本問では，IoTデバイスとIoTサーバが直接やりとりしているので，登場しません。

問10　[令和5年　問74]

解答　エ

解説　**ニューラルネットワーク**とは，人間の脳神経系のニューロンを数理モデル化したものの組み合わせのことです。人間の脳のしくみ（ニューロン間のあらゆる相互接続）から着想を得たもので，脳機能の特性のいくつかをコンピュータ上で表現するために作られた数学モデルです。

ニューロンは神経細胞のことです。脳には数多くの神経細胞が存在しており，その結び付きにより情報が伝達されたり，記憶が定着したりするとされています。

ア　ユビキタスネットワークに関する記述です。
イ　学術情報ネットワーク（SINET）に関する記述です。
ウ　住民基本台帳ネットワークシステム（住基ネット）に関する記述です。
エ　適切な記述です。

問11　[令和4年　問24]

解答　エ

解説　**教師あり学習**とは，機械学習の手法の一つで，あらかじめ「正解」が明示されている学習データ（教師データ）に適合するようにモデルを構築していく方式です。例えば，「馬」と「牛」を区別させるなら，馬と牛の写真データを大量に用意します。コンピュータに写真を読み込ませて，これは馬，これは牛と正解を伝える学習を繰り返します。すると，未知の画像データを与えたときに，その画像が馬である可能性が70%，牛である可能性は30%などと，ある程度の判別ができるようになります。

それに対して，**教師なし学習**では正解が与えられません。膨大な入力データの中から，コンピュータ自身が自分でその特徴や定義を発見していくことになります。

ア　教師なし学習の事例です。
イ　ルールベースAIの事例です。
ウ　強化学習の事例です。
エ　適切な記述です。

問12　[令和4年　問92]

解答　イ

解説　BLE（Bluetooth Low Energy）は，Bluetoothの規格の一部で，2009年に発表されたBluetooth4.0で追加されました。その名のとおり低電力消費・低コスト化に特化した規格です。しかし，それまでのBluetooth規格（クラシックBluetooth）との変更点が多く，互換性はありません。

ア　無線LANとの互換性はありません。
イ　適切な記述です。一般的な通信は電力消費量が大きいのですが，BLEは接続確立やデータ通信など，大きな電力を必要とする動作にかかる時間を極力カットしているため，ボタン電池1個で約1年間の稼働が可能なほど，従来よりも大幅に消費電力を削減することができます。
ウ　Bluetooth3.0以前とは通信方式が異なるため互換性はありません。
エ　2.4GHz帯の電波を使用します。赤外線は使用していません。

問13　[令和5年　問98]

解答　イ

解説
ア　加速度センサーに関する記述です。
イ　適切な記述です。スマートメーターは電気やガスの使用量データを通信機能を使って送信し，各事業者に通知する機器です。スマートメーターを導入することで自動検針と使用量のデータ通信が可能になるため，訪問による作業が不要となります。電力会社は2024年度の100%普及を目指して切り替えが行われているため，すでに自宅や企業におけるメーターが切り替わっている場合もあるかもしれません。
ウ　MDM（Mobile Device Management：モバイルデバイス管理）に関する記述です。
エ　活動量計に関する記述です。

問14 [令和5年　問16]

解答　エ

解説　FAQ（Frequently Asked Questions）とは，「よくある質問とそれに対応する回答」という意味です。問題のようにコールセンターにおける電話応対業務に利用すれば，レスポンスが早くなって顧客満足度が向上したり，オペレーターの負担が軽減したりします。

ア，イ，ウ　いずれもAIを使わなくとも実現できる機能です。

エ　適切な記述です。AIの音声認識と自然言語処理により最適な回答候補を選んでいます。AIの活用事例となります。

問15 [生成AIに関するサンプル問題　問3]

解答　ウ

解説　基盤モデル（Foundation Model）とは，大量のデータから学習することで，高い汎化性能を獲得したAIのことです。一般的に教師なし学習で大量の生データでトレーニングされたAIニューラルネットワークで，幅広いタスクを達成するために適応させることができると，論文で述べられています。

ア　ルールベースAIに関する記述です。

イ　教師あり学習に関する記述です。

ウ　適切な記述です。

エ　機械学習における異常値・外れ値の検知に関する記述です。

chapter

4

コンピュータシステム

ここでは，コンピュータの各種機器，すなわちハードウェアの役割と，コンピュータ同士をつなげて利用する機器構成を学習します。スーパーコンピュータからパソコンまで，コンピュータの基本的な構成要素は同じです。ハードウェアは目に見えるものですが，実際にはパソコンの筐体（本体のカバー）を外して中を見る機会はあまりありません。どんな装置があって，何をしているのかを学びましょう。

アクセスキー	4 （数字のよん）

section
4.1 コンピュータのハードウェア

ここがポイント！

- 様々なハードウェアとその役割を知りましょう
- よく出題されるのは，CPUとメモリです
- 次に出題が多いのはインタフェースです

コンピュータの五大装置

コンピュータの日本語訳は「電子計算機」です。電卓と同様に入力した情報を処理して出力します。人間が計算問題を解くときと同様です。

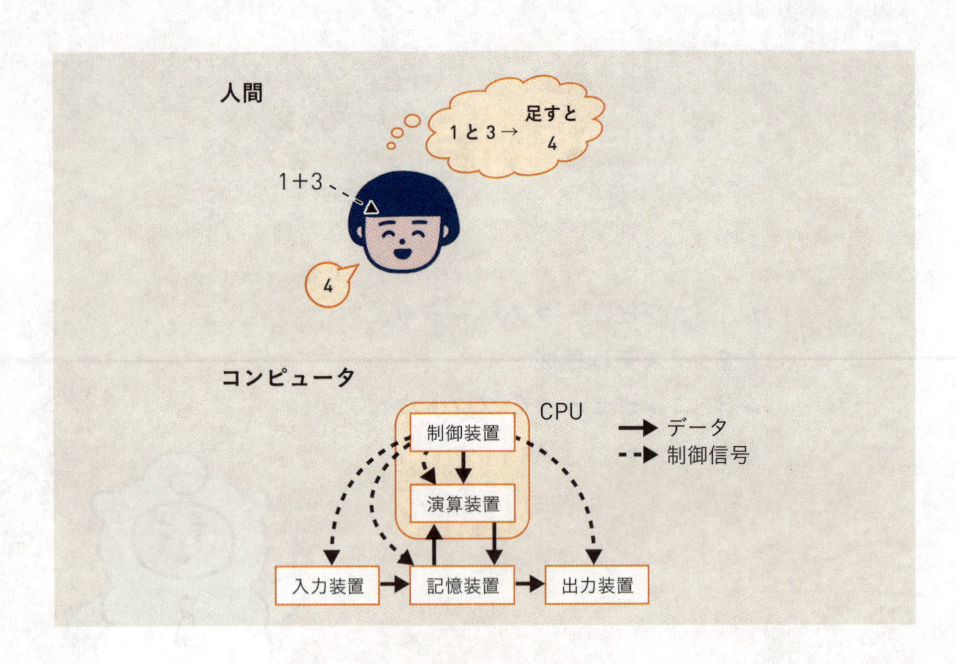

コンピュータには次のような装置があります。

種類	説明
入力装置	外からの情報を取り入れるもの。人間なら目や耳に当たる。キーボードやマウスの他に，タッチパネル，スキャナ，バーコードリーダなど各種の装置がある。カメラやマイクも入力装置である
記憶装置	入力された情報を記憶するためのもの。人間なら脳に当たる**主記憶**装置と，保存しておくためのノートに当たる**補助記憶**装置がある。主記憶装置は**メモリ**とよばれることが多い。補助記憶装置はハードディスク，CD，DVD，USB メモリなど各種の装置がある
演算装置	主記憶装置におかれたデータの**演算**を行う
制御装置	ハードウェアの各装置を制御する。演算装置と制御装置はハードウェアとしては **CPU**（Central Processing Unit：**中央処理装置**，**プロセッサ**ともよぶ）の内部に含まれている。この CPU も人間の脳に相当する
出力装置	処理結果を外部に出す。人間なら口に当たる。プリンタやディスプレイ（モニタともいう），スピーカなどが出力装置である

母なる板，マザーボード

パソコンには様々な装置や部品が使われています。その部品を装着する板が**マザーボード**（**基板**）です。マザーボードの表面には，薄い銅の膜で配線パターンがプリントされています。また各種のソケットやスロットがあり，ここに決められた部品を装着すると，お互いが線で結ばれるわけです。

●マザーボード

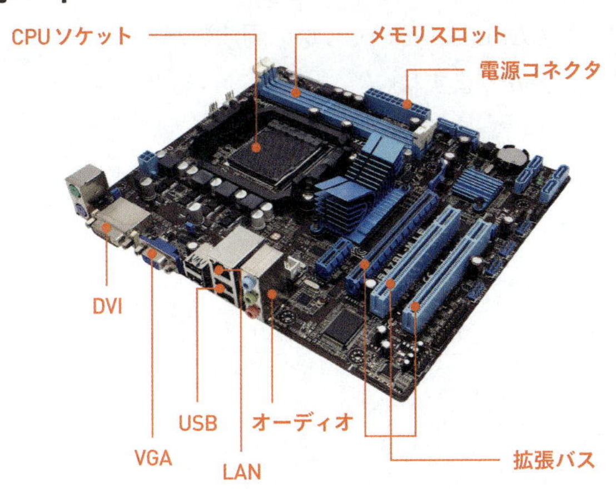

マザーボードはプリント基板です。表面には薄い銅の膜で配線パターンが

印刷されています。また表面や裏面だけでなく，何層かになっていて内部にも配線があります。

マザーボード上にはCPUソケットと，メモリモジュール装着用のソケットが用意されています。そこにCPUやメモリを挿します。またそれ以外にも様々な電子部品と外部と接続するためのインタフェースが配置されています。

頭脳部分はCPU

現代のコンピュータの大半は「プログラム内蔵方式」といって，コンピュータに対する命令をすべて主記憶装置に保存します。棚番号（**アドレス**）のついた巨大な倉庫に命令が保管されていると思って下さい。そこから1つ命令を読み出して，**バス**という通路を通ってCPUに運んできます。CPUは工場のようなものです。この工場で命令を解読します。というのも，命令はCPUが実行できる形式で書かれていないので，解読するという作業が必要になるのです。そして解読した命令を実行します。1つの命令の処理が終わったら，次の命令を読み出します。

CPU内部ではメトロノームが動いていて，このカチカチという振動でタイミングを合わせています。これを**クロック**といい，メトロノームが1秒間に動く回数を**クロック周波数**といいます。同じ構造のCPUならば，クロック周波数の大きい方が処理速度が速いということになります。3GHz（ギガヘルツ）のクロック周波数ならば，1秒間に30億回動くメトロノームということです。現在のパソコンのCPUは，そのくらいの周波数がありますので，非常に高性能であることが分かりますね。

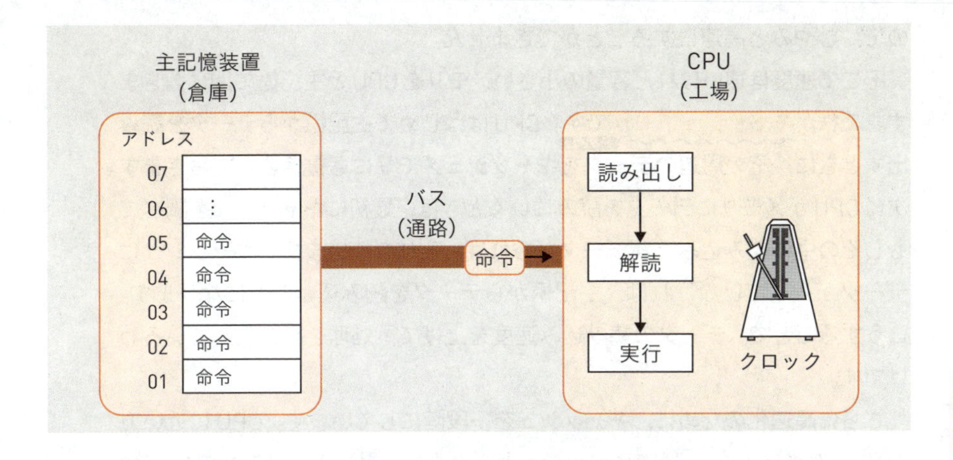

プロセッサの中にある，実際の処理を担う部分を**コア**といいます。マルチコアプロセッサは，1つのCPU内にコアを複数持つプロセッサです。コアが2つあるものをデュアルコア，4つあるものをクアッドコアといいます。基本的には，コアの数が多いほど並列に処理できる作業が増えるため，処理能力も高まります。ただし，コア数を2倍にしても，単純に処理性能が2倍になるわけではありません。実際には，オーバヘッド（付加的な処理）が発生するため，2倍を下回ります。

CPU

CPU（プロセッサ）の外見は大きさが数センチ角，厚さは数ミリ。セラミックやプラスチックのパッケージで覆われている。

メモリからの読み込み速度も大事

CPUは非常に高速化が進んでいます。しかし主記憶装置から1つずつ読み出してきて処理するわけですから，ここからの読み出しが遅いと，いくらCPUが速くても無駄になってしまいます。ところが，記憶装置には容量が大きいものほど速度が遅いという特徴があります。容量と速度がトレードオフの関係にあるわけです。主記憶装置はできるだけ容量が大きい方が望ましいので，むやみと高速にすることができません。

そこで速度は速いけれど容量の小さいメモリをCPUと主記憶の間に置きます。これが**キャッシュメモリ**です。出るとこ！ CPUははじめて主記憶からデータを読み出すときに，その周辺のデータをキャッシュメモリにも書き込んでおきます。次にCPUがメモリにデータを読みにいくときは，最初にキャッシュを調べて，もしその中に読み込みたいデータがあれば，それを使います。キャッシュにデータが入っていなければ，主記憶からデータを読み込むことになります。こうすることで，データの読み込み速度を上げて，処理を高速化しているわけです。

さらに高速化のために，キャッシュを多段階にしています。CPUに近い方から，**1次キャッシュ**，**2次キャッシュ**とよびます。最近のパソコンのCPUは内部にキャッシュを持っており，4次キャッシュまで内蔵しているCPUもあります。

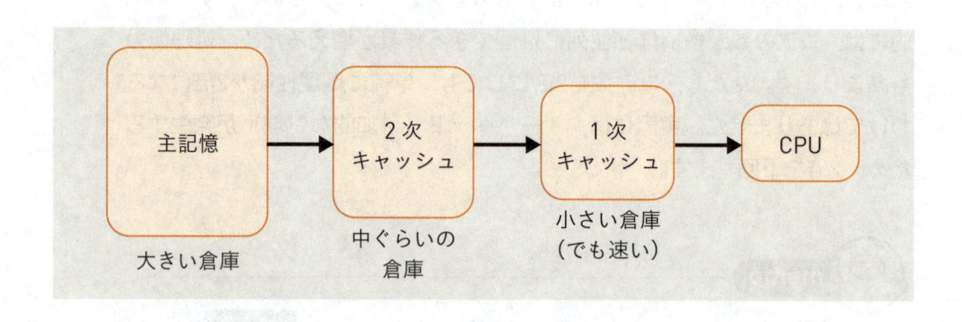

CPUの内部にも高速でごく小容量の記憶回路があります。**レジスタ**といい，演算や制御に関わるデータを一時的に記憶するのに用いられます。

半導体って何？

半導体とは電気を通す性質の導体と，電気を通さない性質の絶縁体の中間の性質を持つ物質です。これが1と0を記憶するのに都合がいいのです。半導体を集積した電子回路を**IC**といい，このICを利用したメモリは，主に**RAM**（ラム）と**ROM**（ロム）に分けることができます。

RAM（Random Access Memory）は，電源を切ると内容が消えてしまう揮発（きはつ）性のメモリです。**ROM**（Read Only Memory）は，電源を切っても内容が保持される不揮発性のメモリです。デジタルカメラや携帯電話に使われているメモリカードやUSBメモリは，**フラッシュメモリ**といい，ROMの一種です。

RAMはその構造からDRAMとSRAMに大別されます。**DRAM**（Dynamic RAM）はコンデンサを利用してデータを記憶します。読み書きのスピードは低速ですが集積度（一定の面積に記憶できる容量）が高く，主に主記憶に使われています。**SRAM**（Static RAM）はフリップフロップという回路を利用してデータを記憶します。読み書きは高速ですが集積度が低く，主にCPU内のレジスタやキャッシュメモリに使われています。

関連用語

SDRAM（Synchronous DRAM）：クロック信号と同期して動作する改良版DRAM。旧来のDRAMよりも高速に動作する。DDR3・DDR4といった世代によって性能が異なる。現在サーバのメモリはDDR4が主流だが，2020年7月に新規格「DDR5」が登場した。現在はハイエンドPCやサーバが主なターゲットだが，今後普及が進むと予想されている。

主記憶を補助

主記憶装置は電源を切ると内容が消えてしまう揮発性のメモリです。しかし，電源を入れっぱなしにしておくことはできません。そこで，電源を切っても内容が消えない**不揮発性**のメモリを補助記憶装置として利用します。

ハードディスク

ハードディスク（HDD）は磁気により，データを記憶します。高速回転する円盤（ディスク）上にデータを記録し，読み書きする記憶装置です。

読み書きのスピードが速く，現代のパソコンには欠かせない記憶媒体となっています。ただし基本的に取り外しはできません。容量は数GB（ギガバイト）～数TB（テラバイト）まで様々です。

関連用語

SSD（Solid State Drive）：記憶媒体として**フラッシュメモリ**を用いるドライブ装置。ハードディスクドライブ（HDD）の代替として利用できる。データ読み込み速度がHDDよりも**高速**なのが特徴。

CD・DVD・Blu-ray Disc

CD・DVD・Blu-ray（ブルーレイ）はデータの読み取りに光を使います。例えばCD-ROMはプラスチック表面にくぼみ（ピット）をあけます。ピットのない部分がランドです。読み取るときはレーザー光を当てて，ランドとピットの反射率の違いで1と0を認識します。CD-ROMはピットを戻すことができませんから，再生専用型のCDで，製造工程で一度データを書き込むと，追加・消去が行えなくなります。

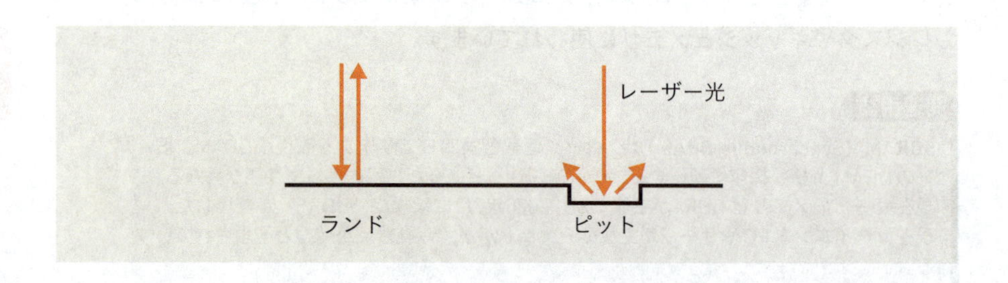

他に，ユーザが任意のデータを一度だけ書き込める追記型のCD-Rや，ユーザが任意のデータを何度でも書き込んだり消去したりできる書き換え型のCD-RWもあります。記憶容量は650MB（メガバイト）または700MBのものが一般的です。

DVDも原理はCDとほぼ同じで，直接12cmの樹脂製円盤にレーザー光を照射し，その反射光を検出してデータを読み出します。CDよりも容量が大きく，片面4.7GB，両面9.4GBのものが一番普及しています。

Blu-ray Discは，青紫色半導体レーザーを用いた新世代の光ディスク規格です。25GB～100GBと大容量で，より多くのデータを記録することができます。

最近の読み書き装置（ドライブ）はマルチタイプのものが多くなり，各種タイプのCDもDVDも読める（書ける）ものがほとんどです。また書き込み可能なBlu-rayドライブは，CD・DVDの書き込みにも対応しているのが普通です。

その他の補助記憶装置

前項で登場したUSBメモリも大容量のものが増え，補助記憶装置として盛んに使われています。数MB程度から1TBもあるものまで用途と予算に応じて使い分けられる点も魅力でしょう。

また携帯電話やデジタルカメラの保存媒体として**SDカード**も普及しています。外形の大きさによりminiSDやmicroSDといった種類もあります。

memo

デバイスドライバ

デバイス（各種ハードウェア）を制御する専用ソフトウェアをデバイスドライバという。デバイスごとに用意されており，ハードウェアを物理的に接続しても，これをインストールしなければ利用できないことが多い。ただし近年は，多くの機器がプラグアンドプレイに対応しており，機器を接続すると，自動でインストールされることが多くなっている。

実際に目に見えるのは入力装置と出力装置

コンピュータにデータを入力する**入力装置**には様々なものがあります。キーボードやマウスはおなじみです。その他にもバーコードリーダ，**タッチパネル**，画像を読み取る**スキャナ**，文字を読み取る**OCR**（Optical Character Reader），マークを読み取る**OMR**（Optical Mark Reader）などがあります。

マイクやカメラも入力装置になります。スマートフォンのカメラでQRコードを読み込んだりしますね。Webカメラとマイクはリモートワークには欠かせないツールとなっています。その他にもICカードリーダや磁気カードリーダなど入力装置には多くの種類があります。

出力装置は主にディスプレイとプリンタが使われています。スピーカも出力装置です。

ディスプレイ

平面的なパネル型のディスプレイが主流となっています。主なディスプレイは下記のとおりです。

ディスプレイの種類	説明
液晶ディスプレイ	2枚のガラス板の間に液晶を封入し，電圧をかけることで背面からの光を通したり遮断したりする仕組み
プラズマディスプレイ	ヘリウムやネオンなどの高圧のガスを封入し，そこに電圧をかけて放電させることで発光させる。蛍光灯と似た仕組み。小型化が難しく，パソコンよりもテレビに向いている
有機ELディスプレイ	電圧を加えると発光する有機化合物（ジアミン類など）を利用している。プラズマディスプレイと仕組みは似ているが，小型化もでき消費電力も小さく，将来有望なディスプレイ

ディスプレイでは**光の三原色**（RGB）を使って，色を表現しています。光の三原色は**加法混色**といい，色を重ねるごとに明るくなり，3つの色を重ねると白になります。

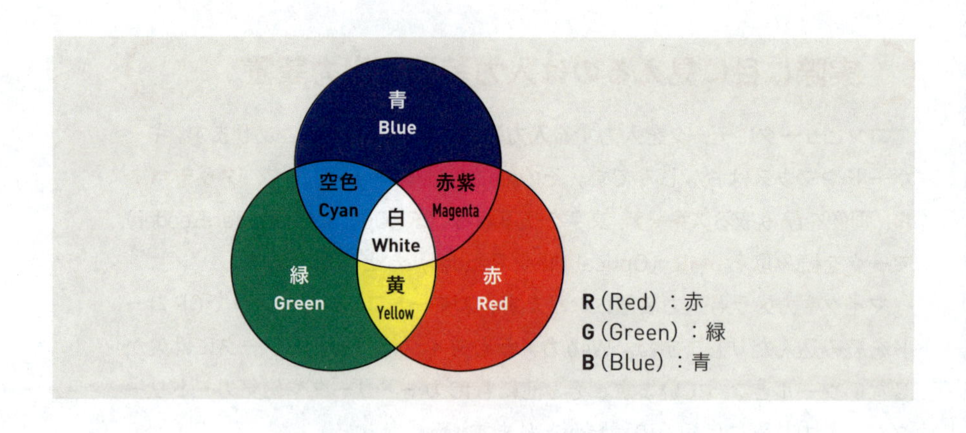

ディスプレイに画像を表示するための画像表示専用のメモリとして，**グラフィックスメモリ**（**ビデオメモリ**，**VRAM**ともよばれます）が用意されています。

ディスプレイの点の数を**解像度**といい，縦横比率を**アスペクト比**といいます。例えば**SXGA**という規格は横1,280ドット×縦1,024ドットで5：4，**QVGA**は横1,280ドット×縦960ドットで4：3です。またテレビでは現在のデジタル放送（フルハイビジョン，2K）に比べ，より高精細・高画質な映像（スーパーハイビジョン）を提供する新たな放送として4K/8Kという規格があります。4Kは約800万画素，8Kは約3,300万画素です。

4K，8K

現在のフルハイビジョン放送が1920×1080画素なのに対し，4倍の画素を持つ4K（3840×2160画素）や16倍の画素を持つ8K（7680×4320画素）の放送が開始された。画面サイズが同じ場合，映像や文字をより緻密に表示することができ，情報用ディスプレイとしての活用も期待されている。

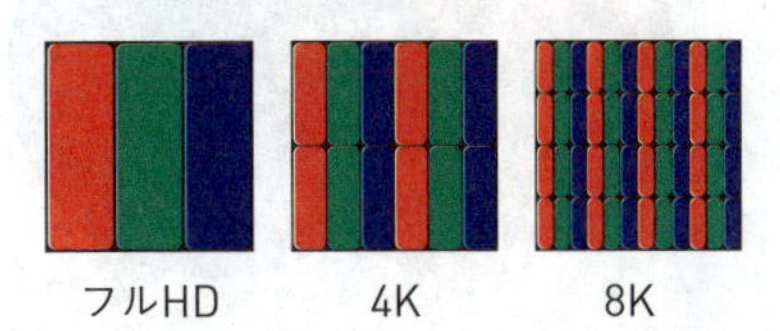

プリンタ

現在主流で使われているのは，インクジェットプリンタとレーザプリンタです。

プリンタの種類	説明
インクジェットプリンタ	ノズルからインクを噴射してプリントを行う
レーザプリンタ	コピー機と同じ原理で，レーザー光によりトナーという粉を定着させてプリントする
ドットインパクトプリンタ	旧来のプリンタ。衝撃音が大きく，印字品質もよくないが，複写式伝票（宅配便の伝票をイメージするとよい）に印字できるのはこれしかないため現在でも使われている

カラープリンタは**色の三原色**（CMY）を使って，色を表現します。色の3原色は**減法混色**といい，加法混色とは反対に色を重ねるごとに暗くなり，すべてを混ぜると黒（正確には黒に近い色）になります。

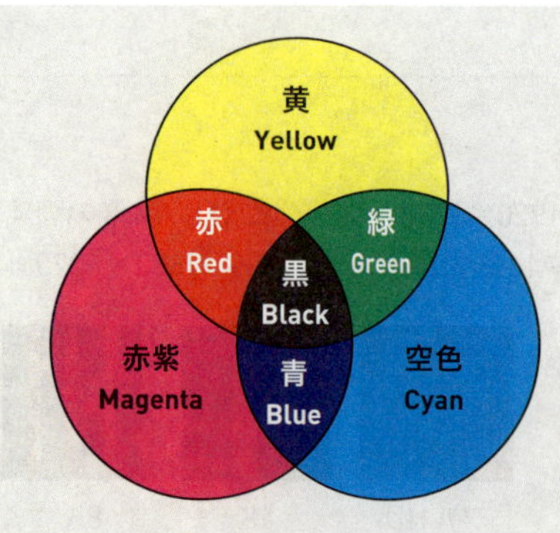

C（Cyan）：シアン
M（Magenta）：マゼンタ
Y（Yellow）：イエロー

ただし，実際のプリンタでは，黒（K）は3色を混ぜるのではなく，黒のインクを使っています。使用頻度が高く，色ズレを避けるためです。そこでインクジェットプリンタのインクの色は**CMYK**と表現されることが一般的です。

印刷の細かさは**解像度**で表します。プリンタの解像度は，1インチ当たりに印刷できるドット数で，**dpi**（dots per inch：点／インチ）または**ppi**（pixels per inch）という単位で示します。

特殊なプリンタとして**3Dプリンタ**があります。3次元の立体を表すデータを元に，樹脂などを細かく積んでいくことにより，立体物を作成する装置です。

そして次の世界へ

次々と新しいハードウェアが登場する現代，「使いやすい」「誰でも使える」ということは，重要な要素です。利用者の使いやすさを**ユーザビリティ**といいます。

利用者とハードウェアの接点，つまりどうやって入力しどうやって出力を受け取るかが，**ユーザインタフェース**（User Interface）です。パソコンは昔，文字のみで入力するCUI（Character UI）でした。それが，マウスとアイコンを使うGUI（Graphical UI）へと移りました。これからは**VUI**（Voice UI）も普及するでしょう。AIスマートスピーカに向かって「〇〇，ビルボードの上位の曲をかけて」と話しかければ，それで入力となります。ゲームで既に実現している**ジェスチャーインタフェース**もあります。手や指や体の動きを認識して操作につなげるインタフェースです。任天堂のWii（ウィー）やMicrosoft

社のKinect(キネクト)を思い浮かべて下さい。

声や動きでコンピュータと関わることは，私たちに「体験」の喜びを与えてくれます。スターバックスコーポレーションの元会長兼CEOのハワード・シュルツは，「スターバックスはコーヒーを売っているのではない。体験を売っているのだ」と言いました。このユーザ体験をデザインするという思想，**UX**（User Experience）**デザイン**は，今後ITの世界での鍵を握るでしょう。

関連用語

ピクトグラム：一般に「絵文字」「絵単語」などとよばれ，何らかの情報や注意を示すために表示される記号。誰にでも分かりやすい表現が用いられる。

仲を取り持つインタフェース

コンピュータには五大装置の他にもう1つ重要なものがあります。それが**ハードウェアインタフェース**です。装置と装置をつなぐケーブルやコネクタ，転送する信号などに関する規格です。装置の種類に応じて様々な規格が使用されています。入出力インタフェースは，一般にシリアルインタフェースとパラレルインタフェースに分かれます。

シリアルインタフェースは単一の伝送路を利用して1ビットずつデータを伝送します。これに対して，**パラレルインタフェース**は複数の伝送路を束ね，同時に複数ビットの伝送を行います。パラレルインタフェースの方が，同時にたくさんのデータを送れるので高速のように感じます。しかし，現在ではシリアルインタフェースの方が高速であり，主流です。その理由は，パラレルインタフェースでは，並行して送受信されるビット間の同期がうまく取れないためです。シリアルインタフェースのまま，高速化した方が結果として転送速度が上がるのです。

代表的なシリアルインタフェースが**USB**です。パソコンやキーボード，マウス，モデムなどの周辺機器を接続する高速なシリアルインタフェースです。データ転送速度はUSB1.1規格では最大12Mbps（ビット／秒），USB2.0規格では最大480Mbps，USB3.2規格では最大5～20Gbpsです。最大127台の機器を**ハブ**とよばれる集線装置を介して接続することができます。このほか**ホットプラグ**機能（機器を動作中に抜き差しできる）や**プラグアンドプレイ**機能

（接続と同時に機器を使える），**バスパワー**機能（接続先のコンピュータからUSBケーブルを介して周辺機器に電力を供給する）を持っています。

パソコンやスマートフォンの周辺機器を接続するためのコネクタとして一般的になったUSBですが，規格やコネクタの種類はいろいろあります。現在は，大きく分けて「USB」，「mini USB」，「Micro USB」などの種類があり，その分類の中にさらにTYPE AやB，Cと細かく形状の違いがあります。近年主流のコネクタはType-Cです。

パソコンとモニタ（ディスプレイやプロジェクタ）をつなぐインタフェースには，何種類かあって，やや混乱をきたします。古い順に以下のようなものがあります。それぞれ，ケーブルやコネクタの形が違いますので，注意が必要です。

- VGA：アナログインタフェース。画質の劣化もあり，最近はあまり使われない。
- DVI：デジタルインタフェース。コネクタサイズがやや大きい。
- HDMI：デジタルインタフェース。1本のケーブルで，映像・音声・著作権保護の制御信号（DRM・HDCPなど）を転送できる。
- **DisplayPort**（ディスプレイポート）：デジタルインタフェース。コネクタが小さく，スピードも速いので，ノートパソコンなどへの搭載が進んでいる。

インタフェースには無線のものもあります。**Bluetooth**（ブルートゥース）は短距離無線通信インタフェースの仕様です。免許なしで自由に使用できます。遮蔽物があっても通信可能で，クラスとよばれる電波強度によって1m～100m以内の到達距離があります。またデータ転送速度もクラスによって異なります。ノートパソコンだけではなく，携帯電話やスマートフォン，タブレット端末，車載用AV機器などでの普及が進んでいます。

関連用語

ポートリプリケータ：ノートパソコンやタブレット端末などに接続して利用する機能拡張用の機器であり，シリアルポートやパラレルポート，HDMI端子，LAN端子などの複数種類の接続端子を持つ。

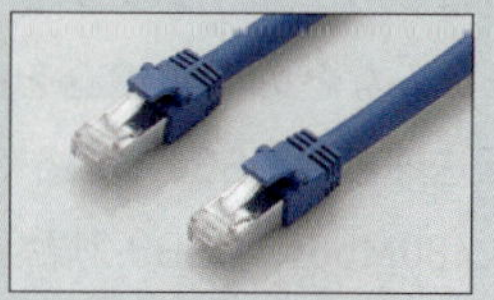

他に次のようなインタフェースがあります。

インタフェース	説明
RFID（Radio Frequency Identification）	電波を用いて**タグ**とよばれる微小なチップのデータを非接触で読み書きするシステム。JR 東日本の Suica など**非接触型カード**で利用されている
NFC（Near Field Communication）	RFID の規格・方式の一つ。十数 cm の至近距離でデータ通信を行う近距離無線通信のインタフェース
IrDA	**赤外線**用の通信規格を策定する団体，およびその規格。IrDA に対応した機器同士であれば，赤外線ポートを向かい合わせるだけで通信できる。最高 4Mbps の速度，最大 1m の距離で通信を行える

そういえば，Bluetoothって訳すと「青い歯」ですよね？　どういう意味があるんだろう。

いい着眼点ですね！　10世紀のデンマーク王，ハーラル1世の異名「青歯王」から取られているんです。ハーラル1世はデンマークとノルウェーを平和的に統一したことで知られる人物で，1999年にスウェーデンの大手通信機器メーカであるエリクソン社を筆頭とした5社が，統一規格を目指して発表したのが，Bluetoothというわけです。

section
4.2 システム構成

ここがポイント！
- 機器を接続したときの稼働率計算をマスターしましょう
- 近年はクラウドの出題が増えています
- 信頼性に関する用語は似ているので要注意

協力するコンピュータ

例えばJRの切符の予約システムをパソコンで処理しているはずはありません。能力的に不可能です。そこは**ホストコンピュータ**（**汎用コンピュータ**，**メインフレーム**）という大型のコンピュータの出番です。その本体はコンピュータセンタにあり，通常私たちが目にすることはありません。みどりの窓口にあるのは，ネットワークで接続された**端末**です。

システムの処理形態

データや情報を1ヵ所にまとめて，ホストコンピュータで処理する形態を**集中処理**といいます。一方，複数のコンピュータで処理を分担するのが**分散処理**です。

クライアントサーバシステムは分散処理システムの一つであり，サービスを提供する専用のコンピュータ（**サーバ**）と，そのサービスを要求するコンピュータ（**クライアント**）に分けてシステムを構築する方式です。共有するサーバを一元管理したり，データ量が増えたりしたときにサーバを増やして対応することができます。このため，多くの企業でクライアントサーバ方式が採用されるようになりました。

関連用語

シンクライアント：端末に必要最小限の処理をさせ，ほとんどの処理をサーバ側に集中させたシステム構成。または，そのようなクライアント端末。シンはThin（薄い，痩せた，の意味）。

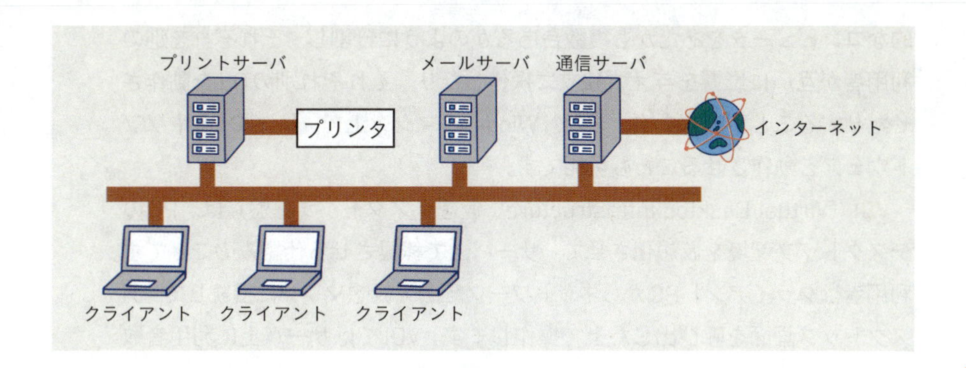

なお，サーバとは機能の名称であり機器の名称ではありません。1台のサーバ機で複数のサーバ機能を持つことも可能です。

ヴァーチャルがトレンド

最近のシステム構成のトレンドとして，サーバの**仮想化**があります。CPUやメモリなどのコンピュータ・リソースと，それを利用するOSやアプリケーションとの物理的な結び付きを解消して，自在に利用できるようにする技術のことを仮想化といいます。仮想化により，物理的には1台のサーバを論理的な複数のサーバとして運用することで，ハードウェアを効率的に利用することができ，運用コストも下げられます。

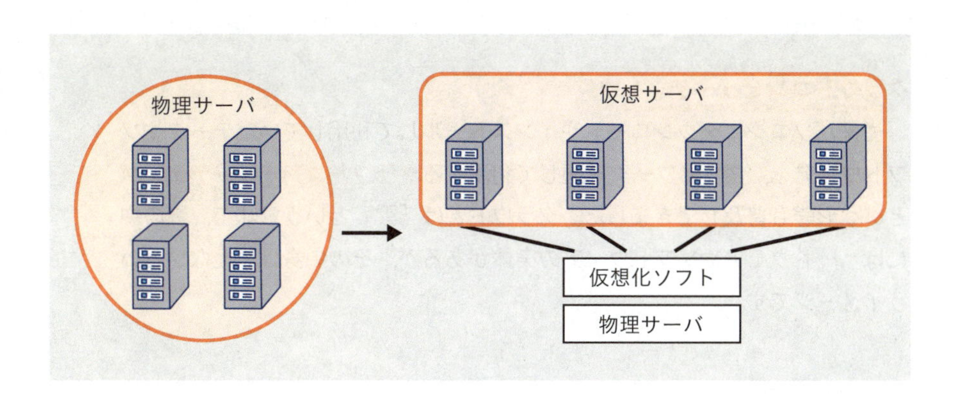

例えば，**VM**（Virtual Machine）はコンピュータ全体の動作を模したソフトウェアです。VM上でソフトウェア環境を構築することにより，1台の物理

的なコンピュータをあたかも複数台あるかのように分割し，それぞれを別の利用者が互いに影響を与えず独立に操作したり，それぞれ別のOSを動作させたりすることができます。また，Windowsマシン上で，MacのOSやソフトウェアを動作させることも可能です。

VDI（Virtual Desktop Infrastructure：仮想デスクトップ基盤）は，PCのデスクトップ環境を仮想化させて，サーバ上で稼働させる仕組みのことです。利用者はクライアントPCからネットワーク経由で仮想マシンに接続して，デスクトップ画面を呼び出した上で操作します。VDIではサーバ上に利用者数に見合う多数の仮想マシンを用意して，それぞれにデスクトップOSやアプリケーションをインストールするため，各種ソフトウェアの追加や更新などのメンテナンスが容易になるメリットがあります。また，どのパソコンからでも自分用のデスクトップ環境を呼び出して利用できるので，例えば職場環境においてフリーアドレスや在宅勤務が実現しやすくなります。

関連用語

ライブマイグレーション：仮想マシン（VM）上で動作中のソフトウェアを実行状態のまま丸ごと別のコンピュータに移動すること。ソフトウェアを停止せずにハードウェアのメンテナンスや入れ替え，構成の変更などに柔軟に対応することができる。

スケールアウト：サーバ台数を増やすことで全体の処理能力向上を図るやり方。

スケールアップ：サーバのCPUやメモリの増強をすることで処理能力向上を図るやり方。

クラウドコンピューティング

従来パソコンにダウンロードやインストールして利用していたデータやソフトウェアを，ネットワークを通じて利用する**クラウドコンピューティング**という形態も普及してきました。クラウドとは「雲」という意味で，雲の中にはハードウェアやソフトウェアの実体があるが，その中身は見えないというイメージです。

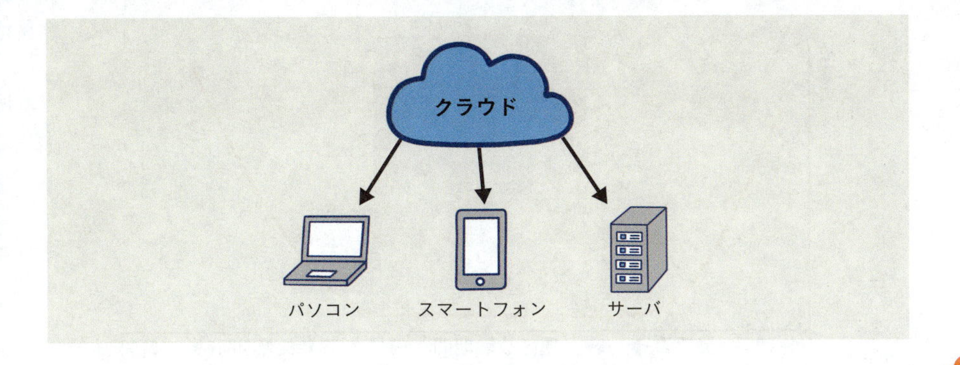

近年では，このクラウドを利用し，ディスクスペースをユーザに貸し出す**オンラインストレージ**と呼ばれるサービスが普及しています。ストレージとは「データを保存しておく場所」という意味です。

ブレードサーバ

CPUやメモリをコンパクトに搭載した**ブレード**（blade）とよばれるボード型のコンピュータを，専用の筐体（きょうたい）に複数収納して使うタイプのサーバです。ブレードという名称は，刃のように薄いという意味からきています。保守の容易さと省スペースであることから盛んに用いられています。

故障したら大変

もし今自分のスマートフォンが壊れたら？　とっても困ります。ましてやこれだけコンピュータが普及している現代で，コンピュータの故障は社会問題にもなりかねません。一方でハードウェアというものは必ず壊れます。工業製品における故障率の推移は一般的に次の図のようになるといわれています。この図は正式には**故障率曲線**といいますが，その形が浴槽（バスタブ）に似ていることから，一般に**バスタブ曲線**とよばれています。

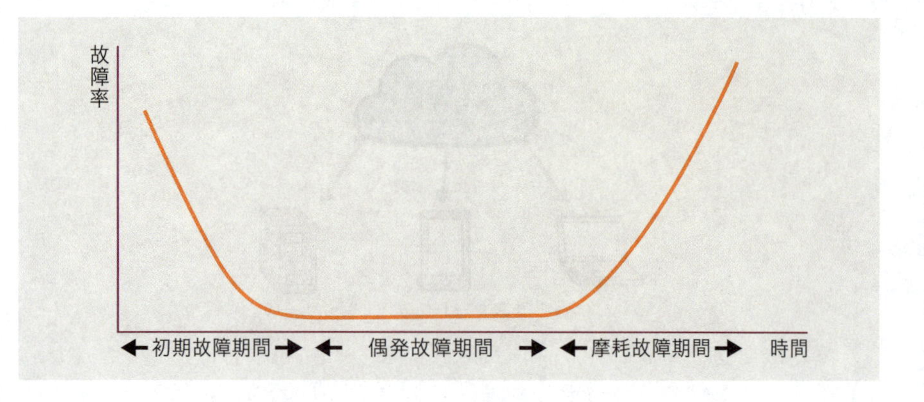

機器が稼働している確率を**稼働率**といいます。稼働率を接続形態別に考えてみます。

直列

ひかるくんは明日までにレポートを提出しなければなりません。プリントする必要があるので，パソコンとプリンタの両方が動かないと提出できなくなります。パソコンが故障せず動いている確率が0.9，プリンタが動いている確率が0.8だとすると，ひかるくんがレポートを提出できる確率はどのくらいでしょう。

ひかるくんのパソコンとプリンタのように，両方とも稼働していることで全体が稼働するシステムを**直列システム**といいます。

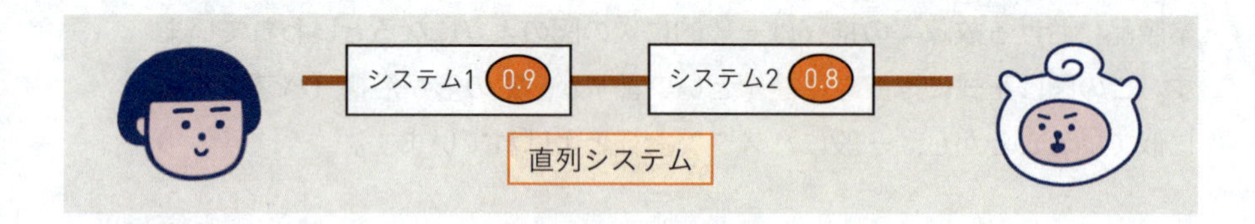

このときのシステム全体の稼働率は，システム1が稼働している割合のうちで，さらにシステム2が稼働している割合になるので，それぞれの稼働率の積で表されます。

稼働率＝システム1の稼働率×システム2の稼働率

したがって，0.9×0.8＝0.72と計算できます。

並列

例えば，パソコンが2台あって，少なくとも1台が稼働していれば全体が稼働するシステムを**並列システム**といいます。

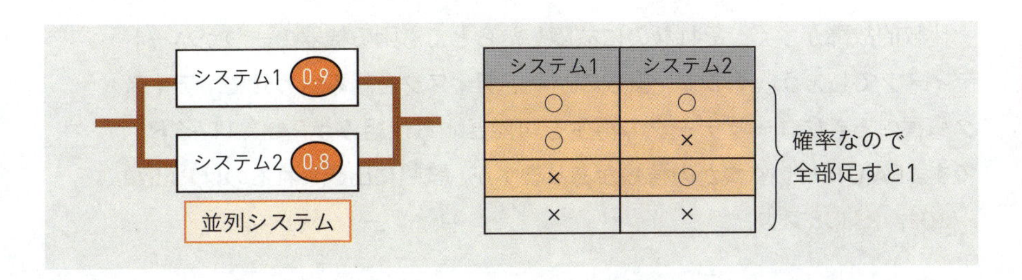

この場合は，システム1とシステム2の両方が同時に故障しない限り処理は継続できます。したがって，1からシステム1とシステム2が同時に故障する確率を引くことにより，色のついた部分の確率を求められます。それぞれの故障する確率は「1－稼働率」です。

稼働率＝1－（システム1の故障する確率）×（システム2の故障する確率）
　　　＝1－（1－システム1の稼働率）×（1－システム2の稼働率）

したがって，1－（1－0.9）×（1－0.8）＝1－0.1×0.2＝1－0.02＝0.98と計算できます。

MTBFとMTTR

システムは稼働している時間と，故障したり修理したりしている時間があります。稼働している時間の平均が**MTBF**（Mean Time Between Failures）です。Fail（故障）とFailのBetween（間）と覚えましょう。稼働していない時間の平均が**MTTR**（Mean Time To Repair）です。Repair（修理）に要する時間，と覚えましょう。

稼働率とは，**全時間**（MTBF＋MTTR）のうちの，稼働している時間

（MTBF）の割合のことですから，次の式で求めることができます。

$$稼働率 = \frac{MTBF}{MTBF + MTTR}$$

ディスクは壊れやすい？

比較的故障が多く，それなのに故障したらとても困る機器の一つがハードディスクでしょう。そこで，複数のハードディスクを組み合わせて，ディスク障害のときにユーザデータの再生を可能とする仕組みが**RAID**（レイド）です。RAIDにはいくつかの種類がありますが，試験に出題されるのは**RAID0**，**RAID1**，**RAID5**です。

RAID0

複数のディスクに分散してデータを書き込むこと（**ストライピング**）で，アクセス性能を向上させます。冗長性（重複している部分）がないので，信頼性は向上しません。

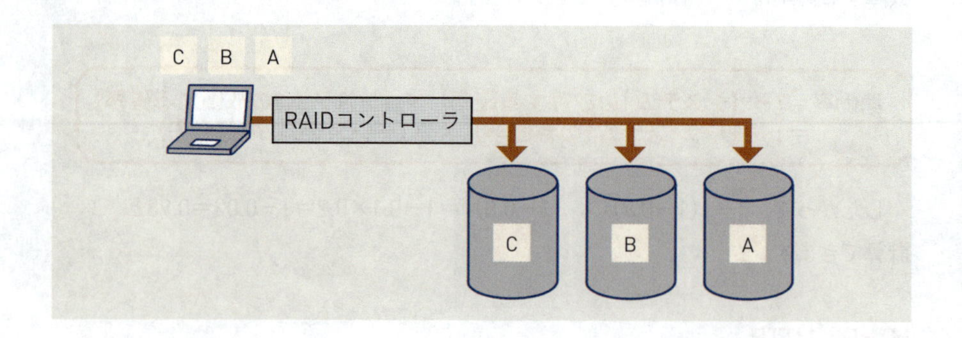

RAID1

同じデータを2台のディスクに書き込むこと（**ミラーリング**）で，信頼性を向上させます。万一，一方のディスクに障害が発生しても，残りのディスクに記録されたデータを使って処理を継続できます。ただし，実質的な記憶容量は半分となるので記憶効率は悪くなります。

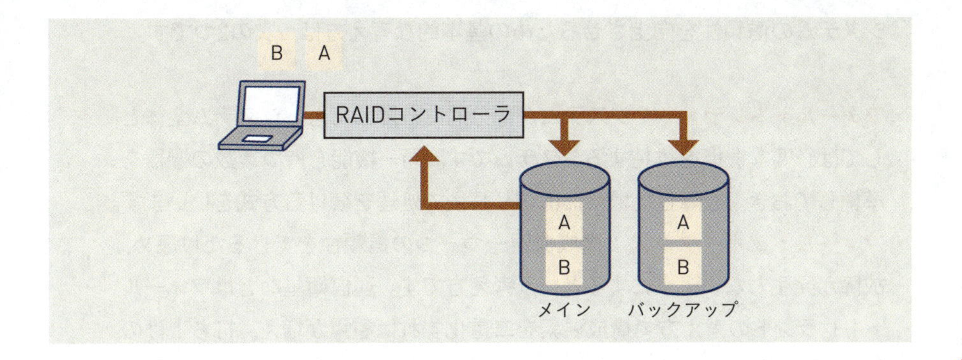

RAID5

情報データとともに**パリティ**とよばれる誤り訂正用のビットも各ディスクに分散して書き込む方式です。次の例では3台のうち，どれか1台が故障しても残りの2台で修復が可能です。信頼性が向上するだけでなく，RAID1よりも記憶効率がよくなります。例えば図の例ならば，ディスク全体の容量に対して，2／3はデータを格納することができます。一般に構成しているディスクの本数マイナス1本分の容量を格納できます。

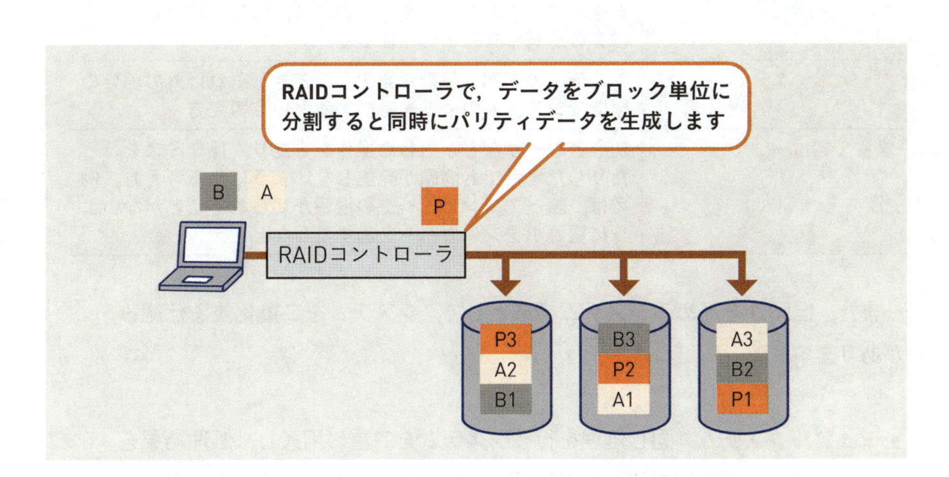

信頼できるシステム

ハードウェアは故障の可能性が常にありますし，ソフトウェアは必ずエラーが潜んでいます。故障を避けるか，故障を前提として故障があっても被害を最小限にするために様々な工夫がなされています。

システムの信頼性を向上させるための基本的な考え方は，次の2つです。

- **フォールトトレラント**：システムが部分的に故障しても，システム全体としては必要な機能を維持するシステムです。同一機能を持つ複数の機器を準備しておき，故障した場合には切り替えて処理を続ける方式をいいます。
- **フォールトアボイダンス**：構成機器一つ一つの信頼性をできるだけ高め，故障が発生しないようにするという考え方です。通信衛星などはフォールトトレラントの考え方で構成要素を二重化すれば重量が増え，打ち上げの際に大きな推進力が必要となり，トータルのコストが高くなったり，打ち上げができなかったりします。そこで，二重化せずに構成機器の一つ一つの信頼性を高めるこの考え方を採用しています。

機器の設計などについての考え方には次のようなものがあります。

考え方	説明
フェールセーフ	システムに障害が発生したときでも，常に安全側にシステムを制御するという考え方。例えば，信号が故障した場合は赤の点滅になるという仕組み
フェールソフト	システムの一部に障害が発生したとき，それ以外の部分の機能でシステムの運転を継続するという考え方
フールプルーフ	初心者ユーザなどが思わぬ操作をしたり，操作ミスを行ったりした場合でも問題が発生しないようにする考え方。例えば，誤ってコンピュータの電源が切られることがないように電源ボタンにカバーを施すことなど

また，信頼性を高めるシステム構成として，システムを二重化する仕組みがあります。

- **デュアルシステム**：同じ処理を行うシステムを二重に用意し，処理結果を照合することで処理の正しさを確認します。どちらかのシステムに障害が発生した場合でも，処理を継続することができます。

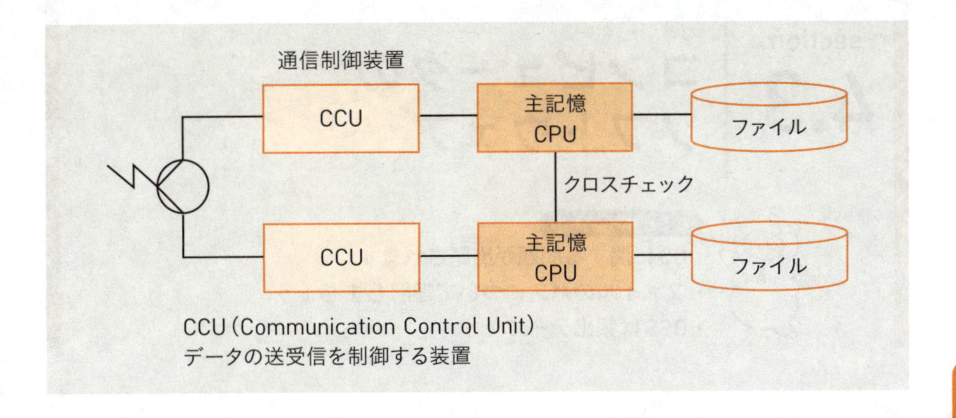

- **デュプレックスシステム**：オンライン処理を行う現用系システムと，バッチ処理などを行いながら待機させる待機系システムを用意し，現用系に障害が発生した場合は待機系に切り替え，オンライン処理を続行するシステム構成です。

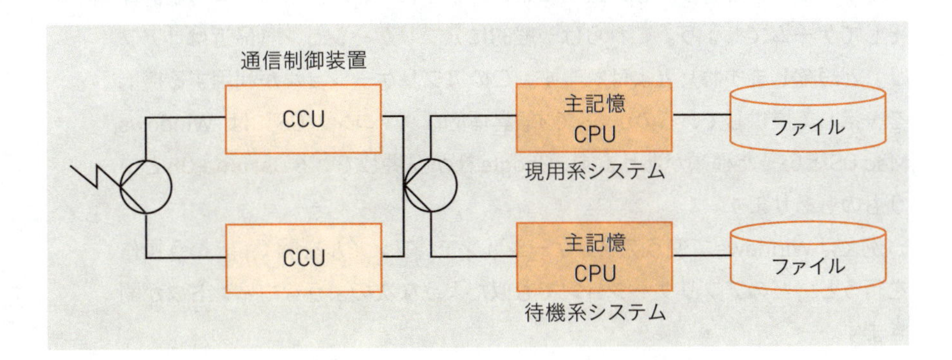

関連用語

ホットスタンバイ：待機系のシステムに電源が投入され，即座に現用系から切り替えることができるやり方。電源が投入されていることから「ホット」とよばれる。

コールドスタンバイ：通常は待機系に電源が投入されておらず，故障などが発生した際に，手動または自動で待機系を起動するやり方。

section
4.3 コンピュータのソフトウェア

ここがポイント！
- OSに関する問題が出題されます
- ファイルのパスについて理解しましょう
- OSSは頻出テーマです

オペレーティングシステム（OS）

「ひかるくんのパソコン，OSは何？」という質問には答えられても，「OSって何をするソフトなの？」という質問には答えにくいところです。「基本ソフトです」と答えても実際のところは何をしているのか分かりません。

ソフトウェアというときに最初にイメージされるのは，ワープロや表計算，そしてゲームでしょう。これらは一般的に**アプリケーション**（最近は「アプリ」と短縮しますね）とよばれます。このアプリケーションが利用する機能を一括して提供しているのが**OS**です。具体的なパソコンのOSには，Windows（ウィンドウズ），Mac OS（マックオーエス）といった種類があります。Google社が提供している**Chrome OS**（クロームオーエス）というものもあります。

例えばWindowsで使うアプリケーションで「ファイルを開く」という操作を行うと，どのアプリケーションでも似たような次のようなウィンドウが開きます。

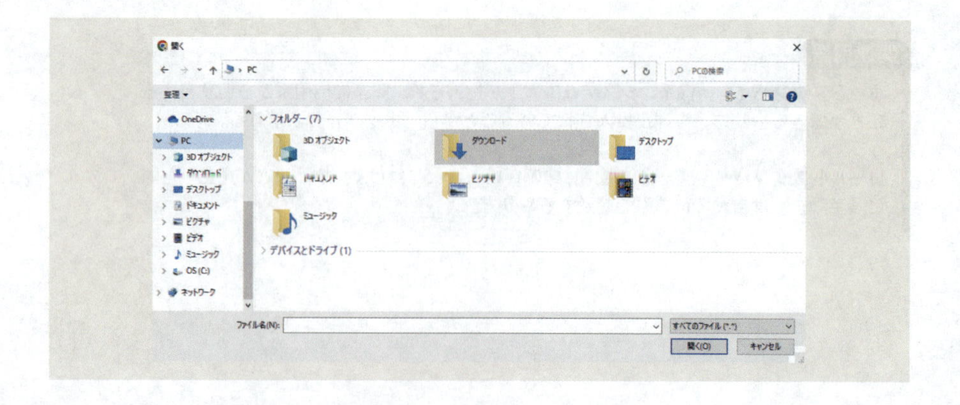

これは，多くのアプリケーションで「ファイルを開く」機能を独自で作るのではなく，Windowsで用意されている機能を利用しているからです。アプリケーションがハードウェアやソフトウェアをより効率的に使うために必要な機能を提供するのがOSといえます。

アプリケーションプログラムの開発者が，OSの機能を利用できるようにする手順やデータ形式などを定めた規約を**API**（Application Programming Interface）といいます。

関連用語

BIOS（バイオス：Basic Input Output System）：パソコンの起動時に最初に動作し，入出力装置の診断・設定を行うプログラム。パソコンに電源を入れると，BIOS→OS→常駐アプリケーションの順に実行される。

APIエコノミー：APIを公開することによって企業にビジネス拡大をもたらす仕組み。Googleマップが代表例である。

OSのお仕事

その他にOSはハードウェアという資源を，より効率よく使うための機能を持っています。その一つがタスク管理機能です。**タスク**とはコンピュータにおける処理の単位です。複数のタスクを同時に実行する仕組みが**マルチタスク**です。

でも，考えてみるとCPUは通常1個しかないのですから，その1個のCPUで同時に複数の命令を実行できるはずがありません。おかしいですね。実はその管理をOSが行っているのです。複数のタスクがメモリ上にあり，OSが各タスクに対してCPUの使用権限を与えます。それを短い時間で切り替えることで，あたかも複数のタスクを同時に実行できるように見えているというわけです。

ファイルシステム

一方，OSには，アプリケーションに提供するいわば裏方の役割だけでなく，ユーザ自身が操作する機能もあります。それがユーザインタフェースやファイルシステムです。

ユーザインタフェースは「使い勝手」や「見た目」です。現在のパソコン

OSはアイコンが画面に出て，マウスや指先で操作する**GUI**（Graphical User Interface）です。GUIに対して，情報の提示も操作も文字を中心に行う方式をCUI（Character User Interface）といいます。

パソコンでデータは**ファイル**という単位でハードディスクやDVDなどの補助記憶装置に保存します。しかし，ハードディスクには山ほどのファイルがあります。これをきちんと整理し，自分が必要なファイルがどこにあるか見つけるには，「入れ物」が必要です。それが**ディレクトリ**（**フォルダ**）です。出るとこ！

ディレクトリは階層構造を持つことができます。大きな部屋にバスケットボールやテニスボールやピンポン玉がバラバラに置かれていては，探すのも大変です。箱を用意して，その中にさらに箱を入れて整理するように，ファイルもディレクトリを入れ子にして整理します。

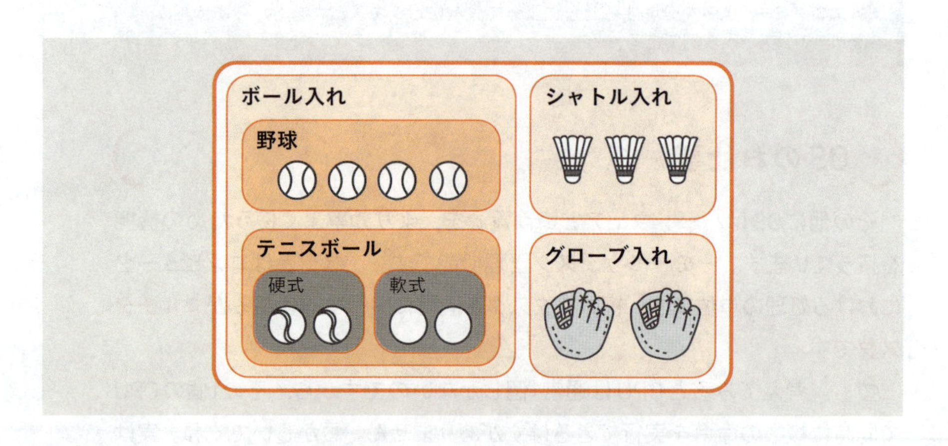

ディレクトリ内に，さらに別のディレクトリを作ることができます。これを**サブディレクトリ**といいます。これに対し上位の（元の，大きい）ディレクトリを**親ディレクトリ**といいます。最上位のディレクトリを**ルートディレクトリ**といいます。ルートディレクトリは“/”または“¥”で表します。

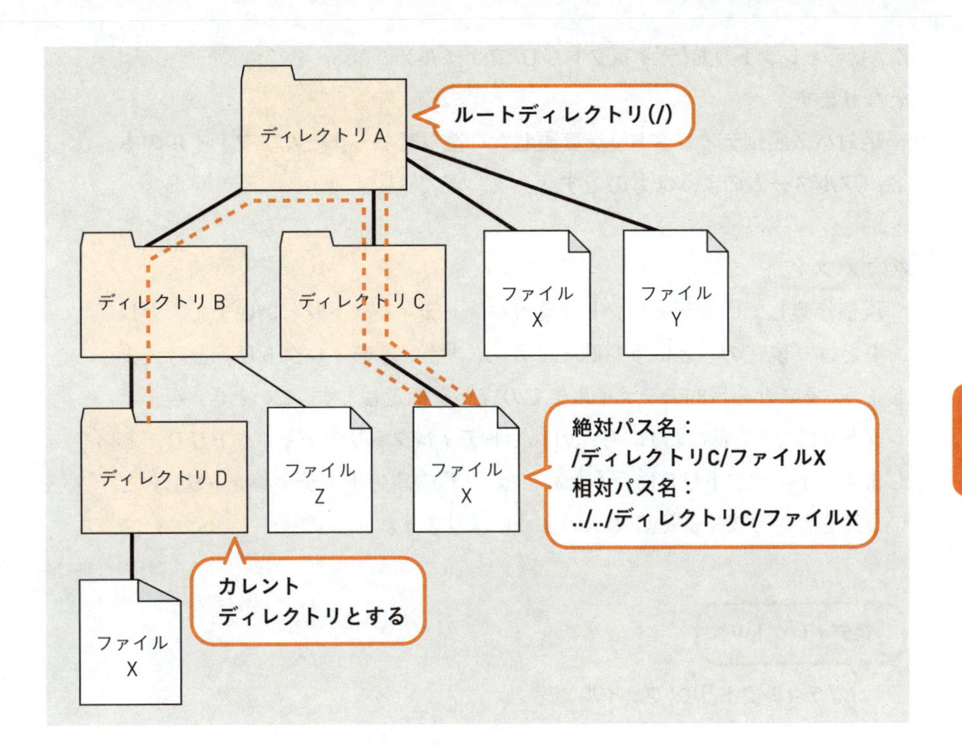

ディレクトリが違えば同じファイル名のファイルがあっても構いません。上の図でいえば，ディレクトリAの下にも，ディレクトリCの下にも，ディレクトリDの下にもファイルXがあります。このままでは区別がつかなくなってしまうので，ファイル名はそのファイルに至るまでの経路（パス名）を付けて表現します。パス名の付け方には次の2通りがあります。

絶対パス名

絶対パス名はルートディレクトリから目的のファイルまでの経路を指定します。例えばディレクトリCの下のファイルXのパス名は次のようになります。

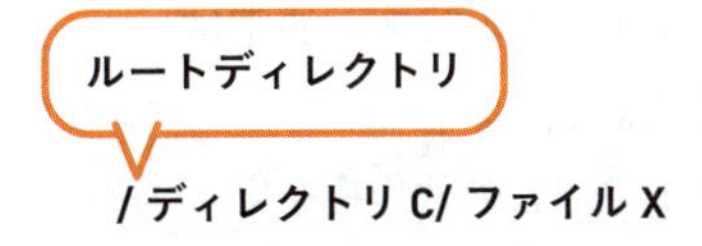

ディレクトリDの下のファイルXを絶対パス名で記すと，

/ディレクトリB/ディレクトリD/ファイルX

となります。

絶対パス名はディレクトリを変更しない限り変わりません。ファイルの本名，フルネームのようなものです。

相対パス名

現在作業しているディレクトリを**カレントディレクトリ**といいます。カレントとは「現在の」という意味ですから，「今いるディレクトリ」と考えましょう。そこから目的のファイルまでの経路を指定します。このとき，親ディレクトリは“..”で表します。今，カレントディレクトリがディレクトリDだとします。ディレクトリCに行くためには，「親の親の下のディレクトリC」という道をたどります。そこで次のようになります。

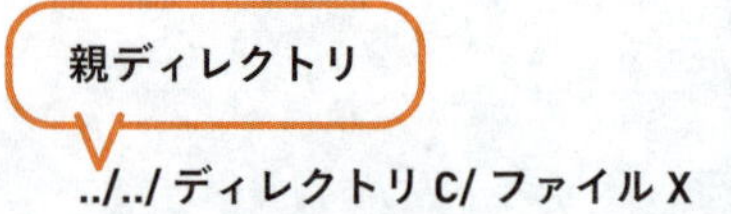

また，カレントディレクトリがディレクトリDのとき，ディレクトリDの下のファイルXを相対パス名で記すと，

ファイルX

となります。

相対パス名はカレントディレクトリによって異なります。「お隣の家のひかるくん」というような呼び方と考えましょう。

オープンソース

人間がプログラム言語で書いたプログラムのことをソースコードといいます。これは市販のソフトウェアでは非公開です。なぜならそれは商品ですから，勝手に使われても困りますし，真似されるのもまずいからです。通常は読めない（見ても分からない）形にして販売されます。

オープンソースソフトウェア（OSS）出るとこ！は，ソフトウェア作者の著作権を守ったままソースコードを無償公開することを意味するライセンス形態のことです。ライセンスとは「利用許可」ということです。

オープンソースソフトウェアには主に,

- 自由に再配布ができる
- ソースコードの入手が可能
- それを基に派生物を作成可能
- 再配布において追加ライセンスを必要としない
- 個人やグループ, 利用する分野を差別しない

などの特徴があります。

例えばスマートフォンのOSである**Android**はGoogle社がOSのソースコードを公開しているオープンソースです。一方, **iOS**のOS自体のコードはApple社が公開していません。

他にオープンソースのソフトウェアには次のようなものがあります。

ソフトウェアの種類	説明
リナックス Linux	OS
ポストグレエスキューエル　マイエスキューエル PostgreSQL, MySQL	リレーショナルデータベースマネジメントシステム
アパッチ Apache(HTTP Server)	Webサーバ
ファイアフォックス Firefox	ブラウザ
サンダーバード Thunderbird	メールソフト
オープンオフィス OpenOffice	ビジネス統合パッケージ

ただ, ソースコードが公開されているだけでOSSを名乗ることはできません。OSSは無償のソフトウェアですが, 利用条件や規約がないというわけではありません。OSSの認定を行う非営利団体「The Open Source Initiative (OSI)」が, OSSのライセンス(使用条件)を管理しています。ソフトウェアがOSSであるかどうかは, ライセンスが「オープンソースの定義(The Open Source Definition)」に合致しているかどうかで決まります。OSIによってライセンスが承認されると, そのソフトウェアはオープンソースであると公式に認められ, 「OSI認定マーク」が付与されます。

また, OSSは著作権(**6.1**参照)が放棄されているわけでもありません。ソフトウェアの著作権者が, 一定の条件を遵守する限りは自由に使ってよいという趣旨で公開しているものです。そのため, この「一定の条件」を遵守しないで利用してしまった場合には, 著作権侵害や債務不履行責任を問われる

可能性があります。

嘘かフォントか

フォントとは文字のデザインのことです。明朝体，ゴシック体，毛筆体，楷書体，ポップ体など，様々な種類があります。それぞれのOSに標準搭載フォントがありますし，自分で好きなフォントを見つけてきて，追加することも可能です。

フォントは大別すると，等幅フォントと**プロポーショナルフォント**があります。

等幅フォント：すべての文字が同じ幅になっているフォント
プロポーショナルフォント：文字によって文字の幅が違うフォント

MSゴシック　WindowsとMacOS
MS Pゴシック　WindowsとMacOS

Windowsの場合はフォント名にPがついているのが，プロポーショナルフォントです。長文やアルファベットのみの文章はプロポーショナルフォントの方が読みやすいです。一方，縦方向の並びが揃っていた方が見やすいプログラムコードの表示などでは等幅フォントが好まれます。

ワードプロセッサソフト

文書作成ソフト（いわゆるワープロソフト）は，ビジネスで最も頻繁に使われているアプリケーションでしょう。種類によって様々な機能を持っていますが，次の機能は有しているソフトウェアが多いです。

- **禁則処理**：句読点（，。）や閉じカッコ，疑問符などの記号を行頭に置かないといった調整をする機能
- オートコレクト：入力時のスペルミスを自動的に修正する機能
- インデント：行の開始位置をずらすことで，文章やプログラムなどを見やすくしたり，読みやすくしたりする字下げ機能

section
4.4 データベース

ここがポイント！
- リレーショナルデータベースがテーマです
- 主キーの意味をマスターします
- 正規化は少し難しいけれど頑張りましょう

リレーショナルデータベース

データベースモデルの主流を占めるのが，**リレーショナル**（**関係**）型のデータベースです。データを表形式で表すことができます。

まずリレーショナルデータベースの用語を覚えましょう。カッコ内は別称です。

表（テーブル）

列（属性，アトリビュート，項目，フィールド）

社員ID	氏名	性別	生年月日
0001	相川達子	F	1992/07/27
0002	市村誠一	M	1989/08/04
0006	上田仁美	F	1995/08/28

行（タプル，組，レコード）

主キー

表の行を一意に特定できる列または列の組み合わせのことを**主キー**（出るとこ！）といいます。「一意に」とは「ただ一つに」という意味です。つまり，その列，または複数の列のデータの組み合わせにおいて，データの値が決まれば行を特定することができます。このため，主キーは，データ値の**重複**や**空白の値**（**NULL値**（ヌル）といいます）があってはいけません。

例として，住所録をデータベース化する場合を考えましょう。「氏名」は一見主キーとして適当であるように思えますが，これを主キーにすると同姓同名のデータは扱えなくなります。「電話番号」ではどうでしょう。もし兄弟や夫婦で同じ電話番号を使う人がいたら，これも主キーにはなりません。

主キーを選ぶ場合に最も自然な方法は，企業や大学などで各個人に与えられている「社員番号」や「学生番号」を利用する方法です。もう1つの方法としては，「氏名」＋「電話番号」という複数の列を主キーとする方法です。同姓同名の人でも電話番号は異なりますし，兄弟や夫婦でも氏名は違いますから，一意に特定できるでしょう。このように複数の列を組み合せて主キーにする場合があります。

E-R図

E-R図出るとこ!は，関係データベースの設計において，対象となる実体（**エンティティ**）と実体間の関連（**リレーションシップ**）を表現する図です。

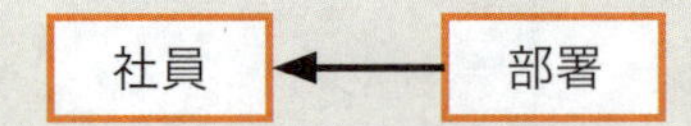

この図で，「社員」と「部署」が**エンティティ**です。その間をつなぐ←が**リレーションシップ**です。矢印のない側が**1**，矢印のある側が**多**（**複数**）という意味になります。つまり，「1つの部署には複数の社員がいる，1人の社員は1つの部署に所属する」ということを表しています。

正規化

データベースを設計するには**正規化**出るとこ!という作業が必要です。これは，データの重複や矛盾を排除して，**データの整合性と一貫性を図るために，表を分割する作業**です。

図書館のデータベースを例にとってみましょう。今，図書館で管理したい項目（つまり列）が次のものだったとします。

書名	著者名	出版社	利用者氏名	住所	電話番号	貸出日	返却日

これをこのまま1つの表にすると，様々な不都合が生じます。同じ利用者

が何冊か本を借りると，同じ住所や電話番号が何行も出てきます。これでは入力も面倒ですし，データ量も増えてしまいます。また，もし引っ越しをして住所が変更になった場合，修正を忘れると同じ利用者に2ヵ所の住所があることになってしまいます。

そこで，表を3つに分割します。

書籍表

書籍コード	書名	著者名	出版社

利用者表

利用者コード	利用者氏名	住所	電話番号

貸出表

書籍コード	利用者コード	貸出日	返却日

これならば，1人の利用者の住所に関する情報は1ヵ所にしかありません。「利用者コード」「書籍コード」という列は増えましたが，データの不整合は生じませんし，データ量も結果的に減少します。

ここで問題になるのは，各表の主キーです。「書籍表」の主キーが「書籍コード」，「利用者表」の主キーが「利用者コード」なのはすぐに分かるのですが，「貸出表」はどうでしょうか。「書籍コード」ではダメです。同じ書籍は何度も借りられるので，一意になりません。同様に「利用者コード」も同じ利用者が何度も書籍を借りるので，主キーとはなりません。「書籍コード＋利用者コード」ならどうでしょうか。よさそうに思えるのですが，これでも不具合があります。同じ利用者が同じ書籍を2回借りられなくなってしまうのです。「書籍コード＋利用者コード＋貸出日」ならよさそうです。「貸出表」の主キーは3つの列の複合キーとなります。

ところで，このときに，複数の表の列で同じものがあることに気がついたでしょうか。元の表をチョキチョキとはさみで切り離してしまうと，もう元の表に戻すことができません。元の表に戻すためには「のりしろ」が必要です。この「のりしろ」に当たる列を**外部キー**といいます。上記の例でいうと，貸出表の書籍コードは書籍表と結び付ける（参照する）ための外部キーであり，貸出表の利用者コードは利用者表を参照するための外部キーです。相手の表では主キーになっています。この主キーと外部キーの関係により，複数の表に分かれても，必要に応じて結び付けることができるのです。

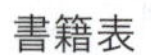

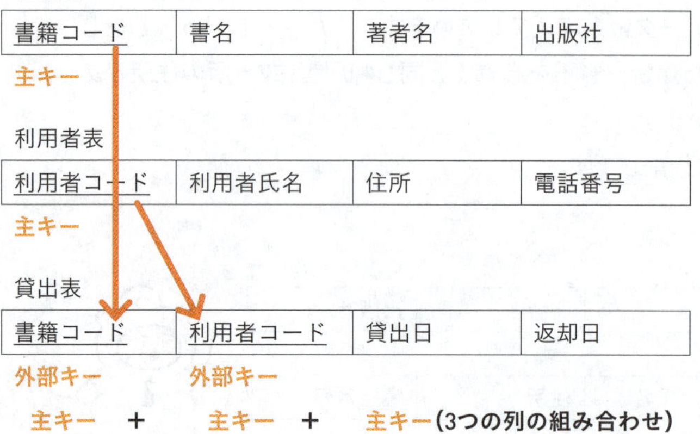

表の演算

リレーショナルデータベースの表に対する操作のことを**演算**といいます。この演算は8種類ありますが，ITパスポート試験で出題される次の3つの演算を覚えましょう。

選択	表から特定の行を取り出す
射影	表から特定の列を取り出す
結合	複数の表から特定の列をのりしろにして1つの表を作る

社員ID	氏名	性別	部門ID
0001	相川達子	F	01
0002	市村誠一	M	01
0006	上田仁美	F	02

社員ID	氏名	性別	部門ID
0001	相川達子	F	01
0006	上田仁美	F	02

↓ 射影

氏名	性別
相川達子	F
市村誠一	M
上田仁美	F

社員ID	氏名	性別	部門ID
0001	相川達子	F	01
0002	市村誠一	M	01
0006	上田仁美	F	02

＋

部門ID	部門名
01	人事部
02	営業部

結合

社員ID	氏名	性別	部門ID	部門名
0001	相川達子	F	01	人事部
0002	市村誠一	M	01	人事部
0006	上田仁美	F	02	営業部

DBMSの機能

データベースが使われるのはパソコン上だけではありません。新幹線や劇場のチケット販売でも，銀行のATMでもデータベースを利用するシステムは数多くあります。これらの大規模システムは，利用者が多数います。そのため，同時に複数の人が同じデータベースにアクセスしてもトラブルがないように制御する必要があります。また，万が一にもデータベースが壊れたり，漏えいしたりしたら，社会問題となります。その対策も必要です。これらの役割を担っているのが**DBMS**（DataBase Management System：データベース管理システム）です。特にリレーショナルデータベースを扱うものを**RDBMS**とよぶこともあります。

関連用語

NoSQL：非定型な構造を持つデータを柔軟に管理することができ，リレーショナル型のDBMSの短所を補うものとして注目を集めている。

トランザクション管理機能

データベース処理における意味を持った一まとまりの処理単位のことを**トランザクション**といいます。例えば，社員表に対して，「社員番号0001である社員の給与を5%アップする」という作業は，

①表から社員番号0001の行を検索する

②検索した行の給与の値を参照する
③給与の値に1.05を掛ける
④掛け算の結果で，検索した行の給与の値を更新する

という，いくつかの操作によって行われます。この一まとまりの処理が1トランザクションとなります。

トランザクションは「全部きちんと行われた」または「まったくやっていない」のどちらかの状態で終わることが求められています。中途半端はまずいのです。そのためデータベースには**コミット**と**ロールバック**という操作を行います。

コミット	トランザクションによってなされたすべての変更を確定し，データベースに反映させること
ロールバック	一連の処理による変更を取り消すこと

トランザクション処理は，コミットまたはロールバックにより終了します。

データベースのデータを正しく（整合性のある状態）保っておくために，トランザクションは次の**ACID（アシッド）特性**を維持する必要があります。

- **原子性**（Atomicity）：トランザクションは，「すべて完了」か「何も行われていない」かのどちらかの状態で終了すること
- **一貫性**（Consistency）：トランザクションの終了状態にかかわらず，データベースの内容は一貫性を保つ（矛盾のない状態）こと
- **独立性**（Isolation）：複数のトランザクションを同時に実行した結果と，順に実行した結果が等しいこと
- **耐久性**（Durability）：トランザクションが完了すれば，障害などによって結果が損なわれることがないこと

同時実行制御機能

データベース上では複数のトランザクションが実行されます。「預金を引き出す」というトランザクションを例にして，1つのデータに対して異なるトランザクションをほぼ同時に実行しようとする場合を考えてみましょう。トランザクションの処理内容は次のとおりです。

①キャッシュカードと暗証番号で本人確認をする
②出金額の入力を受け付ける
③預金残高を参照する
④出金額と預金残高を比較する
⑤出金額が預金残高以下なら現金を出金する
⑥預金残高を更新する

この場合，何の制御も行わずにトランザクションを実行すると不都合が起こる可能性があります。例えば，トランザクションが処理⑥で残高を更新する前に，別のトランザクションが処理③を実行すると，実際の残高以上の金額を出金できてしまいます。

このような事態が起こらないように，複数のトランザクションを実行した場合にデータベースの整合性を維持する機能が**同時実行制御**です。

トランザクションが処理中の場合，他のトランザクションを排除する同時実行制御を**排他制御**といいます。具体的には，あるトランザクションが処理を行おうとするデータに対して**ロック**をかけ，他のトランザクションはそのデータに対してアクセスできないように制御します。処理が終了するとロックは解除され，他のプログラムはデータにアクセスできるようになります。

関連用語

デッドロック：複数のプロセスが共通の資源を排他的に利用する場合に，お互いに相手のプロセスが占有している資源が解放されるのを待っている状態。両方のプロセスが永遠に待ち状態になり処理の続行ができなくなってしまう。

障害回復機能

例えば銀行の預金データベースに障害が発生して壊れてしまったら…ごめんなさいで済む問題ではありません。企業の存続に関わります。しかし，システムには障害のリスクがつきものです。そこでDBMSでは障害に備えて次のファイルを取得しています。

- **バックアップ**：データベースを丸ごとコピーしたファイル
- **ログファイル**：トランザクションの開始時点と終了時点の状態を更新の都度出力したファイル

障害の種類によって，回復用のファイルや回復方法が異なります。

① 媒体障害（ハードディスクが壊れた）

バックアップファイルで，バックアップを取得した時点まで回復し，そこからログファイルの終了時点の記録を使って，トランザクションを1件ずつ進めていく（**フォワードリカバリ**・**ロールフォワード**）

② トランザクション障害（何らかの原因で，一つのトランザクションが中断した）

ログファイルの開始時点の記録を使って，前の状態に戻す（**バックワードリカバリ**・**ロールバック**）

③ システム障害（障害が起きた時点で，様々な状態のトランザクションが混在する）

それぞれのトランザクションの状態によって，ロールフォワードとロールバックを使い分ける

セキュリティ機能

データベースは顧客情報や社内情報など，企業活動に関わる重要なデータが保存されている領域です。企業にとって重要な資産が多いため，セキュリティ対策が必須です。DBMSが備えている代表的なセキュリティ機能には次のものがあります。

- 暗号化機能：データベースから出力したデータやデータベースにアクセスする通信内容を暗号化することで，情報漏えいリスクが抑えられる。データベースそのものを暗号化する場合もある。
- アクセス制御機能：正規に承認されている人以外は使えなくする機能。データベース内の表全体や表の一部に対する**アクセス権限**をユーザごとに定義する。つまりどのユーザはどの表に対して，どの権限（見るだけ，更新できる，削除できる，全部OKなど）を使うことができるかを整理して確認し，これに基づいて厳密な権限付与を行う。

章末問題

問題

問1

重要度 ★★☆　[令和4年　問81]

問　CPUの性能に関する記述のうち，適切なものはどれか。

ア　32ビットCPUと64ビットCPUでは，64ビットCPUの方が一度に処理するデータ長を大きくできる。
イ　CPU内のキャッシュメモリの容量は，少ないほどCPUの処理速度が向上する。
ウ　同じ構造のCPUにおいて，クロック周波数を下げると処理速度が向上する。
エ　デュアルコアCPUとクアッドコアCPUでは，デュアルコアCPUの方が同時に実行する処理の数を多くできる。

問2

重要度 ★★☆　[令和4年　問84]

問　IoT機器の記録装置としても用いられ，記録媒体が半導体でできており物理的な駆動機構をもたないので，HDDと比較して低消費電力で耐衝撃性も高いものはどれか。

ア　DRM　**イ**　DVD　**ウ**　HDMI　**エ**　SSD

問3

重要度 ★☆☆　[令和5年　問88]

問　読出し専用のDVDはどれか。

ア　DVD-R　**イ**　DVD-RAM　**ウ**　DVD-ROM　**エ**　DVD-RW

問4

重要度 ★★★ [令和4年　問99]

問　1台の物理的なコンピュータ上で，複数の仮想サーバを同時に動作させることによって得られる効果に関する記述a〜cのうち，適切なものだけを全て挙げたものはどれか。

a　仮想サーバ上で，それぞれ異なるバージョンのOSを動作させることができ，物理的なコンピュータのリソースを有効活用できる。
b　仮想サーバの数だけ，物理的なコンピュータを増やしたときと同じ処理能力を得られる。
c　物理的なコンピュータがもつHDDの容量と同じ容量のデータを，全ての仮想サーバで同時に記録できる。

ア　a　　イ　a, c　　ウ　b　　エ　c

問5

重要度 ★☆☆ [令和5年　問63]

問　容量が500GバイトのHDDを2台使用して，RAID0，RAID1を構成したとき，実際に利用可能な記憶容量の組合せとして，適切なものはどれか。

	RAID0	RAID1
ア	1Tバイト	1Tバイト
イ	1Tバイト	500Gバイト
ウ	500Gバイト	1Tバイト
エ	500Gバイト	500Gバイト

問6

重要度 ★★☆ [令和5年　問93]

問　フールプルーフの考え方を適用した例として，適切なものはどれか。

ア　HDDをRAIDで構成する。
イ　システムに障害が発生しても，最低限の機能を維持して処理を継続する。
ウ　システムを二重化して障害に備える。
エ　利用者がファイルの削除操作をしたときに，“削除してよいか”の確認メッセージを表示する。

問7

重要度 ★★★　[令和5年　問82]

問　OSS（Open Source Software）に関する記述a〜cのうち，適切なものだけを全て挙げたものはどれか。

a　ソースコードに手を加えて再配布することができる。
b　ソースコードの入手は無償だが，有償の保守サポートを受けなければならない。
c　著作権が放棄されており，無断で利用することができる。

ア　a　　**イ**　a，c　　**ウ**　b　　**エ**　c

問8

重要度 ★★★　[令和1年　問83]

問　ファイルの階層構造に関する次の記述中のa，bに入れる字句の適切な組合せはどれか。

階層型ファイルシステムにおいて，最上位の階層のディレクトリを［　a　］ディレクトリという。ファイルの指定方法として，カレントディレクトリを基点として目的のファイルまでのすべてのパスを記述する方法と，ルートディレクトリを基点として目的のファイルまでのすべてのパスを記述する方法がある。ルートディレクトリを基点としたファイルの指定方法を［　b　］パス指定という。

	a	b
ア	カレント	絶対
イ	カレント	相対
ウ	ルート	絶対
エ	ルート	相対

問9

重要度 ★★☆　[令和５年　問59]

問　関係データベースで管理された“会員管理”表を正規化して，“店舗”表，“会員種別”表及び“会員”表に分割した。“会員”表として，適切なものはどれか。ここで，表中の下線は主キーを表し，一人の会員が複数の店舗に登録した場合は，会員番号を店舗ごとに付与するものとする。

会員管理

店舗コード	店舗名	会員番号	会員名	会員種別コード	会員種別名
001	札幌	1	試験 花子	02	ゴールド
001	札幌	2	情報 太郎	02	ゴールド
002	東京	1	高度 次郎	03	一般
002	東京	2	午前 桜子	01	プラチナ
003	大阪	1	午前 桜子	03	一般

店舗

店舗コード	店舗名

会員種別

会員種別コード	会員種別名

ア

会員番号	会員名

イ

会員番号	会員名	会員種別コード

ウ

会員番号	店舗コード	会員名

エ

会員番号	店舗コード	会員名	会員種別コード

問10

重要度 ★★★　　［令和5年　問78］

問　関係データベースの主キーの設定に関する記述として，適切なものだけを全て挙げたものはどれか。

a　値が他のレコードと重複するものは主キーとして使用できない。
b　インデックスとの重複設定はできない。
c　主キーの値は数値でなければならない。
d　複数のフィールドを使って主キーを構成できる。

ア　a，c　　**イ**　a，d　　**ウ**　b，c　　**エ**　b，d

問11　重要度 ★★★　[令和4年　問98]

問　関係データベースで管理している“従業員”表から，氏名の列だけを取り出す操作を何というか。

従業員

従業員番号	氏名	所属コード
H001	試験花子	G02
H002	情報太郎	G01
H003	高度次郎	G03
H004	午前桜子	G03
H005	午後三郎	G02

ア　結合　**イ**　射影　**ウ**　選択　**エ**　和

問12　重要度 ★★★　[令和5年　問66]

問　トランザクション処理におけるコミットの説明として，適切なものはどれか。

ア　あるトランザクションが共有データを更新しようとしたとき，そのデータに対する他のトランザクションからの更新を禁止すること
イ　トランザクションが正常に処理されたときに，データベースへの更新を確定させること
ウ　何らかの理由で，トランザクションが正常に処理されなかったときに，データベースをトランザクション開始前の状態にすること
エ　複数の表を，互いに関係付ける列をキーとして，一つの表にすること

解答・解説

問1　[令和4年　問81]

解答　ア

解説

ア　適切な記述です。32ビットCPUと64ビットCPUの違いはCPU内のレジスタのビット幅の違いです。一度に取り扱える情報が増えるほど，大量のデータを処理できるので，処理の高速化につながります。

イ　CPU内のキャッシュメモリの容量は，多い方がCPUの処理速度が向上します。

ウ　**クロック**は，複数の電子回路が信号を送受信するタイミングを揃えるために，刻まれる電気信号のことです。クロック周波数は，クロックが1秒間に発信される回数のことです。同じ構造のCPUであれば，クロック周波数が高い方が処理速度は向上します。

エ　**デュアルコア**とは1つのCPUにコア（核）が2つ搭載されているCPUであり，クアッドコアとはコアが4つ搭載されているCPUです。一般的にはコア数が多いクアッドコアCPUの方が多くの処理をすることができます。

問2　[令和4年　問84]

解答　エ

解説

ア　**DRM**（Digital Rights Management）は，ディジタルコンテンツにおいてコンテンツホルダが持つ著作権などの権利が不当に侵害されることを防ぐため，コンテンツの利用や複製を制限する仕組みの総称です。

イ　**DVD**は，データ記録メディアとして利用される光学ディスクの一つです。

ウ　**HDMI**（High-Definition Multimedia Interface：高精細度マルチメディアインタフェース）は，ディジタル家電やAV機器間で高品位な映像や音声をやりとりするため，2002年に半導体メーカや家電メーカが中心となって策定したインタフェースの規格です。

エ　適切な選択肢です。**SSD**（Solid State Drive）は，HDDと同様に利用できる補助記憶装置です。半導体素子メモリを使っているため，読み書きの速度がHDDよりも速いのが特徴です。また，衝撃に強く，発熱，消費電力が少ない利点があります。一方で，容量単価としての価格はHDDと比較するとまだまだ高価です。

問3　[令和5年　問88]

解答　ウ

解説　DVDメディアには多くの種類があります。

- DVD-ROM（ROM：Read Only Memory）：製造時に固定的に書き込まれたデータを読み出すことしかできません。
- DVD-R（R：Recordable）：1回のみ書き込み可能です。1回焼きこんでしまうと消去できません。
- DVD-RW（RW：ReWritable）：繰り返し書き込みが可能なディスクです。
- DVD-RAM（RAM：Random Access Memory）：繰り返し書き込み可能なディスクです。DVD-RAM対応の機器でのみ再生や録画ができます。

以上のことから，読み出し専用のDVDは，DVD-ROMです。

問4　[令和4年　問99]

解答　ア

解説　サーバの**仮想化**とは，1台のサーバ（物理サーバ）を複数台の仮想的なサーバ（仮想サーバ）に分割して利用する仕組みです。物理サーバにハイパバイザと呼ばれる仮想化ソフトウェアを用いて仮想サーバを動作させる環境を作ります。それぞれの仮想サーバではOSやアプリケーションを実行させることができ，あたかも独立したコンピュータのように使用することができます。

a　適切です。

b，c　適切ではありません。物理的なリソース（CPU・メモリ・HDDなど）はあくまでも元のサーバであり，それを分割することになるため，増やした台数分の処理能力を得られるわけではありません。またHDDの容量も仮想サーバで分割することになります。

問5　［令和5年　問63］

解答　イ

解説　RAID（Redundant Arrays of Inexpensive Disks：レイド）とは，複数のHDDを1つのドライブのように認識・表示させる技術です。万が一のHDD故障時にもデータ復旧・アクセスを可能にする安全性の向上や，複数HDDへの分散書き込みによるデータ保存の高速化など，RAIDモードごとに特長があり，用途に合わせて様々なストレージ構築が可能です。

RAID0はストライピングとも呼ばれます。データをブロック単位に分割し，複数のディスクに分散して配置することで読み込み／書き込み速度を向上します。冗長性はないので，ディスクに障害が発生した場合，すべてのデータが失われますが，ディスク容量のすべてを利用することができます。

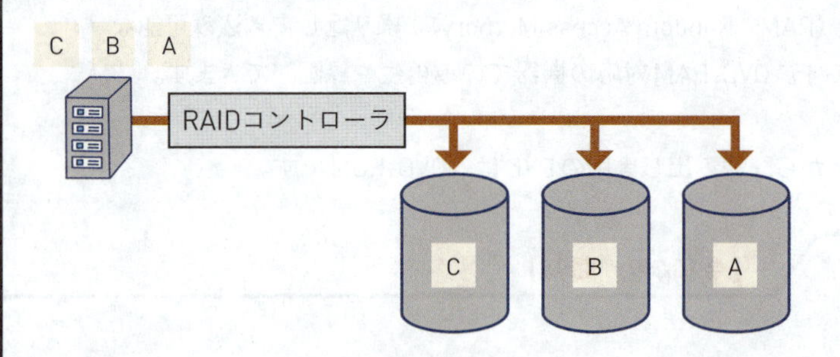

RAID1はミラーリングとも呼ばれます。同じデータを2つのディスクに書き込むことで，片方のディスクに障害が発生した場合でも，データが失われません。ただし，ディスク容量の半分しか利用できないことになります。

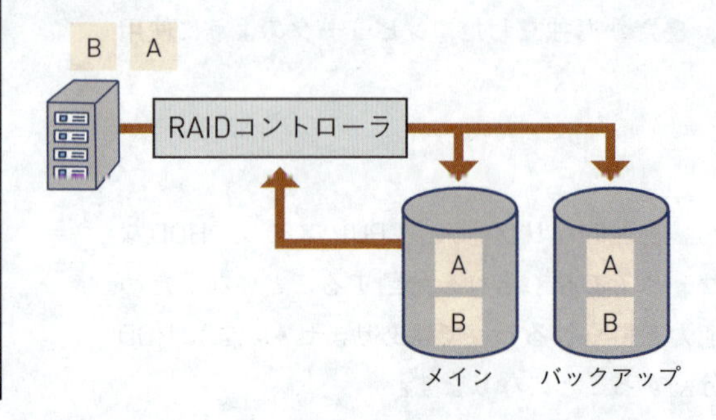

以上のことから，RAID0では500Gバイト×2台＝1,000Gバイト＝1Tバイトが利用できます。RAID1は1台分の500Gバイトが利用できます。

問6 ［令和5年　問93］

解答 エ

解説 フールプルーフとは，機器の設計などについての考え方の一つで，利用者が操作や取り扱い方を誤っても危険が生じない，あるいは，そもそも誤った操作や危険な使い方ができないような構造や仕掛けを設計段階で組み込むことです。人間は間違うものだ，という前提に立った設計です。

ア　フォールトトレラントの考え方です。
イ　フェールソフトの考え方です。
ウ　フォールトトレラントの考え方です。
エ　適切な記述です。ユーザが誤って削除操作をしても，即座に削除しないからです。

問7 ［令和5年　問82］

解答 ア

解説 OSS（Open Source Software）は，作成者がソースコード（いわゆるプログラム）を無償で公開していて，利用や改変，再配布が自由に許可されているソフトウェアのことです。では，無償のソフトウェアがすべてOSSかといえば，そんなことはありません。OSSの認定を行う非営利団体「The Open Source Initiative（OSI）」が，OSSのライセンスを管理しています。ソフトウェアがOSSであるかどうかは，ライセンス（使用条件）が「オープンソースの定義（The Open Source Definition）」に合致しているかどうかで決まります。OSIによってライセンスが承認されると，そのソフトウェアはオープンソースであると公式に認められ，「OSI認定マーク」が付与されます。

a　適切です。自由な改変や再配布が認められています。
b　不適切です。有償サポート自体は認められますが，受けなければならないということはありません。

c　不適切です。著作権は放棄されていません。OSSは，ソフトウェアの著作権者が，一定の条件を遵守する限りは自由に使ってよいという趣旨で公開しているものです。

問8　［令和1年　問83］

解答　ウ

解説　ファイル管理をする方法に階層化構造（ツリー構造）があります。最上位のディレクトリ（フォルダとよぶこともあります）を**ルートディレクトリ**とよびます。ルートとは「根」という意味です。ルートディレクトリの下層にサブディレクトリが複数配置され，その中にさらにサブディレクトリやファイルが格納されます。基点となる現在位置のことを**カレントディレクトリ**と呼びます。カレントとは「現在の」という意味です。

ファイルの指定方法として，ルートディレクトリからたどっていく絶対パス指定と，カレントディレクトリからたどっていく相対パス指定があります。

以上のことから空欄aにはルート，空欄bには絶対が入ります。

問9　［令和5年　問59］

解答　エ

解説　データベースで扱うデータの重複を排除し，矛盾の発生を防ぐ目的で表を合理的に分割することを**正規化**といいます。正規化には厳密な理論がありますが，簡単にいえばキーが決まれば，ただ1つに決まるものだけで表を作ることです。この問題の主キーは「店舗コード」＋「会員番号」です。では，「店舗コード」が決まれば，ただ1つに決まる項目は何でしょうか。「店舗名」が決まります。1人の会員が複数の店舗に登録することがあるので，「会員名」は「会員番号」だけでは決まりません。「店舗コード」＋「会員番号」によって決まります。このように，キーとそれによって決まる（従属する）項目を整理すると次のようになります。

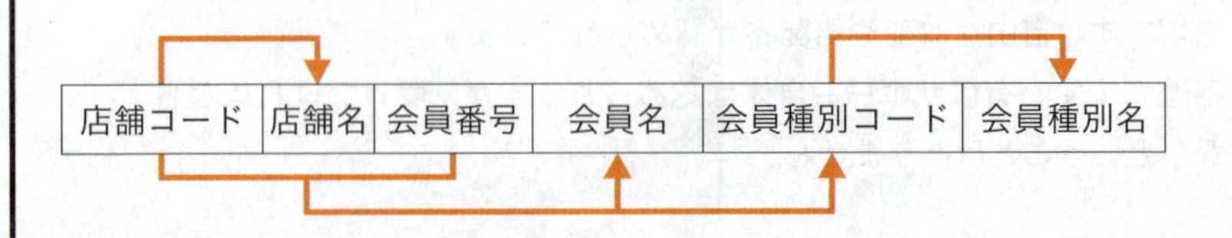

以上のことから，エが正解になります。

問10　[令和5年　問78]

解答　イ

解説　**主キー**とは，データベースのデータを一意に（ただ一つに）識別するための項目または項目の集合のことです。

a　適切です。一意に識別するためには，2つ同じ値があってはいけません。
b　不適切です。インデックスとは検索を高速にするために設定されます。主キーに設定することもできます。
c　不適切です。値は数値でも文字でも構いません。
d　適切です。複数のフィールド（項目）を合わせたものを主キーにすることができます。複合キーとよばれます。

問11　[令和4年　問98]

解答　イ

解説　データベースの関係演算には次のようなものがあります。

- **選択**：表から特定の条件を満たす行の集合を抽出する
- **射影**：表から特定の列を抽出する
- **結合**：複数の表を特定の列に関連付けて結び付け，1つの表を生成する

以上から“従業員”表から，氏名の列だけを取り出す操作は射影です。
なお，選択肢にある和は集合演算の一つで，2つの表のすべての行を合わせた表を作る演算です。

問12　[令和5年　問66]

解答　イ

解説　**コミット**（commit）とは，トランザクションの処理を確定させることです。コミットにより，トランザクションが終了し，データの変更がまとめてデータベースに反映されます。一方，**ロールバック**（rollback）

によってもトランザクションが終了しますが，この場合はトランザクション内でのデータの変更がすべてキャンセルされます。

ア　排他制御に関する記述です。
イ　適切な記述です。
ウ　ロールバックに関する記述です。
エ　結合演算に関する記述です。

chapter

5

企業活動

ここでは企業活動や経営管理に関する基本的な事柄について学習します。社会人としての基礎知識ではありますが，意外と知らなかったことも多いかもしれません。また学生さんにとっては就職活動の一助となるはずです。

アクセスキー　R　（大文字のアール）

section
5.1 企業と組織

ここがポイント！
- 「そもそも」という企業に関する基本中の基本
- 「最近話題の」働き方
- この両方が出題されています

会社とは

会社（企業）は**営利を目的として経済活動を行う組織**です。個人商店や農家などの個人企業も数多くありますが，現在の日本で，最も一般的な企業形態は**株式会社**です。

株式会社は**株式**を発行して，資金を集めている会社です。資金を出している株主から委任を受けた経営者が事業を行い，利益を株主に**配当**という形で還元します。ですから株式会社の最高の意思決定機関は，**株主総会**です。

「会社は株主のもの」という考え方のもと，企業経営を監視する仕組みのことを**コーポレートガバナンス**（Corporate Governance：企業統治）といいます。具体的には情報開示の在り方や，監査役や社外取締役を含む取締役会など会社の機関の在り方などを指します。

委託を受けた経営者は，**経営理念**を掲げて実際の経営に当たります。経営理念とは，「会社や組織は何のために存在するのか，経営をどういう目的で，どのような形で行うことができるのか」ということを明文化したものです。企業の使命や存在意義といっていいでしょう。

近年，企業の役員を米国風に3文字略語で表すことが多くなっています。最高経営責任者は**CEO**（Chief Executive Officer），最高執行責任者は**COO**（Chief Operating Officer），最高財務責任者は**CFO**（Chief Financial Officer）という具合です。中でもITパスポート試験でよく出題されるのが，情報戦略統括役員である**CIO**（Chief Information Officer）です。CIOは企業戦略として，企業内の情報システムや情報の流通をいかに活用するかを立案から実行まで統括して指揮・管理します。**情報・通信部門の最高責任者**です。

企業の責任

元々企業の目的は利益の追求ですが，それだけでいいのでしょうか。儲けるためには何をしてもいい，というわけではありません。最近，企業の不祥事が相次いだことから，**コンプライアンス**（法令遵守）が重要視されるようになりました。単純に法律を守るということだけではなく，社会的規範や企業倫理（モラル）を守ることも含めた概念です。

出るとこ！

また企業が自社の利益を追求するだけでなく，自らの組織活動が社会へ与える影響に責任を持つべきであるという**CSR**（Corporate Social Responsibility）という考え方も定着してきました。典型的なCSR活動として具体的に知られるのは，「ボランティア活動支援などの社会貢献」や「地域社会参加などの地域貢献」などがあります。他にも「地球環境への配慮」として，省電力化など，地球環境への負荷を低減できるIT機器を利用する**グリーンIT**や環境負荷の小さい製品やサービスを購入する**グリーン調達**も求められています。

関連用語

ディスクロージャー：企業の事業内容などを広く一般に公開すること。特に投資家向け広報活動は**IR**（Investor Relations）とよばれる。

BCP（Business Continuity Planning）：**事業継続計画**。災害などの発生時に重要業務が中断しない，また，万一中断しても，それに伴うリスクを最低限にするために，平常時から事業継続について戦略的に準備しておく計画。

SDGs（エスディージーズ）

SDGsとはSustainable Development Goals（持続可能な開発目標）の略称です。SDGsは2015年9月の国連サミットで採択されたもので，国連加盟193カ国が2016年から2030年の15年間で達成するために掲げた目標です。17のゴール・169のターゲットから構成され，地球上の「誰一人取り残さない（leave no one behind）」ことを誓っています。

https://www.un.org/sustainabledevelopment/
"The content of this publication has not been approved by the United Nations and does not reflect the views of the United Nations or its officials or Member States".

17のゴールのうちのいくつかを取り上げてみましょう。

- 貧困をなくそう
- ジェンダー平等を実現しよう
- エネルギーをみんなに，そしてクリーンに
- 働きがいも経済成長も
- 気候変動に具体的な対策を

ここから分かることは，SDGsは決して発展途上国だけの問題ではないことです。2022年6月にベルテルスマン財団とSDSN（持続可能な開発ソリューション・ネットワーク）から発表されたSDGs達成ランキングにおいて日本は163カ国中19位でした。2017年の11位から近年順位を落としています。日本は教育や公衆衛生のスコアが高い一方で，ジェンダー平等や気候変動対策，陸や海の資源保全などについて課題があると評価されています。官民を挙げての取り組みが求められています。

いろいろな組織形態

企業は仕事を効率よく進めるために，人員を適材適所に配置する組織化を

行います。組織の形態は業態や事業環境により様々です。

職能別組織

営業・総務・人事というように，職種ごとに人員を部門化した形態を**職能別組織**といいます。

事業部制組織

取り扱う商品や担当地域など，事業ごとに組織を分けて事業部を設ける形態を**事業部制組織**といいます。事業運営に関する責任・権限を本社が事業部に委譲することで，各事業の状況に応じた的確で迅速な意思決定を促進しようというものです。

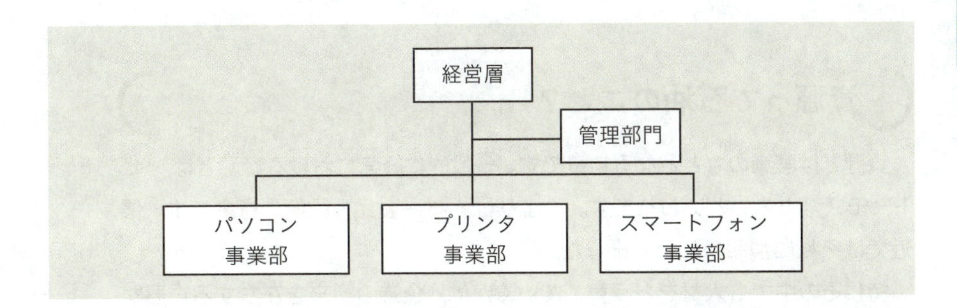

さらに権限委譲が進めば，**カンパニ制**となります。各カンパニは独立採算で事業を行い，本部に対して利益配当を行う仕組みです。

さらに進むと，独立法人（別会社）にして，持ち株を介してその会社の経営権を持つ形の**持ち株会社**という形態もあります。

プロジェクト組織

プロジェクトを遂行するために，参加者の役割などを明確にして臨時に編成する形態を**プロジェクト組織**といいます。この組織はプロジェクト終了後，解散します。

マトリクス組織

職能別，事業別，製品別，顧客別，地域別，時間別，プロジェクト別，ビジネスプロセス別などの異なる組織構造をミックスし，構成員が2つの組織に所属して，業務活動を行う組織を**マトリクス組織**といいます。それぞれの組織構造のメリットを享受できますが，一方で指揮命令系統が複雑になる欠点があります。

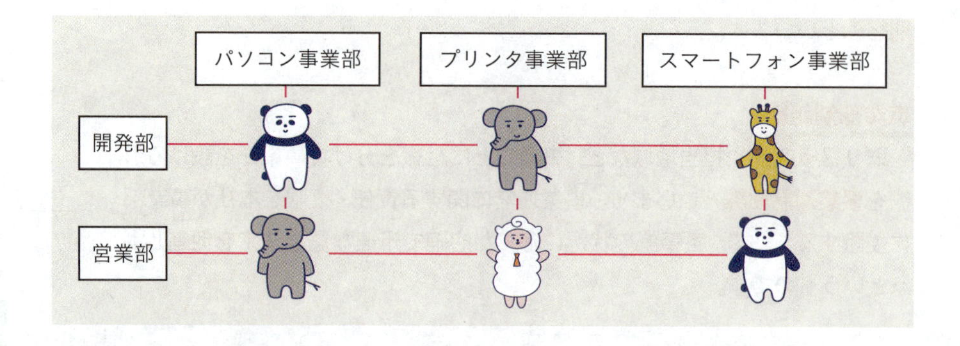

資源って石油のこと？

資源とは産業のもととなる物資です。一般的に経営における資源とは，「ヒト，モノ，カネ」といわれます。つまりは**人材**，**製品**・**設備**，**資金**です。最近ではそれに**情報**が加わりました。

特にその中でも人材をどう育てていくかは，企業の将来を左右する重要な課題です。**HRテック**は，人材を表す「HR（Human Resources）」と「テクノロジー」を掛け合わせた造語です。ITを利用して人材育成や採用活動，人事評価などの人事領域の業務の改善を行うという手法です。

関連用語

ダイバーシティ：多様な人材を積極的に活用しようという考え方。性別，人種のみならず，年齢，性格，学歴，価値観などの**多様性**を受け入れ，広く人材を活用することで生産性を高めようとするマネジメント。

ワークライフバランス：仕事と生活の調和。個人がやりがいや充実感を持ちながら働き，仕事上の責任を果たすとともに，家庭や地域生活などにおいても，子育て期，中高年期といった人生の各段階に応じて多様な生き方が選択・実現できるという考え方。

HRM（Human Resource Management）：人材を**経営資源**ととらえ，給与や職歴だけでなく，教育・訓練，さらに人的組織までを包括的に管理しようという人事管理手法。

教育・研修も変わる

最近では，情報機器を駆使した教育である**e-ラーニング**も盛んに行われています。パソコンや携帯端末を利用することにより，画像や動画で教育効果が上がりますし，習熟度に応じた学習の進め方もできます。さらにはゲームの要素を取り入れた**ゲーミフィケーション**という手法も企業や学校の教育に用いられています。ロールプレイングゲームの勇者になりきって，様々なクエストをこなしてレベルアップしていくのは楽しいですから，効果的でしょう。コンピュータを利用すれば，一人一人の学習進度や理解度に応じて違うコンテンツや問題を提供することも可能です。これを**アダプティブラーニング**といいます。

ITに関する知識や能力は，現代を生きるすべての人に求められています。昔，「読み書きそろばん」といわれた基礎能力は，今や**情報リテラシー**であるといわれています。

情報機器やITネットワークを活用して，情報・データを管理，活用する能力です。一方で，情報技術を使いこなせない人との間に情報格差を生み，それが機会や待遇の差，最終的には貧富の格差にまでつながるという考え方もあります。これは，**デジタルデバイド**とよばれます。デバイドは「分裂」「分割」という意味です。高齢者や障害者なども含めたあらゆる人が，どのような環境（うるさい場所や，暗い場所，逆に明るい場所など）においても柔軟にIT（特にWebサイト）を利用できるように考慮する思想を**アクセシビリティ**といいます。誰にとっても使いやすいことはデジタルデバイドを生まないためにも重要です。

関連用語

コーチング：対話によって相手の自己実現や目標達成を図る人材開発技法。

メンタリング：メンター（mentor）とよばれる経験豊かな年長者が，組織内の若年者や未熟練者と定期的・継続的に交流し，対話や助言によって本人の自発的な成長を支援する人材開発技法。

多様な働き方への取り組み

コロナ禍で働き方自体にも変化が生じています。テレワークも推奨されています。テレワークとは，「Tele＝離れた」と「Work＝働く」を合わせた造語で，時間や場所にとらわれない柔軟な働き方のことです。これには大きく分けて「在宅勤務」「モバイルワーク」「サテライトオフィス勤務」と3つの種類があります。

- **在宅勤務**：自宅にいながら，オフィスにいるメンバーとインターネット上で連絡を取り合いながら，仕事をする働き方
- **モバイルワーク**：パソコンや携帯端末を使って，移動中やクライアント先など，自社オフィス以外の場所で仕事をする働き方
- **サテライトオフィス勤務**：本社・本部から離れた場所に設けられたオフィスで仕事をする働き方

通勤負担の解消，生産性の向上，家事・子育て・介護などとの両立がしやすい，といったメリットも多くありますが，労務管理が困難になる，情報漏えいのリスクが生じるといったデメリットもあります。両方を踏まえた上で，テレワークは「いつでも・どこでも」が可能になる，未来に必須の勤務手段として今後も発展していくでしょう。

関連用語

ワークエンゲージメント：従業員が仕事に対して感じている充実感や就業意欲を総合的に表現した言葉であり，心の健康度を示す概念の一つ。

section
5.2 企業会計

ここがポイント！
- 損益計算書を覚えましょう
- 固定費と変動費の考え方を理解しましょう
- 少し難しいですが，必ず出題されるジャンルです

経理とは

経理とは，会社の**お金**（**資金**）を取り扱い，その流れを月・年単位で集計し，記録・管理して，会社を取り巻く**利害関係者**に報告する業務です。経理担当者は，会社の毎日の取引を記録し，集計し，最終的な目的として**財務諸表**を作成し，**株主総会**を経て納税手続きを行い，利害関係者に対して報告する義務があります。

memo

決算とは，企業の1年間の収益と費用を計算し，利益や損失をまとめた数字を「決算書」として確定させること。日本の法人は，事業規模にかかわらず，1年に1度の決算で，決算書と税務申告書を税務署などに提出することが義務付けられている。

財務諸表

財務諸表は，企業の財政や経営状態を，利害関係者に報告する目的で作成される各種の計算書類です。企業の財政・経営状態を知るための健康診断書のようなものと考えて下さい。ここでは次の3つの財務諸表を覚えましょう。

貸借対照表

貸借対照表（たいしゃくたいしょうひょう）（Balance Sheet：B/S）は，**決算期日**における企業の財政状態を表したものです。期末にどれだけのお金や物があり，どれだけの借金などがあるかを示した表と考えましょう。左（**借方**）に**資産**の部を，右（**貸方**）に**負債**の部と**純資産**の部（以前は「資本の部」でした）を書きます。

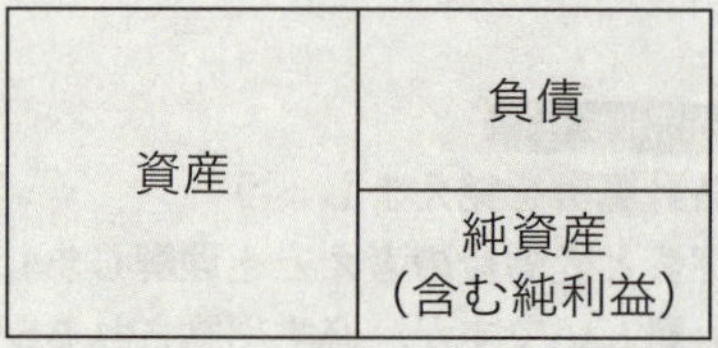

<table>
<tr><td rowspan="2">資産</td><td>負債</td></tr>
<tr><td>純資産
（含む純利益）</td></tr>
</table>

次の等式が成り立つことに注意します。

資産＝負債＋純資産

損益計算書

損益計算書（Profit and Loss statement：P/L）は，**当会計期間**における企業の経営成績を表したものです。今期どれだけ儲かったか，または損をしたかを示したものと考えましょう。損益計算書は，最終的な利益を出すにあたって，**収益**（プラス）から**費用**（マイナス）をだんだんに引いていく（**控除する**といいます）方式で書いていきます。具体的な例は後述します。

キャッシュフロー計算書

キャッシュフロー計算書（Cash Flow statement：C/F）は文字どおり，キャッシュ（**現金**）のフロー（**流れ**）を表したものです。**一会計期間**の現金および現金同等物の増減を示しています。

商品やサービスの提供とその売上代金の回収には時間差があります。つまり，どんなにたくさんの売上をあげても，その代金の回収に長い時間がかかって手元のキャッシュが増加しなければ，借入金を返済したり，商品の仕入代金を支払ったりするためにまた資金を借り入れなくてはならず，会社の資金繰りは苦しくなります。キャッシュフロー計算書からはこのような危険を読み取ることができます。

キャッシュフロー計算書は，キャッシュをどこから得てどのように使ったかを分かりやすくするために，以下の3つに分類します。

- **営業活動**によるキャッシュフロー
- **投資活動**によるキャッシュフロー
- **財務活動**によるキャッシュフロー

様々な財務諸表の中でも，ITパスポート試験に最もよく出題されるのは，損益計算書ですので，もう少し詳しく説明します。

損益計算書

売上だけに関わる利益はどれだけか，営業活動に関わる利益はどれだけか，という観点から計算を行って記したのが**損益計算書**です。それぞれがどのような式で求められるかを見ていきましょう。

《損益計算書》
2023/04/01～2024/03/31
単位：百万円

売上高	200
売上原価	100
売上総利益	100
販売費および一般管理費	60
営業利益	40
営業外収益	10
営業外費用	9
経常利益	41
特別利益	8
特別損失	9
税引前当期純利益	40
法人税等	20
当期純利益	20

①**売上総利益**＝売上高－売上原価

②**営業利益**＝売上総利益－販売費および一般管理費

③**経常利益**＝営業利益＋営業外収益－営業外費用

④税引前当期純利益＝経常利益＋特別利益－特別損失

①売上総利益＝売上高－売上原価

売上総利益（**粗利益**（あらりえき））とは，売上高から売上原価を引いた利益，つまり純粋に売上だけに関する利益です。

②営業利益＝売上総利益－販売費および一般管理費

販売費および一般管理費には，給料や支払家賃，減価償却費など，**営業活動**に必要な費用が入ります。営業利益とは①の売上総利益から，営業活動に必要な費用を引いた，つまり**営業活動**で得られる利益です。

③経常利益＝営業利益＋営業外収益－営業外費用

営業外収益は**受取利息**，営業外費用は**支払利息**が主なものです。利息の受取り・支払いは営業活動とは直接関係しませんが，会社の通常の活動の中で発生します。経常利益は，②の営業利益に利息の受取り・支払いを計算した，**企業の通常の活動**で得られる利益です。

④税引前当期純利益＝経常利益＋特別利益－特別損失

特別利益や特別損失は，その期に特別に発生した事柄からの利益・損失です。例えば固定資産や株式を売買して発生した利益や災害による損失です。これを加算・減算して企業としての税引前当期純利益が得られます。

売上原価

損益計算書にある売上原価は仕入高と同額ではありません。なぜなら，期首（会計期間の開始日）の段階で在庫が残っていたはずで，これも今期中に売っているからです。同様に期末にも在庫が残っていて，これは売れ残りになります。つまり，売上原価は次の式で求めます。

売上原価＝期首在庫＋期中仕入高－期末在庫

在庫評価

前述の式の，期首在庫とは前期の期末在庫のことですし，期中仕入高は帳簿上数値的に分かっていますから，期末在庫がどれだけあるか（いくらあるか）が売上原価を，ひいては期間損益を決めることになります。この期末在庫額を算定することを**在庫の評価**とか，**棚卸評価額**といいます。

例えばダイヤモンドのように高額で在庫数量の少ない商品であれば，いくらで仕入れたものが在庫として残っているということを把握できますが，通常の商品では個別に把握することは困難です。そこで帳簿上，期末の商品単価を計算する方法として次のようなものがあります。ここでは本当に現物としてどの商品が出ていったかは一切考えません。

- **先入れ先出し法**…先に仕入れた商品から先に出ていったものとするやり方
- **後入れ先出し法**…後に仕入れた商品から先に出ていったものとするやり方

他に**移動平均法**，**総平均法**といったやり方もあります。

固定費・変動費・損益分岐点

ここまでは過去の経営の結果を示す**財務**会計という会計手続きでした。一方，経営の意思決定に使われるための**管理**会計という会計もあります。代表的な管理会計に**損益分岐点**という考え方があります。製品の製造や販売にかかる費用を**固定費**と**変動費**に分け，目標の利益を達成するのに必要な販売数量や売上高を見積もるための手法です。

固定費と変動費

出るとこ!

損益分岐点分析では，費用を固定費と変動費の2つの要素に分けて考えます。

利益＝売上－（固定費＋変動費）

chapter 5 企業活動

固定費とは，売上高にかかわらず一定額発生する費用です。減価償却費，賃借料，人件費（給料）などです。**変動費**とは，商品や製品の売上高や販売数量に比例して発生する費用で，主に売上原価を指します。

損益分岐点

損益分岐点とは，売上高と費用が同額になる点（売上高）です。売上高が損益分岐点を超えると利益が発生します。

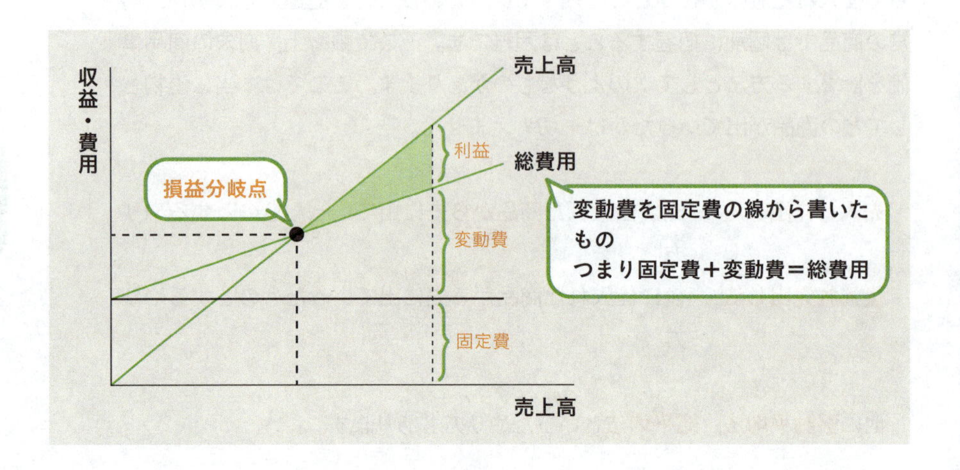

もし，売上高がゼロだったとしたら，変動費もゼロです。しかし固定費は一定額がかかりますから，固定費分だけ赤字です。売上が伸びていくと赤字は減っていき，ある点を超えると黒字になります。この点，つまりこの時の売上高が**損益分岐点売上高**です。これ以上売らないと赤字になる売上高と覚えましょう。

例えば次の例で考えてみましょう。

単位：千円

項目	金額
売上高	1,000
変動費	800
固定費	100
利益	100

この場合，利益＝1,000－800－100で100千円の利益が出ています。利益ゼロになる売上高をx（千円）とすると，固定費は100ですが，変動費は売上高に比例します。その比例割合は800/1,000＝0.8という割合です。この比率は**変動費率**とよばれます。以上のことから，

x－（100＋0.8x）＝0

という式が成り立ちます。この方程式を解くと，

x＝500

つまり，500千円が損益分岐点となります。

方程式が苦手な人は，公式として暗記してもよいでしょう。

損益分岐点売上高＝**固定費**÷（1－**変動費**÷**売上高**）

家計でいえば，食費は変動費。家賃や保険料は固定費にあたります。食費はがんばって減らしても，次の月に気を緩めるとすぐに増えてしまいますよね。一方で，固定費は，一度下げてしまえばずっと下がりっぱなし。だから，固定費を削減すると家計を黒字にしやすくなるわけです。

財務指標

企業の経営判断や投資判断のために，目安となる数値として様々な指標があります。過去にITパスポート試験に出題されたものとしては，次の数値があります。

自己資本比率＝自己資本÷総資本

ここで自己資本とは貸借対照表のうち純資産の部の金額，総資本とは負債の部と純資産の部の合計金額です。

流動比率＝流動資産÷流動負債

総資産営業利益率＝営業利益÷総資産（負債と純資産の合計）

投下資本利益率＝利益÷投下資本

ROE（Return On Equity：**自己資本利益率**）
＝当期純利益÷自己資本

ROI（Return On Investment：**投資利益率**）
＝当期純利益÷投資額

自己資本回転率＝売上高÷自己資本

在庫回転率＝売上高÷平均在庫高

在庫回転期間＝（期末の在庫金額÷1年間の売上原価）×365

しかし，これですべてではありません。原則だけ押さえておきましょう。

- ○○**××率**といったら，**××÷○○**
- ROEやROIのRはReturnつまり利益のこと。だから，
  RO△といったら，**利益÷△**
- △は，IならInvestment：投資，EならEquity：自己資本，AならAssets：総資産
- ○○**回転率**といったら，**売上高÷○○**

section
5.3 分析手法と予測値

ここがポイント！
- パレート図と散布図は頻出です
- 平均と中央値・最頻値の違いを理解しましょう
- 分散まで理解すれば完璧です

業務分析とは

業務分析では，まず問題点はどこにあって，原因は何なのかを調査分析します。その上で，対策を立てて改善を実行します。その改善結果を分析して，さらに次の改善につなげます。一方，今あるデータを基に近い将来を予測して販売や製造の計画を立てることもします。

まずは，データを収集する必要があります。現場に**アンケート**や**インタビュー**を実施して収集することもあれば，現場を直接観察する**フィールドワーク**で集めることもあります。

また**ブレーンストーミング**というディスカッションの手法を使って，アイデアをたくさん出すこともあります。批判禁止，質より量，自由奔放，結合便乗（人の意見に便乗してよい）という原則を守って，グループで自由に意見を出し合う手法です。回覧板のようにアイデア発想シートを回していき，前の人のアイデアを借りてアイデアを広げていく**ブレーンライティング**という手法もあります。

関連用語

シミュレーション：現実に想定される条件を取り入れて，実際に近い状況を作り出すこと。特に戦略立案・収益予測・リスク分析など予測が困難な問題を，コンピュータ上に再現して模擬的に試験することで予測する手法。

業務分析手法（1）　パレート図

パレート図は，項目を件数の大きい順に並べて棒グラフを描き，それに重ねて**累積比率**分布線を描いたものです。累積比率とは，順に各値を加算していった合計値が全体に占める割合です。

次のパレート図を見て下さい。商品Aの累積比率は商品Aだけが全体に占める割合ですが，商品Bの累積比率は商品A＋商品Bが全体に占める割合です。商品Cの累積比率は商品A＋商品B＋商品Cです。したがって，累積比率分布線は，各商品の全体に占める割合を次々に足し合わせた値の折れ線グラフになり，最終的に100％になります。

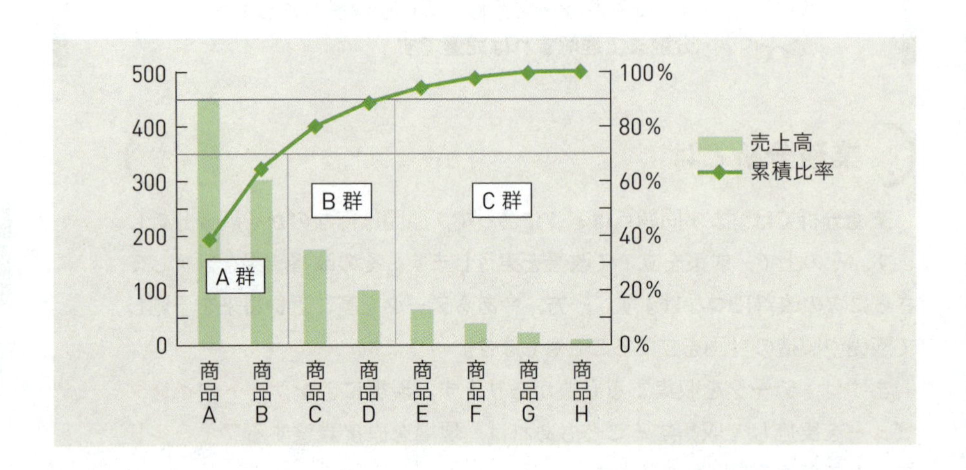

パレート図は，**ABC分析**のためによく使われます。ABC分析とは，項目を**A群**，**B群**，**C群**の3種類に区分して重点管理すべき項目を見つける手法です。例えば，累積比率により次のように区分して管理します。

全体の70％を占める商品群	A群（主力商品，図では商品Aと商品B）
A群を除き全体の90％を占める商品群	B群（準主力商品，図では商品Cと商品D）
残りの商品群	C群（非主力商品，図では商品E～商品H）

この図は品目数が多くありませんが，実際にはもっと多くの品目があり，棒の短い商品（つまりC群）の多い尻尾の長いグラフの形になります。

品目数で見ると，A群は全体の10％前後，B群は20％前後になります。品目数にして10％程度の商品が全体の売上の70～80％を占めるわけですから，この区分はコストをかけても重点管理すべきです。逆にC群はコストや手間のかからない管理方法を選択した方がよいでしょう。ただし；何％を境目にするかはデータによって検討する必要があります。

業務分析手法（2） 散布図

散布図は，2つの項目の相関関係を調べるために用いられます。**相関**とは関連性や影響度合いのことです。散布図では，互いに関連があると思われる2つの項目を縦軸，横軸にとり，収集したデータをグラフ上にプロット（点を打つこと）します。座標軸上にプロットされた点のばらつきから，2つの項目間の相関関係の有無や強さを見出します。

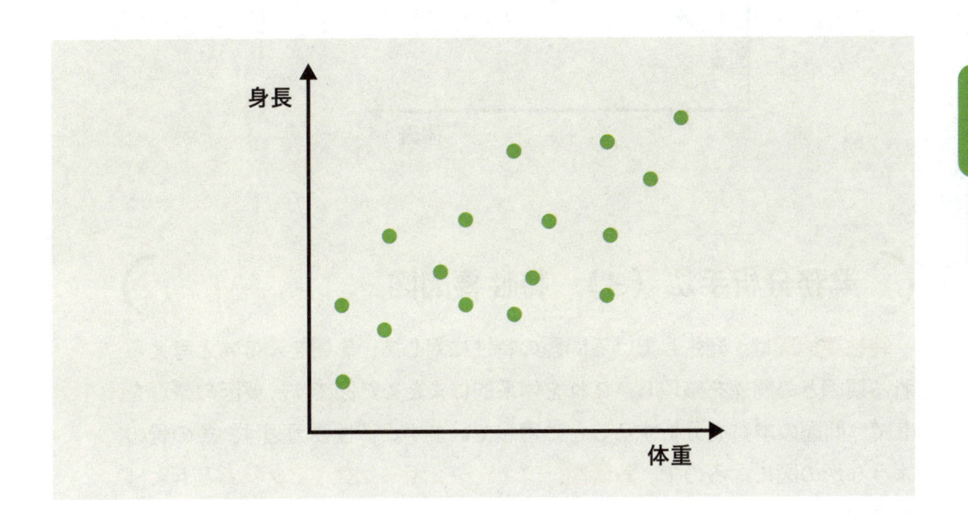

上の図は，x軸に体重を，y軸に身長をとった散布図の例です。図から明らかなように，身長と体重の散布図ではデータが左下から右上に分布していることが分かります。この場合，身長と体重の間には**正の相関**があるといいます。逆にデータが左上から右下に分布している場合は，**負の相関**があるといいます。データの分布に規則性がない場合は，2つの要素の間に相関がないと判断できます。

しかしこれだけでは，身長170cmの人が体重何キロあるのが普通か分かりません。そこでこの点を一番うまく表現する線を引きます。これを**回帰直線**といいます。これが曲線の場合は**回帰曲線**です。この線を引くために**最小二乗法**という方法を使います。点と線との距離の2乗（マイナスもあるので2乗する）の総和が最小となるような線を引きます。高校数学ぐらいの知識が必要ですね。

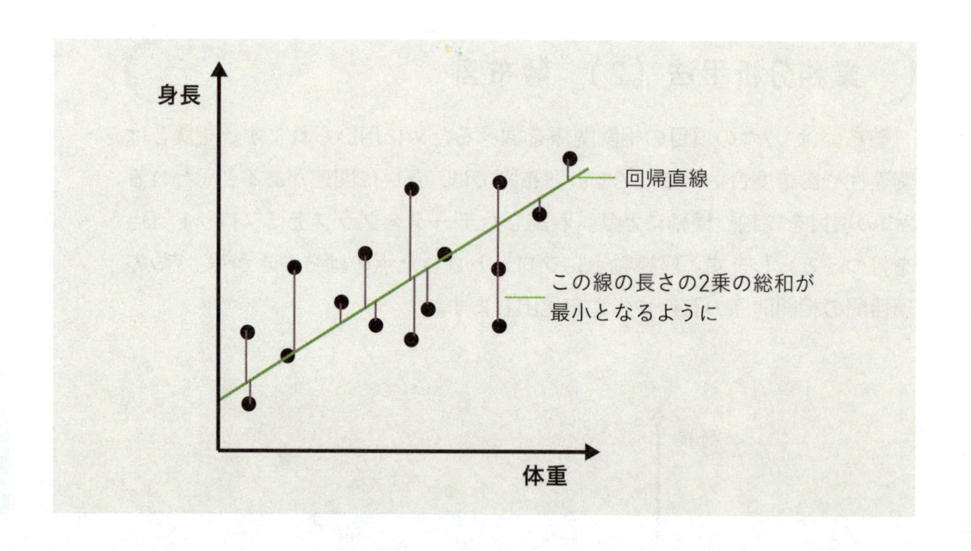

業務分析手法（3） 特性要因図

特性要因図は，発生している問題の特性に対して，影響を及ぼすと考えられる要因との関連を整理し，これを体系的にまとめた図です。要因の整理をして，問題の本質を分析することに適しています。特性要因図は，魚の骨のような形の図になるので，**魚骨図**，**フィッシュボーンダイアグラム**ともよばれます。

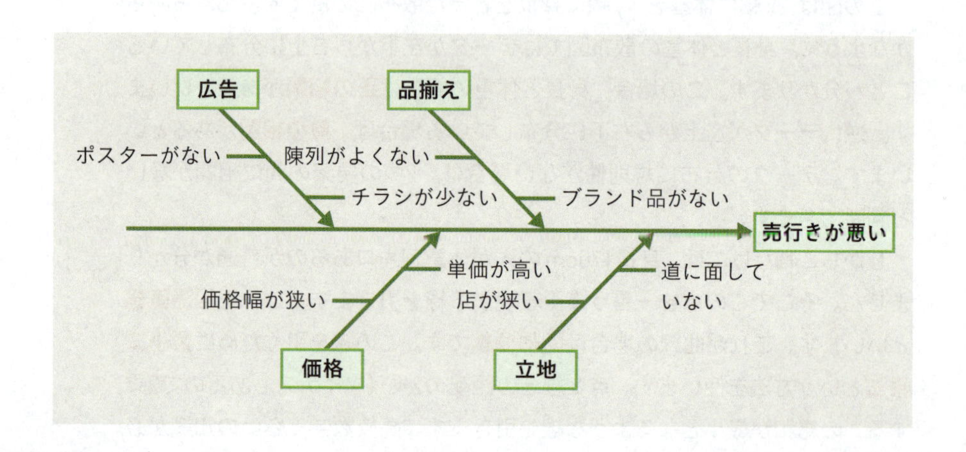

予測値の計算

予測値は，今あるデータを基に近い将来を予測して販売や製造の計画を立てるために使われます。この分野は計算問題として出題されますが，計算練習に入る前に，用語を整理しておきましょう。

- 在庫管理や製造計画に使う用語

在庫引当（ひきあて）	受注時点で，その注文数をその時の商品在庫数から「予約済」として確保すること
リードタイム	発注から納品までに要する時間
安全在庫	在庫切れを防ぐために余裕を持たせた在庫量
定量発注方式	在庫量がある量まで減少したら一定量を発注することで適正在庫を保つ発注方式。運用が容易であるので，比較的安価で需要が安定している商品の発注に適した方法
定期発注方式	発注サイクルを一定にしておき，その都度，需要予測を行うことで最適な発注量を決定する発注方式。比較的高価で在庫維持費用がかかる商品の発注に適した方法

- 統計や計算に使う用語

移動平均	ある個数分（多くは時系列）のデータの平均値を連続的に求め（例えば過去１年分のように），そのデータ全体の変化の傾向を分析する手法
重み付け評価値	評価する項目ごとに，それぞれの重要度に応じて５・３・１などの重みを付け，集計して総合評価を算出する手法

では，例題を見ていきましょう。

例題 （平成24年秋　問29）

製造業Ａ社では，翌月の製造量を次の計算式で算出している。

翌月の製造量＝翌月の販売見込量－当月末の在庫量＋20

翌月の販売見込量が当月までの3か月の販売実績量の移動平均法によって算出されるとき，9月の製造量はいくらか。

	5月	6月	7月	8月
販売実績量	110	100	90	95
月末在庫量	10	10	35	25

「翌月の販売見込量が当月までの3か月の販売実績量の移動平均」という言葉に着目します。翌月が9月，当月が8月ですから，次の式になります。

9月の販売見込量
　　＝（6月の販売実績量＋7月の販売実績量＋8月の販売実績量）÷3
　　＝（100＋90＋95）÷3
　　＝95

同様に「翌月」には9月，「当月」には8月を入れて，式を考えましょう。

9月の製造量
　　＝9月の販売見込量－8月末の在庫量＋20
　　＝95－25＋20
　　＝90

よって，9月の製造量は90となります。

計算問題は落ち着いて，文章の意味を考えれば必ず解けるはずです。

関連用語

BIツール：蓄積されている会計，販売，購買，顧客などの様々なデータを，迅速かつ効果的に検索，分析する機能を持ち，経営者などの意思決定を支援することを目的としたシステム／ソフトウェア。

代表的な値

ひかるくんが高校生の時のクラスは17人で，試験の成績データが以下のものだったとします。

87, 45, 68, 55, 74, 21, 65, 50, 78, 10, 45, 32, 11, 48, 52, 77, 32

これを眺めていても何も分かりません。45点だったひかるくんがクラスのどの辺りの成績なのかも不明です。

複数のデータの代表値としては，一般に**平均**が使われます。平均点を計算してみましょう。平均はデータの合計値をデータ数で割ります。

$$\frac{87+45+68+55+74+21+65+50+78+10+45+32+11+48+52+77+32}{17}$$

$$= 50$$

ただデータによっては，代表値として最頻値や中央値を使う場合もあります。例えば，先ほどの成績データがこうだったらどうでしょうか。

87, 45, 68, 55, 74, 21, 65, 50, 78, 10, 45, 32, 11, 48, 52, 77, 32000

平均は約1930です。しかしこの場合32000は明らかに異常データです。入力ミスかもしれません。これをまぜて平均を求めると，たった1つの異常データのせいで全体の平均がグーンと大きくなってしまいます。異常データを排除した真ん中を求めたい場合に**中央値**（メジアン）を使うと安定した結果になることが期待されます。小さい順（昇順）に並べ替えてみましょう。

10, 11, 21, 32, 45, 45, 48, 50, 52, 55, 65, 68, 74, 77, 78, 87, 32000

真ん中のデータは52です。これが中央値となります。

最頻値（モード）はデータの中で最も多く現れる値です。この場合は45が2つありますので，45です。

ばらつき具合を表すには

平均だけでは分からないこともあります。少し極端な例ですが，各クラスの試験の成績が次のようなものだったとしましょう。

1組	0	11	22	33	44	56	67	78	89	100
2組	50	50	50	50	50	50	50	50	50	50
3組	0	0	0	0	0	100	100	100	100	100

1組も2組も3組も平均点は50点です。でも，得点のばらつきは異なっています。データのばらつき具合を示す値が**分散**です。分散は「平均値と各データの差の2乗をすべて足した値」の平均値です。n個のデータをx_i {i=1,2,⋯,n}，その平均値を$\overline{x}$（エックスバー）とすると，分散Vは下の式から求められます。難しいですね。

$$V=\frac{1}{n}\sum_{i=1}^{n}(x_i-\overline{x})^2$$

具体的に計算してみましょう。先ほどの1組の得点で分散を求めると，こうなります。

$$V=\frac{1}{10}\{(0-50)^2+(11-50)^2+(22-50)^2+(33-50)^2+(44-50)^2+(56-50)^2+(67-50)^2+(78-50)^2+(89-50)^2+(100-50)^2\}$$
$$=1026$$

2組の分散は分かりますね，0です。3組の分散は2500です。平均値に近い値がキュキュッと集まっていると分散は小さくなり，平均から離れた値が多いと分散は大きくなります。

分散は2乗した値の平均なので，それを平方根にした値を**標準偏差**といいます。

$$標準偏差=\sqrt{分散}$$

先ほどの1組の標準偏差は約32.03，2組は0，3組は50となります。

偏差値は，元のデータを平均が50，標準偏差が10となるように変換した値のことです。xを元のデータ，$\overline{x}$を平均値，sを標準偏差とすると，次の式で求められます。

$$偏差値=\frac{x-\bar{x}}{s}\times 10+50$$

グラフと統計

数値を表で見せるよりも，グラフにした方が直感的に理解しやすくなります。ただし，表現したい内容に応じて，適切な種類のグラフを選ぶ必要があります。以下のグラフは容易にイメージできるでしょう。

- 棒グラフ：量の大小を比較する
- 折れ線グラフ：時系列による変化を見る
- 円グラフ：内訳構成比（全体に占める割合）を見る

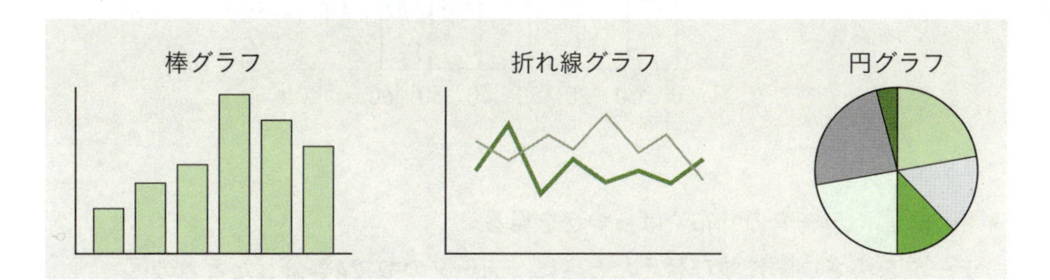

ITパスポート試験では，もうひとひねりしたグラフが出題されています。

- **レーダチャート**：項目の**バランス**を見る

複数項目の基準値に対する比率をプロットし，各点を線で結んだ形状によって，全体のバランスを比較するのに適したグラフです。例えば高校野球チームの戦力を評価してみると次のようになります。

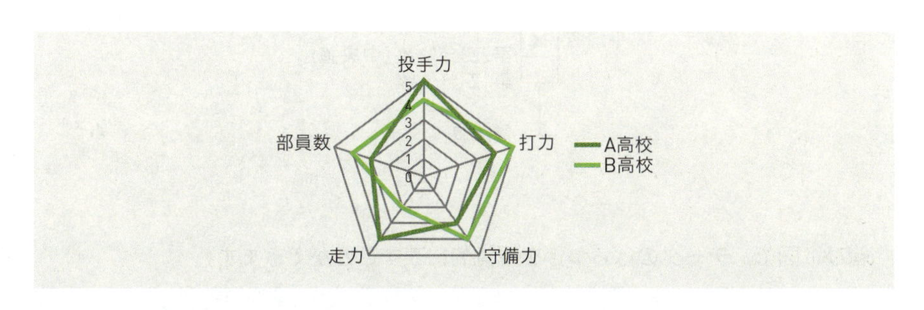

• **ヒストグラム**：分布を見る

ヒストグラムは**測定値の分布**を示すグラフです。測定値の存在する範囲をいくつかの区間に分けて，各区間に入るデータの数を数えて度数表を作成し，これを棒グラフで表します。例えば，テストを実施して0〜10点が何人，11〜20点が何人と数えた数値をグラフ化したものです。ヒストグラムにより，平均点からだけでは分からないデータの分布の形，データの中心位置，データのばらつきなどを把握することができます。

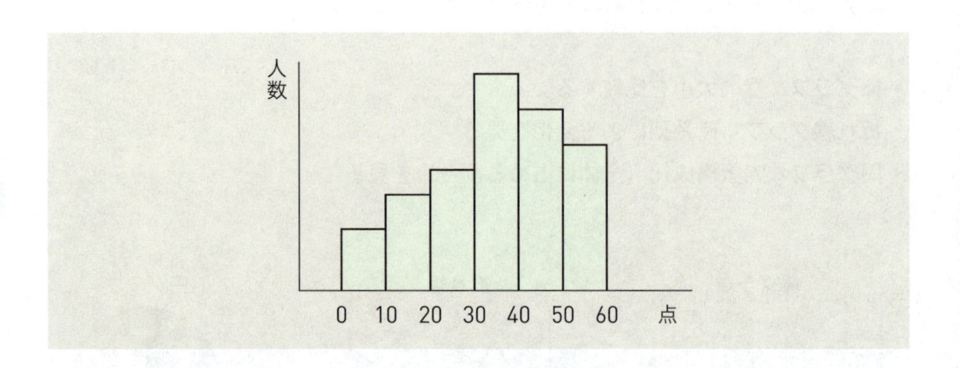

• **箱ひげ図**：データの分布やばらつきを見る

データを小さい順に並び替えたときに，データの数で4等分したときの区切り値を「四分位数（しぶんいすう）」といいます。4等分すると3つの区切りの値が得られ，小さい方から「25パーセンタイル（第1四分位数）」「50パーセンタイル（中央値）」「75パーセンタイル（第3四分位数）」とよびます。**箱ひげ図**とは，図のように「最大値・最小値・四分位数」の情報を表現したグラフです。

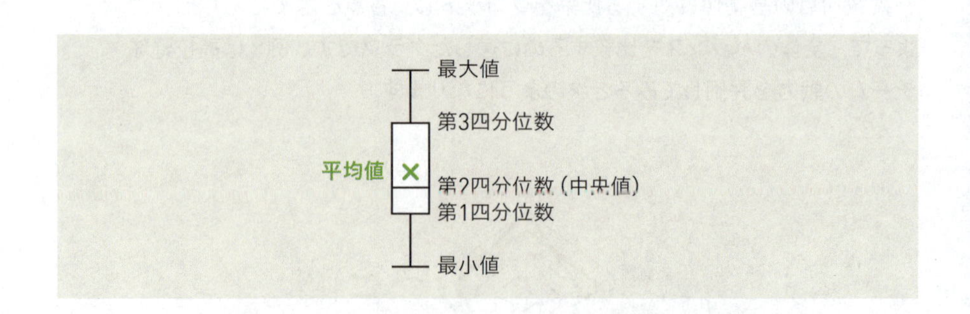

箱ひげ図で，データのばらつきを視覚的に表すことができます。

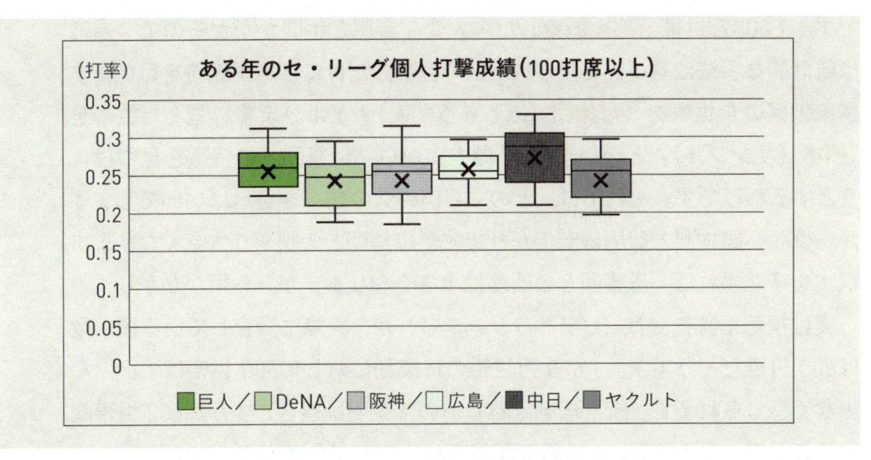

• 2軸グラフ：2つの値を一度に見る

1つのグラフ図の中に，棒グラフや折れ線グラフなどを混合させた複合グラフを作りたいこともあります。左側の軸と右側の軸の両軸の単位を変えた**2軸グラフ**にすると見やすいグラフが書けます。

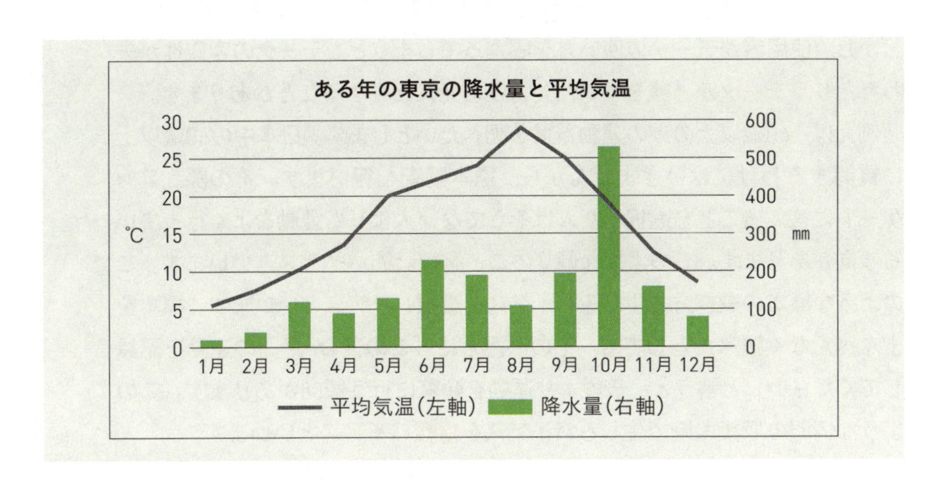

視聴率って？

テレビドラマの視聴率が何％だったというWeb記事はよく見かけます。それでは，皆さんのご家庭のテレビに視聴率を測定する機器はついているでしょうか。視聴率調査の対象となる関東地区の世帯数は全部で1,600万世帯です。1,600万世帯全部を調査したら大変な費用と手間がかかるので，通常は統計的な手法に基づいて限られた数の世帯数だけに視聴率調査を行います。関東地区の全世帯を「**母集団**（ぼしゅうだん）」とよびます。選んだ世帯を「**標本**（サンプル）」といいます。「標本」から「母集団」の特徴を見つけようとするわけです。それでは，どのくらいの数の標本を選べばいいでしょうか。少ない標本だと費用は安上がりですが母集団との誤差が大きくなります。標本を多くすれば，母集団との誤差は小さくなりますが，費用がかかります。

実は視聴率調査会社（ビデオリサーチ社）が，実際に調査している標本数は600 世帯だそうです。1,600 万世帯の母集団に対して600 世帯はずいぶん少なく感じられます。統計理論は難しいので説明は省きますが，600 世帯調べることで，最大誤差4% の精度が得られることが分かっています。

実際には**標本抽出**（**サンプリング**）の方法にも様々なものがありますが，世論調査や選挙の出口調査なども，この統計的手法が使われています。

データは嘘をつかない？

私たちは統計で使われるデータは正確で間違いがない，と信じています。しかし，使用者がデータの使い方を間違ってしまうと，データの客観性が失われたり，データが「嘘をついた」ように見えたりすることがあります。

例えば，60歳以上の人の運動習慣を調べたいとします。日本中の60歳以上に質問するわけにはいきませんから，標本調査を行います。その際，アンケートに答えることを選択した人はそうでない人よりも運動をよく行っている傾向があります。このような偏りのことを**統計的バイアス**といいます。このような標本の選び方で生じるバイアスを**選択バイアス**といいます。標本をまんべんなく選べたとしても，その人たちに「この後1か月間の運動を記録してください」と言うと，普段より運動を頻繁に行う傾向があります。このような情報の収集段階で生じるバイアスを**情報バイアス**といいます。

統計以外でもバイアスはあります。「女性は肉体労働に向かない」といったジェンダーバイアスや，「大地震が起きても大丈夫だと思う」といった正常性バイアスなど，常識や固定観念，周囲の意見や情報などにより，誤った認識をしてしまうことを**認知バイアス**といいます。

情報は正しいものか，別の観点はないか，など常に意識する必要があります。

情報モラル

私たちは知らず知らずのうちに，多くの情報に囲まれています。特にITの進んだ現代では，通信ネットワークを通じて社会や他者と情報をやり取りするにあたり，モラルやマナーが大切です。インターネット経由の犯罪から身を守る，逆に自分が加害者にならない，そのためには，どんなことに気をつければいいでしょうか。

- 発信した内容は，友人ばかりではなく不特定多数の人が見ることを意識する
- 匿名でも，他人のプライバシー暴露や侮辱するような書き込みは厳禁
- 写真や音楽，映像など，肖像権や著作権の違反は犯罪であることを認識する
- 一度ネットワーク上に発信された情報は完全に削除することはできない（**デジタルタトゥー**）ため，安易な情報発信はしない
- 自分と似た意見や思想を持った人々が集まる場では，肯定・交流・共感し合うことにより，特定の意見や思想が増幅する（**エコーチェンバー現象**）ことを自覚する
- インターネットの検索サイトが提供するアルゴリズムが，各ユーザが見たくないような情報を遮断する機能のせいで，まるで「泡」の中に包まれたように，自分が見たい情報しか見えなくなる（**フィルターバブル**）ことを自覚する

章末問題

問題

問1

重要度 ★★★ [令和4年　問4]

問　ITの活用によって，個人の学習履歴を蓄積，解析し，学習者一人一人の学習進行度や理解度に応じて最適なコンテンツを提供することによって，学習の効率と効果を高める仕組みとして，最も適切なものはどれか。

ア　アダプティブラーニング　　**イ**　タレントマネジメント
ウ　ディープラーニング　　**エ**　ナレッジマネジメント

問2

重要度 ★★★ [令和1年　問35]

問　持続可能な世界を実現するために国連が採択した，2030年までに達成されるべき開発目標を示す言葉として，最も適切なものはどれか。

ア　SDGs　　**イ**　SDK　　**ウ**　SGA　　**エ**　SGML

問3

重要度 ★★★ [令和5年　問25]

問　企業の行為に関する記述a～cのうち，コンプライアンスにおいて問題となるおそれのある行為だけを全て挙げたものはどれか。

a　新商品の名称を消費者に浸透させるために，誰でも応募ができて，商品名の一部を答えさせるだけの簡単なクイズを新聞や自社ホームページ，雑誌などに広く掲載し，応募者の中から抽選で現金10万円が当たるキャンペーンを実施した。
b　人気のあるWebサイトを運営している企業が，広告主から宣伝の依頼があった特定の商品を好意的に評価する記事を，広告であることを表示することなく一般の記事として掲載した。

c　フランスをイメージしてデザインしたバッグを国内で製造し，原産国の国名は記載せず，パリの風景写真とフランス国旗だけを印刷したタグを添付して，販売した。

ア　a，b　　イ　a，b，c　　ウ　a，c　　エ　b，c

問4　重要度 ★★★　[令和4年　問30]

問　営業利益を求める計算式はどれか。

ア　（売上高）－（売上原価）
イ　（売上総利益）－（販売費及び一般管理費）
ウ　（経常利益）＋（特別利益）－（特別損失）
エ　（税引前当期純利益）－（法人税，住民税及び事業税）

問5　重要度 ★★★　[令和5年　問13]

問　ある製品の今月の売上高と費用は表のとおりであった。販売単価を1,000円から800円に変更するとき，赤字にならないためには少なくとも毎月何個を販売する必要があるか。ここで，固定費及び製品1個当たりの変動費は変化しないものとする。

売上高	2,000,000円
販売単価	1,000円
販売個数	2,000個
固定費	600,000円
1個当たりの変動費	700円

ア　2,400　　イ　2,500　　ウ　4,800　　エ　6,000

問6　重要度 ★★★　[令和5年　問4]

問　ASP利用方式と自社開発の自社センター利用方式（以下“自社方式”という）の採算性を比較する。次の条件のとき，ASP利用方式の期待利益（効果額－費用）が自社方式よりも大きくなるのは，自社方式の初期投資額が何万円を超えたときか。ここで，比較期間は5年とする。

〔条件〕
- 両方式とも，システム利用による効果額は500万円/年とする。
- ASP利用方式の場合，初期費用は0円，利用料は300万円/年とする。
- 自社方式の場合，初期投資額は定額法で減価償却計算を行い，5年後の残存簿価は0円とする。また，運用費は100万円/年とする。
- 金利やその他の費用は考慮しないものとする。

ア 500　**イ** 1,000　**ウ** 1,500　**エ** 2,000

問7

重要度 ★★★　[令和5年　問6]

問　A社では，顧客の行動や天候，販売店のロケーションなどの多くの項目から成るデータを取得している。これらのデータを分析することによって販売数量の変化を説明することを考える。その際，説明に使用するパラメータをできるだけ少量に絞りたい。このときに用いる分析法として，最も適切なものはどれか。

ア ABC分析　**イ** クラスター分析
ウ 主成分分析　**エ** 相関分析

問8

重要度 ★★★　[令和5年　問27]

問　ファミリーレストランチェーンAでは，店舗の運営戦略を検討するために，店舗ごとの座席数，客単価及び売上高の三つの要素の関係を分析することにした。各店舗の三つの要素を，一つの図表で全店舗分可視化するときに用いる図表として，最も適切なものはどれか。

ア ガントチャート　**イ** バブルチャート
ウ マインドマップ　**エ** ロードマップ

問9

重要度 ★★☆　[令和4年　問59]

問　次のデータの平均値と中央値の組合せはどれか。

〔データ〕
10, 20, 20, 20, 40, 50, 100, 440, 2000

	平均値	中央値
ア	20	40
イ	40	20
ウ	300	20
エ	300	40

問10

重要度 ★☆☆　[令和5年　問77]

問　受験者10,000人の4教科の試験結果は表のとおりであり，いずれの教科の得点分布も正規分布に従っていたとする。ある受験者の4教科の得点が全て71点であったとき，この受験者が最も高い偏差値を得た教科はどれか。

単位　点

	平均値	標準偏差
国語	62	5
社会	55	9
数学	58	6
理科	60	7

ア　国語　　**イ**　社会　　**ウ**　数学　　**エ**　理科

解答・解説

問1　[令和4年　問4]

解答　ア

解説

ア　適切な選択肢です。アダプティブラーニングは，一人一人に最適な学習内容を提供して，より効率的に学習を進める方法のことです。学習者それぞれによるきめ細かな学習指導が可能になります。ICT 技術を教育分野に活用するEdTech（Education Technology）の一例といえます。

イ　タレントマネジメントは，従業員が持つタレント（能力・資質・才能）やスキル，経験値などの情報を，人事管理の一部として一元管理することによって，組織横断的に戦略的な人事配置や人材開発を行う手法です。

ウ　ディープラーニングは，脳の神経回路のしくみを模したニューラルネットワークを多層に重ねることで，学習能力を高めた機械学習の手法の一つです。データの特徴をより深く学習し，複雑な処理ができるようになったことで，人工知能の性能が飛躍的に向上しました。

エ　ナレッジマネジメントは，企業が保持している情報・知識，個人が持っているノウハウや経験などの知的資産（ナレッジ）を共有して，組織として新たな知識を生み出し，創造的な仕事につなげていく経営管理手法です。

問2　[令和1年　問35]

解答　ア

解説

ア　適切な選択肢です。SDGs（Sustainable Development Goals：持続可能な開発目標）は，2015年9月の国連サミットで加盟国の全会一致で採択された「持続可能な開発のための2030アジェンダ」に記載された，2030年までに持続可能でよりよい世界を目指す国際目標です。17のゴール・169のターゲットから構成され，地球上の「誰一人取り残さない（leave no one behind）」ことを誓っています。SDGsは発展途上国のみならず，先進国自身が取り組むユニバーサルなものであり，日本としても積極的に取り組んでいます。

イ SDK（Software Development Kit：ソフトウェア開発キット）は，ハードウェアやオペレーティングシステム，またはプログラミング言語などのメーカによって提供されるツール一式のことです。

ウ SGA（Selling, General, and Administrative expense）は，損益計算において使用される「販売費および一般管理費」の略称です。

エ SGML（Standard Generalized Markup Language）は，文書の構造やデータの意味などを記述するマークアップ言語を定義することができるメタ言語の一つです。

問3 ［令和5年　問25］

解答 エ

解説 **コンプライアンス**とは，「法令遵守」を意味しています。ただし，単に「法令を守ればよい」というわけではありません。現在，企業に求められている「コンプライアンス」とは，法令遵守だけでなく，倫理観，公序良俗などの社会的な規範に従い，公正・公平に業務を行うことを意味しています。

a 特に問題はありません。抽選券，じゃんけんなどにより提供されたり，パズル，クイズなどの解答の正誤により提供されたりする懸賞を一般懸賞といいます。景品表示法では一般懸賞の景品限度額を，取引価額の20倍または10万円と定めています。

b 問題となる恐れがあります。ステマ（ステルスマーケティング）は，広告であることを隠した広告を指し，芸能人やインフルエンサーなどが中立な第三者を装って商品やサービスの宣伝・紹介をしたり，広告主から対価を受け取っている業者が一般の消費者のふりをして好意的な口コミ・レビューを投稿したりする行為がこれに当たります。令和5年10月より，ステマに対して，景品表示法に基づく規制が行われることとなり，違反した場合は措置命令の対象になることになりました。

c 問題となる恐れがあります。食品以外の商品の原産国の表示を義務付ける法的な規制はありませんが，消費者に誤認を与えるような不当な表示の禁止は景品表示法で規定されており，ユーザを表示による誘引から保護するようにされています。

問4　［令和4年　問30］

解答　イ

解説　損益計算書の各利益の計算方法は次のものです。

《損益計算書》
2022/04/01～2023/03/31
単位:百万円

売上高	200
売上原価	100
売上総利益	100
販売費および一般管理費	60
営業利益	40
営業外収益	10
営業外費用	9
経常利益	41
特別利益	8
特別損失	9
税引前当期純利益	40
法人税等	20
当期純利益	20

①売上総利益＝売上高－売上原価

②営業利益＝売上総利益－販売費および一般管理費

③経常利益＝営業利益＋営業外収益－営業外費用

④税引前当期純利益＝経常利益＋特別利益－特別損失

営業利益は「(売上総利益) － (販売費および一般管理費)」で求めます。

問5　［令和5年　問13］

解答　エ

解説　**売上高－（固定費＋変動費）＝損益**という式に当てはめてみましょう。

利益が0になる（赤字にならない）売上個数をx個とすると，単価が800円なので，売上高は800x円です。固定費は600,000円で変わりません。変動費は1個当たり700円なので，700x円です。

$800x - (600000 + 700x) = 0$

この式を解きます。

$800x-600000-700x=0$

$800x-700x=600000$

$100x=600000$

$x=6000$

となります。方程式が苦手な方は，選択肢の数値を代入してみてもいいでしょう。時間はかかりますが，必ず解けます。

問6　［令和5年　問4］

解答　イ

解説　ASPとはアプリケーション・サービス・プロバイダ（Application Service Provider）の略で，インターネット上でアプリケーションを提供するサービスの提供者（事業者）のことです。ASP利用方式では，毎年利用料金が発生します。今回は利用料が300万円/年，効果額が500万円/年ですから，期待利益は

500－300＝200万円/年

です。5年間で

200×5＝1000万円

の期待利益です。

自社方式の場合，初期投資額（例えばサーバなどの機器やネットワーク機器）が必要です。ただしこの初期投資額は実際に支出した年の費用ではなく，減価償却により，何年かにわたって費用として計上します。今回は定額法で5年後の残存簿価が0円という記述がありますので，5年にわたって均等に費用化します。もし初期費用がx万円だとすると，1年間の減価償却費はx万円÷5ということになります。ただしこれに運用費用100万円がかかります。1年間の費用は

（x÷5＋100）万円/年

です。効果額はASP方式と同様に500万円ですから，期待利益は

500－（x÷5＋100）＝400－（x÷5）万円/年

です。5年間で

(400－（x÷5)）×5万円

の期待利益です。

したがって，ASP方式の期待利益が自社方式を超えるということは，次式になります。

(400－（x÷5)）×5≦1000

chapter 5 企業活動

不等式で難しそうですが，等式，つまり＝で解いてみましょう。両辺を5で割ります。

$$400-(x \div 5)=200$$
$$x \div 5=400-200$$
$$x \div 5=200$$
$$x=1000$$

となります。方程式が苦手な方は，選択肢の数値を代入してみてもいいでしょう。時間はかかりますが，必ず解けます。

問7　[令和5年　問6]

解答　ウ

解説

ア　**ABC分析**とは売上高・コスト・在庫などの評価軸を1つ定め，多い順にA，B，Cと3つのグループ分けをし，優先度を決める方法です。

イ　**クラスター分析**とは，特定の集団の中から，互いに似た傾向をグループに分ける分析手法のことです。

ウ　適切な選択肢です。**主成分分析**とは，多くの変数の情報をできるだけ損なわずに，少数の変数に縮小させることを目的とした分析手法です。例えば，体重と身長という2つの変数がある場合に，BMIという1つの変数に縮小させる，というようなイメージです。

エ　**相関分析**とは，2つのデータの関連性を調べる分析手法です。例えば，身長が高い人は体重が重い傾向にある，というようなイメージです。当たり前のように思えますが，この2つのデータ間の関連性がどのくらいの強さかを数値化できます。

問8　[令和5年　問27]

解答　イ

解説

ア　**ガントチャート**とは，プロジェクト管理や生産管理などで工程管理に用いられる表の一種で，作業計画を視覚的に表現するために用いられます。

イ　適切な選択肢です。**バブルチャート**は，x軸（横軸）で1つ目のデータを，y軸（縦軸）で2つ目のデータを，そして点（バブル）の大きさで

3つ目のデータを表すグラフです。

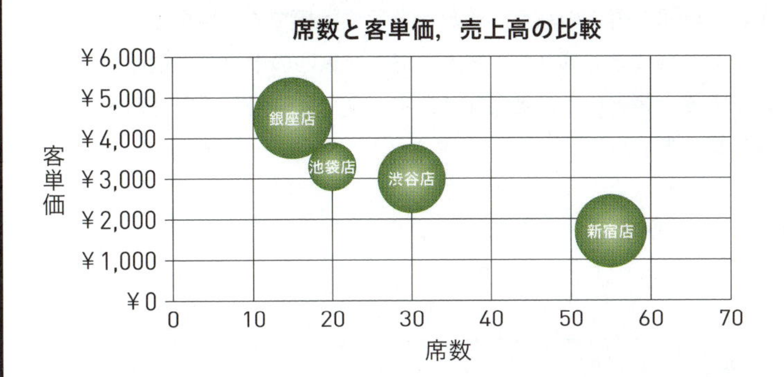

ウ **マインドマップ**とは，イギリスの教育者トニー・ブザン氏が提唱した思考の表現方法の一つで，中心となるキーワードから関連する言葉やイメージをつないでいった放射状の図のことです。

エ **ロードマップ**とは，事業におけるゴール・目標までの道のりと，中間地点での計画を時系列順に表現したものです。

問9　[令和4年　問59]

解答　エ

解説　データの代表値としては，次のようなものがあります。

平均値：データの値を合計して，その合計値をデータの個数で割った値

中央値（メジアン）：データを値の大小で並べたときに中央に位置する値

最頻値（モード）：データの中で最も多く出現する値

問題のデータでは次のようになります。

平均値＝（10 ＋ 20 ＋ 20 ＋ 20 ＋ 40 ＋ 50 ＋ 100 ＋ 440 ＋ 2000）÷ 9 ＝ 300

中央値は小さい順に並んだ9個のデータの真ん中（5番目）の40

問10　[令和5年　問77]

解答　ウ

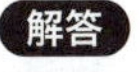

解説　**偏差値**の計算式は次のものです。

偏差値＝10×（個人の得点—平均点）÷（標準偏差）＋50

これは，個人の得点が標準偏差の何倍離れているかを数値化したものです。標準偏差は，集団の得点のバラつき具合を示す指標です。結果として，偏差値とは得点のバラつきを抑えて，個人の得点が集団の中でどの位置にあるかを判定できる指標ということになります。各科目の偏差値を計算すると次のようになります。

	平均値	標準偏差	偏差値
国語	62	5	68.0
社会	55	9	67.8
数学	58	6	71.7
理科	60	7	65.7

以上から，最も高い偏差値を得たのは数学です。

chapter 6

企業と法律

ここでは知的財産権などに関する法律や，企業コンプライアンスに関して学習します。著作権侵害・商標権侵害などの法令違反や個人情報漏えいなどのリスクがあることを理解しましょう。法務ですので，暗記が中心のジャンルではありますが，自分の立場に置き換えてみると理解しやすくなります。

アクセスキー　y（小文字のワイ）

section
6.1 知的財産権

ここがポイント！
- 著作権法は毎回出題されています！
- 著作権以外の知的財産権もチェックしましょう
- ライセンスの意味を理解しましょう

産業財産権

知的財産権とは，アイデアやブランドといった目に見えない形の知的活動の成果を保護する権利です。知的財産権は次のように分類されます。

```
知的財産権 ──┬── 産業財産権 ──┬── 特許権（発明）
             │                ├── 実用新案権（小さな発明・考案）
             │                ├── 意匠権（デザイン）
             │                └── 商標権（商品のマーク・ロゴ）
             ├── 著作権
             └── 営業秘密
```

産業財産権（**工業所有権**ともよばれます）と著作権の大きな違いは，産業財産権が**出願**して，登録を受けてはじめて成立する権利なのに対して，著作権は著作物を創作した時点で**自動的に**発生することです。産業財産権には次のものが含まれます。

特許権

特許権は産業上利用することができる新規の発明を保護する権利です。**発明**とは，自然法則を利用した技術的思想（アイデア）の創作のうち高度のものを指します。例えば，文字が消せるボールペンなどです。最初の出願者に与えられる権利です。特許権の存続期間は出願日から**20年**です。

また，ビジネスの方法についてITを利用して実現する装置・方法の発明に対して与えられる**ビジネスモデル特許**というものもあります。

実用新案権

実用新案権は自然法則を利用した技術的思想の創作のうち高度でないもの（実用的な工夫やアイデア）を保護します。例えば，2色のボールペンなどです。

意匠権

意匠権は物品の形状や模様，色彩，またはこれらの組み合わせなど外見的なデザインを保護します。例えば，ボールペンのデザインなどです。

商標権

商標権は企業がビジネス活動を行っていく上で，商品やサービスに付される目印（文字・図形・記号など）を保護します。例えば，ボールペンのブランド名などです。

著作権

出るとこ！

著作権とは，**著作物**とそれを創造した**著作者**を保護する権利です。著作物は，著作者の思想または感情が創作的に表現されたもので，論文や小説や音楽，絵画などのほかに，ソフトウェアやデータベースなども含まれます。なお，アイデアやノウハウなどは表現そのものではないため保護されません。

著作権の保護期間は，著作者が著作物を創作した時点から著作者の死後**70年**までです。

保護されるもの	表現としての**プログラム**，データベース
保護されないもの	**アイデア**，ノウハウ，**アルゴリズム**，プログラム言語

個人が業務で作成したプログラムの著作権は，その個人が所属する**法人**に帰属します。ソフトウェアを**請負**（うけおい）契約（6.3参照）で発注し，契約書に特段の定めがない場合，ソフトウェアの著作権は**受注側**に帰属します。

バックアップ目的でのコピーは原則的に許されています。購入したCDの楽曲を自分のパソコンにコピーし，パソコンで毎日聴いているような場合，つまり**私的利用**の範囲でのコピーも認められています。

ただしコピープロテクションなどの保護手段を解除するコピーについては，

私的目的でも著作権者の許諾が必要です。また私的使用目的のコピーであっても，違法著作物であることを知りながら音楽または映像をインターネット上からダウンロードする行為は，権利制限の対象から除外されます。映画館で映画をご覧になる方なら「No More映画泥棒」のマナームービーでおなじみですね。2020年の著作権法の改正により，音楽や映像だけでなく漫画，雑誌など，その他著作物全般について，海賊版のダウンロードが違法となりました。

また，教育目的での一定の著作物の利用については，「学校その他の教育機関における複製等」（著作権法35条）という規定があり，一部の行為については著作権者の許諾なく，かつ無償で行うことが可能となっています。

関連用語

パブリックドメイン：著作者が著作権を放棄するなどして**知的財産権**が消滅している状態。したがって，著作者に断ることなく，コピーや改変を自由に行うことが可能である。4.3で述べている**オープンソースソフトウェア**（**OSS**）との違いは，著作権を放棄しているかどうかにある。

ソフトウェアを買うって何を買うの？

私たちがソフトウェアを買ったり，課金してダウンロードしたりしているのは，何を「買って」いるのでしょうか。著作権……ではなさそうです。これは提供するベンダーとの間で使用許諾契約を結んでいる，つまり「提供ベンダーにより指定された条件の中で使用することができる権利」＝「**ライセンス**」を購入している，ということです。

ソフトウェアをインストールしたり，ダウンロードしたりしたときに，細かな字で文章が出てきて，「承諾する」というボタンを押していませんか。これがライセンス契約を結んだことになります。

しかし実際にはこのライセンスがユーザから見ると非常に複雑で，ベンダーごとの違い，購入製品による違い，購入するプログラムによる違い，ハードウェア構成などによる違いが存在しています。1ライセンス保有しているので，1台分使用できる，という単純な図式が当てはまりません。パソコンを買い替えたときに，新しいパソコンに前に使っていたソフトウェアをインストールしていいかどうかは，契約によって違うのです。

多数のライセンスをまとめて提供する**ボリュームライセンス**という契約形

態もあります。企業や大学で一つ一つライセンスを購入していたのでは，手間がかかります。そこで，複数個まとめてライセンス契約をするわけです。マニュアルや箱が大量に発生しないメリットもあります。

ライセンス数を限らず，契約した企業や大学の内部ならいくつでも利用できる**サイトライセンス**や，ソフトウェアの記録媒体（CD-ROMなど）が梱包されたケースを覆うフィルムを開封することで効力が発生するとみなす**シュリンクラップ・ライセンス**という形態もあります。

関連用語

アクティベーション：ソフトウェアを使用する前に，ソフトウェアベンダーにライセンスを登録すること。違法なコピーソフトの使用を防止するための措置。

不正競争防止法

不正競争防止法で**営業秘密**（**トレードシークレット**）を保護の対象としています。営業秘密は次の3点を満足している必要があります。

出るとこ!

- 秘密として管理されている
- 事業活動に有用な情報である
- 公然と知られていない

不正行為者に対する権利として，**損害賠償請求権**や**差し止め請求権**が認められています。

またこの法律では，他社に損害を与える目的で，他社のサービス名と類似したドメイン名を取得して使用するような行為も禁止しています。

2018年に不正競争防止法の改正があり，データ（電磁的記録に記録された情報）も保護対象に拡大されました。以下の行為はすべて不正競争行為となり違法となります。

- ゲームソフトのセーブデータを改造するツールやプログラムの譲渡等
- ソフトウェアメーカが許諾していないシリアルコード，プロダクトキーを単体でインターネットオークション等に出品したり，インターネットに掲載したりすること
- セーブデータの改造代行，ゲーム機器の改造代行を行うこと

section

6.2 セキュリティ関連法規

ここがポイント！

- セキュリティ関連の法規は種類が多いです
- 不正アクセス禁止法と個人情報保護法が頻出テーマ
- それ以外は目を通す程度でも

不正アクセス禁止法

不正アクセス禁止法（出るとこ！）とは，コンピュータの不正利用を禁止する法律です。ネットワークを利用したなりすまし行為やセキュリティホール（プログラムの不備など）を攻撃して侵入する行為が禁止されています。

不正アクセス禁止法で禁止されている行為は以下のとおりです。実際に被害がなくとも，その行為があっただけで処罰の対象となります。

- **不正アクセス**行為：他人のID，パスワードなどを不正に利用する（なりすまし）行為や，セキュリティホール（プログラムの不備など）を攻撃する行為
- 不正アクセスを**助長する**行為：他人のID，パスワードなどを不正に取得・保管する行為や，無断で第三者に提供する行為
- **フィッシング**行為（2.2参照）：金融機関などを装った電子メールを送り，メール中のリンクから偽サイト（フィッシングサイト）に誘導し，そこで個人情報を詐取する行為

サイバーセキュリティ基本法

2015年1月に**サイバーセキュリティ基本法**が施行され，内閣に「サイバーセキュリティ戦略本部」が設置されました。この法律では，国のサイバーセキュリティに関する施策についての基本理念や国の責任範囲を明らかにしています。

政府機関などへの攻撃激化，攻撃対象や手法の拡大・多様化，グローバル

化といったサイバー攻撃の脅威の深刻化に対応しようというものです。

サイバーセキュリティガイドラインはサイバー攻撃から企業を守る観点で，経営者が認識すべき原則などをまとめたガイドラインです。

この他に**中小企業の情報セキュリティガイドライン**もあり，これに沿ってセキュリティ対策を進める取り組みとして**SECURITY ACTION**制度が制定されました。中小企業自らが，情報セキュリティ対策に取り組むことを自己宣言する制度です。取り組み目標に応じて「★一つ星」と「★★二つ星」のロゴマークがあり，ポスター，パンフレット，名刺，封筒，会社案内，ウェブサイトなどに表示して，自らの取り組みをアピールすることができます。

個人情報保護法

出るとこ！

個人情報保護法は，本人の意図しない個人情報の不正な流用や，個人情報を扱う事業者がずさんなデータ管理をしないように，個人情報を取り扱う事業者が守るべき義務を規定した法律です。

「個人情報」とは**特定の個人を識別できる**情報で，氏名や住所はもちろん，顔写真や話者が識別できる通話記録の音声なども含みます。

関連用語

個人識別符号：個人情報保護法により「個人情報」と位置付けられる次の符号。
① 指紋データや顔認識データのような個人の身体の特徴を電子計算機のために変換した符号。
② 旅券番号や運転免許証のような個人に割り当てられた文字，番号，記号など。

この法律では，個人情報を取り扱う際に次の事項を守るよう定められています。

- **利用目的**を本人に明示した上で，本人の**了解**を得て情報を取得すること
- 流出・盗難・紛失を防止すること
- 本人が**閲覧**可能なこと
- 本人の申し出により**訂正**を加えること
- 同意なき目的外利用は本人の申し出により**停止**できること

個人情報取扱事業者は，「個人情報データベース等を事業の用に供してい

chapter 6 企業と法律

る者をいう」と定義されています。

2017年5月に改正個人情報保護法が施行され，個人情報を含む情報を業務に使用しているすべての組織は個人情報取扱事業者として扱われます。中小企業でも，自治会などの非営利組織でも，同様です。特に届け出などをしなくとも，法令遵守の義務を負うわけです。ただし，国の機関，地方公共団体，独立行政法人，地方独立行政法人については，この規定の対象外としています。

2020年6月，個人情報保護法改正案が国会で成立しました。この改正により，ビッグデータを利活用するためのルールとして，これまでの匿名加工情報のほか，仮名加工情報が新設されました（2022年施行）。

匿名加工情報とは，特定の個人を識別することができないように個人情報を加工し，その個人情報を復元できないようにした情報です。また，**仮名加工情報**とは，他の情報と照合しない限り特定の個人を識別することができないようにした情報です。違いが分かりにくいのですが，絶対に元の個人情報が分からないのが**匿名化**，追加の情報や処理により元の個人情報に戻せるのが**仮名化**と考えていいでしょう。

いずれも，一定のルールの下で個人情報の利活用を促進することを目的としています。また今回の改正によりCookieの利用時に本人の同意が必要になったり，自分の個人情報の消去を求める**消去権**が強化されたり，と規制が強化・追加された面もあります。

関連用語

要配慮個人情報：本人の人種，信条，社会的身分，病歴，犯罪の経歴，犯罪により害を被った事実その他本人に対する不当な差別，偏見その他の不利益が生じないようにその取扱いに特に配慮を要するものとして政令で定める記述などが含まれる個人情報のこと。

プロバイダ責任制限法

プロバイダ責任制限法はインターネット上で公開された情報が著作権やプライバシーなどの権利を侵害した場合の，プロバイダの責任範囲などを規定した法律です。この法律により，法や諸権利に抵触する悪質な書き込みがあった場合にその被害者は，プロバイダへ情報の削除を依頼できます。削除依頼を受けた**プロバイダ**は，適切な措置をとった後で，当の情報を非公開にしたり削除したりといった措置をとることができます。

電子署名法

電子署名法は，電子署名の付された電磁的記録が手書きの署名や押印の付された文書と同等に通用する法的基盤の確立のための法律です。

刑法

刑法はどのような行為が犯罪となり，その犯罪にどのような刑罰が科されるかを定めた法律です。

コンピュータデータの改ざんがあった場合，詐欺罪や文書偽造の罪に該当するため，刑法246条の2「電子計算機使用詐欺罪」や161条の2「電磁的記録不正作出及び供用罪」で処罰されます。

また2011年の刑法改正により，いわゆるコンピュータ・ウイルスの作成，提供，供用，取得，保管行為が罰せられることになりました。通称**ウイルス作成罪**，正式には，168条の2及び168条の3にある「不正指令電磁的記録作成罪」とよばれています。作成だけでなく，取得したり保管したりすることも，法に触れることになります。

電子帳簿保存法

電子帳簿保存法は，各税法で保存が義務付けられている帳簿・書類を電子データで保存するためのルールなどを定めた法律です。法律自体は1998年から施行され，何度か改正されています。2022年の改正により，電子取引によって受領した書面の印刷保管は不可とされ，電子データとして保管することが義務付けられました。ただし2021年12月に方針が転換され，2023年12月31日までは経過措置として，電子取引で受領した書類についても印刷保管が許容されます。

section
6.3 その他の関連法規

ここがポイント！
- 「その他」ならなんでもありですが（笑）
- 出題が多いのは労働者派遣法です
- 委任契約と請負契約の違いを把握しておきましょう

労働者派遣法

労働者派遣法とは，特に派遣で働くスタッフの権利を守るため，派遣会社や派遣先企業が守るべきルールが定められている法律です。 出るとこ！

パス美さんは，派遣会社であるABCスタッフに登録し，そこからの紹介によりXYZ商会で働くことになりました。アルバイトと派遣の最も大きな違いは，「雇用形態」です。アルバイトは勤務先の企業の募集に直接応募して，採用選考の末，**直接雇用契約**を結びます。一方，パス美さんのような派遣スタッフは派遣会社（**派遣元**）であるABCスタッフと雇用契約を結びますが，そこからの紹介によりXYZ商会（**派遣先**）で働きます。つまり，パス美さんは，ABCスタッフと**労働契約**を結び，XYZ商会の**指揮命令**に従って労働に従事することになります。ABCスタッフとXYZ商会の間では**派遣契約**が結ばれています。

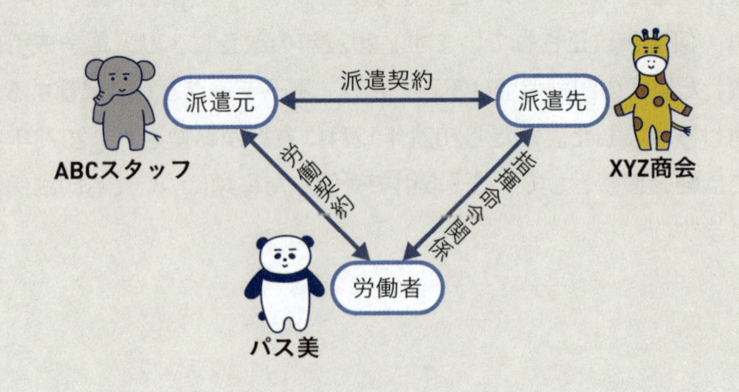

以下に労働者派遣法における留意点を挙げます。

- **二重派遣**の禁止：派遣されてきた労働者をさらにほかの企業に派遣することは禁じられています。
- 派遣期間：原則として，最長**3年**となっています。
- 派遣先事業者の責任：派遣先事業者は，派遣先責任者を任命し，管理台帳の作成・苦情処理・連絡調整といった**管理業務**を行わなければなりません。
- 日雇派遣の禁止：労働契約の期間が**30日以内の短期**の派遣は原則禁止されています。
- 派遣労働者を特定する行為の禁止：派遣先企業が派遣労働者を選別すること（特定行為）を禁止しています。具体的には，労働者派遣に先立って面接を行ったり，履歴書の提出を求めることや，派遣する労働者を若年者に限定したり性別を限定することは禁止です。

関連用語

労働契約法：労働契約の基本原則，労働契約の締結，労働契約と就業規則の関係，解雇など，労働契約の開始，継続から終了にいたる労働関係の様々な場面に関わるルールをまとめた法律。2012年8月の改正（施行は2013年4月）に伴い，有期労働契約が通算で**5年**を超え反復更新された場合には，労働者の申込みに基づき，**無期労働契約**へ転換される仕組みが導入されている。

労働基準法

労働基準法は労働時間，休憩，休暇など労働条件の最低ラインを定めた法律です。内容としては非常に多岐にわたる法律ですが，例えば次のような基準を設けています。

- 労働時間：使用者は，労働者に，休憩時間を除いて1日に**8**時間，1週間に**40**時間を超えて労働させてはなりません。
- 休日：使用者は毎週少なくとも**1日**の休日か，4週間を通じて**4日**以上の休日を与えなければなりません。

マイナンバー法

国民全員に1人1つの12桁のマイナンバー（個人番号）を付して，「社会保障」「税」「災害対策」の分野で効率的に情報を管理し，複数の機関に存在する個人の情報が同一人の情報であることを確認する制度です。2023年の改正により，利用の促進が図られています。

マイナンバーカードはマイナンバーが記載された顔写真付のカードです。本人確認のための身分証明書として利用できる他，自治体サービス，e-Tax（イータックス）などの電子証明書を利用した電子申請などに利用できます。2021年10月からは保険証としても利用することが認められています（ただし，マイナンバーカードに対応したカードリーダーの導入が済んだ医療機関や薬局が対象）。

マイナポータルは，政府が運営するオンラインサービスです。子育てや介護をはじめとする行政手続がワンストップでできたり，行政機関からのお知らせを確認できたりします。

国家戦略特区法

国家戦略特区法は「産業の国際競争力の強化」「国際的な経済活動の拠点の形成の促進」を目的として，地域や分野を限定することで，大胆な規制・制度の緩和や税制面の優遇を行う規制改革制度です。分かりにくいのですが，「カジノ特区」を例に挙げればピンとくるでしょう。日本では公営以外のギャンブルは禁じられていますが，「カジノ特区を設ける」ということであれば，法律を変えずにカジノの設置が認められます。ごく地域を限定して特例の改革を行うのであれば，国家戦略特区は有効なのです。

官民データ活用推進基本法

国，自治体，独立行政法人，民間事業者などが管理するデータを活用するための法律です。2016年12月に施行されました。行政機関に関わる申請，届出などの手続きを原則オンラインで実施できるよう措置を講ずる，多様な分野において横断的に官民データを活用できる基盤を整備する，マイナンバーカードの普及・活用計画，研究開発の推進，人材育成，普及啓発などを行うといった施策が定められています。

デジタル社会形成基本法

2021年9月1日に施行された，デジタル社会の形成に関して，基本理念や施策策定の基本方針，国・自治体・事業者の責務，デジタル庁の設置，重点計画の作成について定めた法律です。同時に施行されたデジタル庁設置法に基づいて**デジタル庁**が発足しています。

消費者のための関連法規

金融商品取引法

企業内容などの開示制度の整備や，金融商品取引業を行う者に関し必要な事項を定めることで，有価証券の発行および金融商品などの取引などが公正に行われることを目的とした法律です。

金融商品は，銀行預金とは異なり，大きな利益が得られる反面，大きな損失が発生することもあります。だからこそ，公正公平な取引となるよう厳正に規約として定めているのです。いくつかのルールが定められていますが，一つ挙げると「顧客の知識，経験，財産の状況，取引の目的に照らして，適切な勧誘を行わなければならない」というものです。金融商品に関する知識の乏しい個人投資家に対して，「これは絶対儲かります」などといった勧誘をしてはいけない，ということです。

PL法（製造物責任法）

製造物の欠陥によって生命，身体または他の財産に損害を被った場合に，被害者が製造業者などに対して損害賠償を求めることができることを定めた法律です。ドライヤーを普通の使い方をしていたのに，火傷しちゃったなどというときに頼りになる法律です。

ソフトウェアは無体物であり，この法律の対象とはなりません。ただし，ソフトウェアを組み込んだ製造物についてはこの法律の対象と解される場合があります。

リサイクル法

再生資源の利用促進のための基本方針を定め，廃棄物などの分別回収・再資源化・再利用の促進を求めている法律です。適切な分別と再利用は地球環境にとって重要です。

関連用語

PCリサイクル法：家庭で不用になったパソコンやディスプレイなどの回収と再資源化をパソコンメーカに義務付ける法律の通称。2003年に施行された改正資源有効利用促進法のパソコンに関する追加条項を指す。キーボードやマウス，プリンターなどの周辺機器は対象外。

特定電子メール法（迷惑メール対策法）

広告や宣伝といった営利目的に送信される電子メールに関する法律です。特定電子メールは同意が得られた受信者にだけ送信をすることが認められ，送信者には，氏名や名称および電子メールアドレスなどの表示義務があります。

関連用語

オプトイン：事前に配信の**許可**を得ている方式。2008年12月1日に施行された迷惑メール対策関連の改正法により，広告・宣伝メールなどの送信が，それまでのオプトアウト方式からオプトイン方式に変更された。

オプトアウト：許可なしでメールを配信し，配信後，受信者が能動的に拒否する仕組み。または，その行動。メールの送信は原則自由で，受け取りたくない受信者は個別に受信拒否通知をする形になる。

情報公開法

国の行政機関が保有する情報を公開・開示するための請求手続きを定めた法律です。正式名称を「行政機関の保有する情報の公開に関する法律」といいます。情報公開は誰でも請求することができます。開示を求める文書があれば「行政文書開示請求書」に必要事項を記載の上，手数料300円とともに情報公開を求める行政機関などに提出します。特に問題がなければ30日以内に開示されるか否かが決定される仕組みになっています。

取引のための関連法規と関連用語

公益通報者保護法

事業者内部からの通報（いわゆる内部告発）者を保護するための法律です。ここで保護の対象となるのは，パートやアルバイトも含めたすべての労働者です。ただし，通報内容が勤務先に関わるものであることが条件で，私的な通報は保護対象とはなりません。2022年の改正により，内部通報に適切に対応するために必要な体制の整備義務や内部調査に従事する者の情報の守秘義務が追加されました。

資金決済法

資金決済サービスの拡充や適切な運営を目的として制定された法律です。送金などの為替取引は，銀行などの金融機関だけに認められていましたが，同法の規定に従い登録を行った資金移動業者にも，少額に限って認められます。電子マネー，プリペイドカード，○○payなど支払い手段が多様化していることをふまえての法整備といえます。

委任契約と請負契約

委任契約（正確にはシステム開発業務の場合は**準委任**）は，仕事や製品の完成が目的ではなく，契約で合意した内容を実現するための作業を**遂行**することを目的とする契約です。

請負契約は，契約で合意した内容を実現することが契約の目的で，契約を完了するためには，合意した内容を**完成**させる必要があります。

法律は難しいなあ。

請負契約は完成責任があります。例えでいえば，工務店が家を建てるイメージです。準委任契約はベストを尽くすことが求められるけど，完成責任はないの。例えばお医者さんの診療とか，塾での成績アップとか。

なるほど。システム開発では，「製造（プログラミング）」は請負で，「要件定義」は準委任で契約することが多いということですね。

NDA（Non-Disclosure Agreement）

秘密保持契約。取引や交渉に際して相手方から一般に公開されていない秘密の情報を入手した場合，それを公開したり第三者に渡したりしないことを求める契約です。

独占禁止法

企業の活動をルールとして定めたもので，「自由な競争を促進し，経済の効率化運営を実現する」ことを目的としています。私的独占・入札談合・価格カルテルなどを禁じた法律です。

デジタルプラットフォーム取引透明化法（特定デジタルプラットフォームの透明性及び公正性の向上に関する法律）

長い名前ですね…。2020年に可決成立，2021年2月に施行された新しい法律です。巨大IT企業に取引の透明化を求める法律です。

section
6.4 標準化

ここがポイント！
- **番号と何の規格かを丸暗記すればOKです**
- **標準化団体も数多くあることを知りましょう**

標準化とガイドライン

企業社会では「標準化」は重要なテーマの一つです。A社とB社でデータのやりとりをしようと思っても，A社とB社がそれぞれ異なるやり方で行う，と主張していたのではやりとりはできません。複数の企業や利害関係者間における利便性や意思疎通を目的として，物事や事柄を統一したり，単純化，秩序化したりすることは，特にコンピュータと通信の世界では不可欠です。

標準化は，**ISO**（アイエスオー）（国際標準化機構）や**JIS**（ジス）（日本産業規格）など，利害関係が絡まない**標準化団体**で策定する場合もあれば，メーカ内部で独自に策定する場合もあります。企業は，標準化団体が示した様々なガイドラインに従って，経営活動を行っています。

ここでは，代表的なガイドラインについて説明します。いずれもISO版とJIS版があります。各規格には，それぞれの要求事項を満たしていることを保証するために，第三者機関である**審査登録機関**が設けられています。組織が規格認証を受けるには，この機関による審査登録を受ける必要があります。

関連用語

フォーラム標準：特定の標準の策定に関心を持つ複数の企業が会議（フォーラム）における合意によって形成する標準。IEEE（アイトリプルイー）（米国電気電子学会）が定めるLANの規格などがこれに当たる。

ISO 9000シリーズ／JIS Q 9001

品質マネジメントシステムに関する規格群です。業務を進めていく上でどのように品質を保証していくか，また，品質マネジメントシステムをどのように継続的に改善していくかについて定めた国際規格です。

ISO 14000シリーズ／JIS Q 14001

環境マネジメントシステムに関する規格群です。エネルギー消費や騒音対策，産業廃棄物など，企業などの組織活動が環境に及ぼす影響を最小限に抑えることを目的に定められています。

JIS Q 15001

個人情報保護マネジメントシステムに関する規格群です。この要求を満たし，個人情報保護に関して適切な処置を行っていると判断される事業者には，財団法人日本情報処理開発協会（JIPDEC）により**プライバシーマーク**の使用が認可されます。

ISO 26000シリーズ

官民両セクターにおける**社会的責任**に関する国際規定です。取り扱うテーマは組織統治，人権，労働慣行，環境，公正な事業慣行，消費者課題，コミュニティへの参画およびコミュニティの発展の７つとされています。国や地域，組織規模に関係なくあらゆる組織で自主的に活用されるよう作られた手引きであり，従来のISO規定にある要求事項がなく，認証規定としては用いられていません。

ISO 27000シリーズ／JIS Q 27001

組織の**情報セキュリティマネジメントシステム**に関する規格群です。「2.6 情報セキュリティ管理」にある**ISMS**を維持・管理するための手順や方法が書かれた規格と考えましょう。

JIS Q 38500

情報技術に関する**ITガバナンス**（10.1参照）の規格です。組織の経営陣のため，組織内で効果的，効率的および受入れ可能なIT利用に関する原則について規定しています。

ISOとJISって同じものですか？

JISは「日本産業規格」です。ISOは国際規格なので原文は英語，フランス語です。それでは分からないから日本語に翻訳して，JISとして発行された規格が多い。でも，JIS Q 15001のようにISOの翻訳ではない規格もあります。

標準化団体

コンピュータや通信関係で，規格や標準を定めている様々な団体があります。

IEEE（Institute of Electrical and Electronics Engineers）

（アイトリプルイー）

米国電気電子学会です。コンピュータや通信などの電気・電子技術分野における規格の標準化に大きな役割を果たしています。有線LANの規格であるIEEE802グループや無線LANの規格であるIEEE802.11グループなどが国際標準規格となっています。

ICANN（Internet Corporation for Assigned Names and Numbers）

インターネットのドメイン名やIPアドレスの割り当てなど，各種資源を全世界的に調整・管理することを目的とする民間の非営利法人です。

IEC（International Electrotechnical Commission）

国際電気標準会議。電気・電子技術分野における規格の標準化を行っている国際機関です。ISOと共同で策定した規格には「ISO/IEC XXXX」という名前がついています。

ITU（International Telecommunication Union）

国際電気通信連合。国際連合の専門機関の一つです。電波の国際的管理，通信の世界的拡充と円滑化を目的としています。ITU勧告として，電話，FAX，テレビ，インターネットなど，日常生活で使われている電気通信や放送技術に関わる国際標準規格を定めています。

いろいろなコード

JANコード

いわゆるバーコードです。国際的な商品識別コードであるEANコードの国内用規格となっています。一般的に13桁の数字から成り立ちます。JANコードで使える文字は0から9までの数字のみです。

1～2桁目：国コード（日本は45と49）
3～9桁目：メーカコード
10～12桁目：商品コード
13桁目：**チェックディジット**（他の桁から計算によって求められるチェック用の数字）

QRコード

1994年にデンソーが開発した二次元コードです。縦横に情報を持っているため，格納できる情報量が多く，数字だけでなく英字や漢字など多言語のデータも格納することが可能です。また3隅の四角い位置検出パターンによって360度読み取れます。近年では，QRコードを利用した決済が広がっています。

章末問題

問題

問1

重要度 ★★★ [令和5年　問2]

問　次のa～cのうち，著作権法によって定められた著作物に該当するものだけを全て挙げたものはどれか。

a　原稿なしで話した講演の録音
b　時刻表に掲載されたバスの到着時刻
c　創造性の高い技術の発明

ア　a　　**イ**　a，c　　**ウ**　b，c　　**エ**　c

問2

重要度 ★★★ [令和4年　問14]

問　市販のソフトウェアパッケージなどにおけるライセンス契約の一つであるシュリンクラップ契約に関する記述として，最も適切なものはどれか。

ア　ソフトウェアパッケージの包装を開封してしまうと，使用許諾条件を理解していなかったとしても，契約は成立する。
イ　ソフトウェアパッケージの包装を開封しても，一定期間内であれば，契約を無効にできる。
ウ　ソフトウェアパッケージの包装を開封しても，購入から一定期間ソフトウェアの利用を開始しなければ，契約は無効になる。
エ　ソフトウェアパッケージの包装を開封しなくても，購入から一定期間が経過すると，契約は成立する。

問3

重要度 ★★★ [令和5年　問15]

問　パスワードに関連した不適切な行為a～dのうち，不正アクセス禁止法で規制されている行為だけを全て挙げたものはどれか。

a　業務を代行してもらうために，社内データベースアクセス用の自分のIDとパスワードを同僚に伝えた。
b　自分のPCに，社内データベースアクセス用の自分のパスワードのメモを貼り付けた。
c　電子メールに添付されていた文書をPCに取り込んだ。その文書の閲覧用パスワードを，その文書を見る権利のない人に教えた。
d　人気のショッピングサイトに登録されている他人のIDとパスワードを，無断で第三者に伝えた。

ア　a，b，c，d　　**イ**　a，c，d　　**ウ**　a，d　　**エ**　d

問4

重要度 ★★★ [令和3年　問12]

問　労働者派遣に関する記述a～cのうち，適切なものだけを全て挙げたものはどれか。

a　派遣契約の種類によらず，派遣労働者の選任は派遣先が行う。
b　派遣労働者であった者を，派遣元との雇用期間が終了後，派遣先が雇用してもよい。
c　派遣労働者の給与を派遣先が支払う。

ア　a　　**イ**　a，b　　**ウ**　b　　**エ**　b，c

問5

重要度 ★★★ [令和4年　問5]

問　NDAに関する記述として，最も適切なものはどれか。

ア　企業などにおいて，情報システムへの脅威の監視や分析を行う専門組織
イ　契約当事者がもつ営業秘密などを特定し，相手の秘密情報を管理する意思を合意する契約

ウ　提供するサービス内容に関して，サービスの提供者と利用者が合意した，客観的な品質基準の取決め
エ　プロジェクトにおいて実施する作業を細分化し，階層構造で整理したもの

問6

重要度 ★★★　[令和5年　問22]

問　資金決済法における前払式支払手段に該当するものはどれか。

ア　Webサイト上で預金口座から振込や送金ができるサービス
イ　インターネット上で電子的な通貨として利用可能な暗号資産
ウ　全国のデパートや商品などで共通に利用可能な使用期限のない商品券
エ　店舗などでの商品購入時に付与され，同店での次回の購入代金として利用可能なポイント

問7

重要度 ★★★　[令和3年　問2]

問　国際標準化機関に関する記述のうち，適切なものはどれか。

ア　ICANNは，工業や科学技術分野の国際標準化機関である。
イ　IECは，電子商取引分野の国際標準化機関である。
ウ　IEEEは，会計分野の国際標準化機関である。
エ　ITUは，電気通信分野の国際標準化機関である。

問8

重要度 ★★★　[令和5年　問10]

問　フォーラム標準に関する記述として，最も適切なものはどれか。

ア　工業製品が，定められた品質，寸法，機能及び形状の範囲内であることを保証したもの
イ　公的な標準化機関において，透明かつ公正な手続きの下，関係者が合意の上で制定したもの
ウ　特定の企業が開発した仕様が広く利用された結果，事実上の業界標準になったもの
エ　特定の分野に関心のある複数の企業などが集まって結成した組織が，規格として作ったもの

解答・解説

問1　[令和5年　問2]

解答　ア

解説　**著作権法**による著作物とは，「思想または感情を創作的に表現したものであって，文芸，学術，美術または音楽の範囲に属するもの」とされています。

a　原稿がなくとも，講演を録音したものは著作物になります。
b　バスの到着時刻は，創作性がありませんから，著作物になりません。
c　発明はアイデアや思想であって，「表現したもの」ではありません。また，発明は特許権によって保護されます。

以上から，aだけが著作物に該当します。

問2　[令和4年　問14]

解答　ア

解説　**シュリンクラップ契約**とは，ソフトウェアのパッケージ製品の購入者が，プログラムの記録されたメディアの封を破いて取り出した時点で使用許諾契約に同意したものとみなす契約方式です。シュリンクラップとは，箱やケースに密着して全体を覆う透明な包装です。一般的な意味では生鮮食品のトレー包装などに使用される業務用ラップフィルムも意味します。

ア　適切な記述です。
イ　原則として開封後に契約を無効にすることはできません。
ウ　開封時に契約が成立します。
エ　開封しなければ契約は成立しません。

問3　[令和5年　問15]

解答　エ

解説　**不正アクセス禁止法**とは,「アクセス権限のないコンピュータを不正に利用する行為」を禁止する法律で, 2000年に施行されています。この法律でいう不正アクセスとは, サーバやSNS, 情報システムなどに本来権限を持たない人が勝手にアクセスすることです。他者のID・パスワードなどを使ってなりすます場合や, コンピュータのセキュリティホールを利用して内部に侵入する行為を指します。また, 不正アクセスを助長する行為として, 正当な理由がないのに他人のIDやパスワードを第三者に教えることも禁止しています。

a　自分のIDやパスワードを他人に提供することは禁止されません。
b　セキュリティ上の問題はありますが, 不正アクセス禁止法で禁止されている行為にはなりません。
c　セキュリティ上の問題はありますが, 不正アクセス禁止法で禁止されている行為にはなりません。あくまでも, 不正なアクセスもしくは他者の認証情報を教える行為を禁止しています。
d　不正アクセス禁止法の不正アクセスを助長する行為に該当します。

不正アクセス法で規制される行為はdだけです。

問4　[令和3年　問12]

解答　ウ

解説

a　不適切です。派遣元と派遣先企業が結ぶ派遣契約は, 労務の提供を目的とする契約であって, 特定の労働者を派遣する契約ではありません。どの労働者を派遣するかは, 派遣元が労働者の能力を評価して判断するため, 派遣先企業が派遣労働者を選ぶことはできません。
b　適切です。労働者派遣法では, 正当な理由がない限り, 派遣会社は, 派遣期間終了後, 派遣先の会社が派遣社員を採用することを妨害・禁止することはできないと定めています。
c　不適切です。労働者派遣においては, 派遣労働者の雇用主は派遣元事業主であることから, 派遣労働者の賃金は派遣元が支払います。

問5　[令和4年　問5]

解答　イ

解説　NDA（Non-Disclosure Agreement：秘密保持契約）は，取引を行う上で知った相手方の営業秘密や顧客の個人情報などを取引の目的以外に利用したり，他人に開示・漏えいしたりすることを禁止する契約のことです。

ア　SOC（Security Operation Center）に関する記述です。
イ　適切な記述です。
ウ　SLA（Service Level Agreement）に関する記述です。
エ　WBS（Work Breakdown Structure）に関する記述です。

問6　[令和5年　問22]

解答　イ

解説　資金決済法は，商品券やプリペイドカードなどの金券や，銀行業以外による資金移動業について規定する法律です。この法律で定める前払式支払手段とは，商品券・ギフト券，旅行券，プリペイドカード・ギフトカード，電子マネーなど，利用者から前払いされた対価をもとに発行される有価証券のことです。

ア　資金移動業に該当します。
イ　暗号資産も財産的な価値がありますが，金額等の財産的価値が券面に記載されているか，ICチップ・サーバなどに記録されているという前払式支払手段の要件を満たしていません。
ウ　適切な記述です。
エ　記載または記録されている金額（○円）や数量（例：お米○kg）に応じた対価を得て発行されるという前払式支払手段の要件を満たしていません。

問7　[令和3年　問2]

解答　エ

解説

ア　ICANN（Internet Corporation for Assigned Names and Numbers）は，ドメイン名，IP アドレスなどのインターネット資源を民間主導でグローバルに調整する目的で，1998年10月に米国で設立された民間の非営利法人です。IPアドレスが世界中で重複しないように管理しています。工業や科学技術分野の国際標準化はISOの役割です。

イ　IEC（International Electrotechnical Commission：国際電気標準会議）は，電気および電子技術分野の国際規格の作成を行う国際標準化機関で，各国の代表的標準化機関から構成されています。電子商取引分野は，日本では日本チェーンストア協会や全国銀行協会連合会が標準を定めています。

ウ　IEEE（Institute of Electrical and Electronics Engineers：米国電気電子学会）は，コンピュータや通信などの電気・電子技術分野における規格の標準化に大きな役割を果たしている専門家組織です。会計分野ではIASB（国際会計基準審議会）がIFRS（国際会計基準）を決定しています。

エ　適切な選択肢です。ITU（International Telecommunication Union：国際電気通信連合）は，電気通信に関する国際標準の策定を目的とした組織で，1947年から国連の組織として運営されています。加盟国は193ヵ国（2021年9月現在）で，本部はスイスのジュネーブにあります。

問8　[令和5年　問10]

解答　エ

解説

ア　日本産業規格（JIS）に関する記述です。

イ　デジュール標準（デジュールスタンダード）の説明です。日本のJIS規格や国際的なISO（国際標準化機構）規格などが該当します。

ウ　デファクト標準（デファクトスタンダード）に関する記述です。Windows，Photoshop，Microsoft Office，Google検索などが該当します。

エ　適切な記述です。フォーラム標準とは，特定の技術や製品分野などに関係する企業や専門家などが集まって業界団体（フォーラム）を組織し，その技術についての標準仕様を策定・提唱したものです。具体的には，電気・電子分野におけるIEEE（Institute of Electrical and Electronic Engineers）規格，インターネット技術におけるIETF（Internet Engineering Task Force）やW3C（World Wide Web Consortium）の規格などが該当します。

chapter

7

企業の戦略

ここでは経営戦略手法やビジネス分野における代表的なシステムについて学習します。競争の激化する経営環境においては，戦略を立てて情報を活用することが必須となってきています。変化の大きいジャンルなので，新聞などで最新の用語をチェックすることも重要です。

アクセスキー　2　（数字のに）

section
7.1 経営戦略

ここがポイント！

- 分析手法ではPPMが最もよく出題されます
- 軸を変えて出題されるので，「場所」でなく「意味」で覚えましょう
- 最近はイノベータ理論も出題が多いです

経営戦略とは

経営戦略は，**企業が自らの目標を達成するための指針や構想**です。経営戦略を立案するためには，今どのような分野，どのような製品に重点を置くべきかを慎重に検討する必要があります。自社・他社・市場・事業環境などの分析とそれに基づく判断のために様々な手法が用いられています。

マーケティング（営業，販売促進）活動には，ワンツーワンマーケティング，ニッチマーケティング，マーケティングミックスなどがあります。

経営情報分析

経営情報分析とは，各種のデータによって会社の経営状態を分析し，その分析結果によって問題点を見つけ出し，今後の対策のために行う，いわば会社の健康診断です。代表的なものとしてPPM分析，SWOT分析，CSF分析，バランススコアカードなどがあります。

PPM分析

PPM分析（Products Portfolio Management：プロダクトポートフォリオ分析）は，商品について**市場成長率**と**市場占有率**（**シェア**）を2軸にとって4つの象限に分割し，商品がそのいずれに属するかに従い経営資源の配分や優先順位の決定に役立てようとする市場戦略分析手法です。

出るとこ！

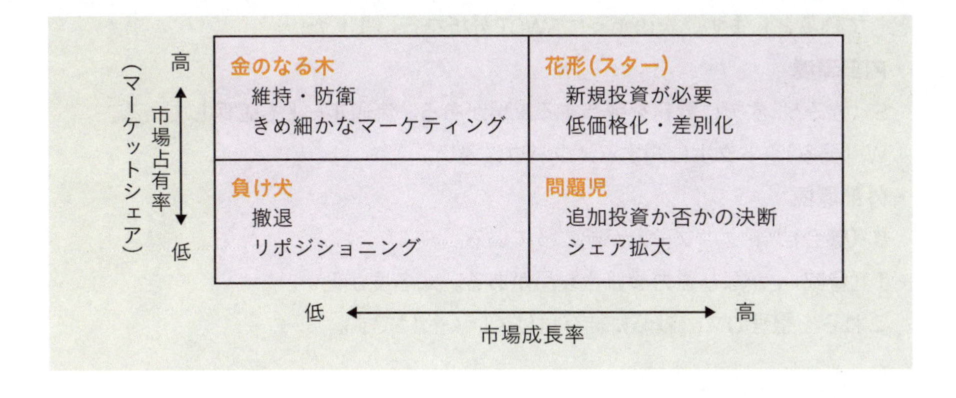

一番儲かるのは**金のなる木**です。ウーロン茶といえばある社の製品が思い浮かぶというように，何もしなくとも消費者が手に取ってくれるからです。

花形（**スター**）は，すでに脚光を浴びていますが，競争が激しく，シェアを維持するためには常にキャンペーンや広告を打たねばなりません。

問題児は，市場が成長しているのに自社のシェアが低いので，金食い虫となります。ただしこの事業は将来のスター候補なので，じっくりと育てていくという方向性もあります。

負け犬は撤退の対象となりますが，徹底した合理化などにより他社が撤退するまで生き残れれば「金のなる木」になり得る事業です。

SWOT分析

SWOT分析（スウォット）は，組織のビジョンや戦略を企画立案する際に利用する現状を分析する手法の一つです。SWOTは，Strength（**強み**），Weakness（**弱み**），Opportunity（**機会**），Threat（**脅威**）の頭文字を取ったものです。様々な要素をこの4つに分類し，マトリクス表にまとめることにより，問題点が整理されます。

		外部環境	
		機会(Opportunity)	脅威(Threat)
内部環境	強み(Strength)	積極的攻勢	差別化戦略
	弱み(Weakness)	段階的施策	専守防衛または撤退

例えば，ある飲料メーカがトクホ（特定保健用食品）の飲料に進出しよう

chapter 7 企業の戦略

としているとします。次のようにSWOT分析を行いました。

- **内部環境**

  S（強み）：すでに飲料を製造する工場がある。流通ルートも確保している。

  W（弱み）：トクホに関するノウハウに薄い。

- **外部環境**

  O（機会）：トクホブームが起こっている。

  T（脅威）：かなり強力な競合製品がある。知名度が低い。

  これらを整理して，戦略に結び付けていくわけです。

CSF分析

CSF（Critical Success Factor）**分析**とは，経営目標（**KGI**：Key Goal Indicator）に対する重要成功要因のことです。「競争優位を確立するためには，何ができればよいか」を明確にしたもので，要するに「これとこれが実現できれば，他社と差別化することになり，自分の企業は成功できる」という決め手を明らかにする分析手法です。

例えば小売業においてKGIとして「着実な売上の増加」を掲げたときに，CSFとして「優良顧客の維持」を設定したとします。その達成度を評価するためには「優良顧客の分類」「優良顧客の増減」などを把握できる分析手法が必要となります。そこでファイブフォース分析（後述）を行う，といった流れでビジネス戦略を立案していくことになります。

バランススコアカード

バランススコアカード（**BSC：Balanced Score Card**）出るとこ！は従来の財務の視点のみを重視する評価システムではなく，顧客の視点，業務プロセスの視点，学習と成長の視点という**4つの視点**から企業の現在と将来の橋渡しをする戦略策定手法です。

財務の視点	売上高の向上，利益の向上，コストの低減
顧客の視点	受注件数向上，クレームの低減，口コミ評価のアップ
業務プロセスの視点	開発期間の短縮，無理や無駄のないやり方
学習と成長の視点	従業員定着率の向上，営業スキル研修実施

ファイブフォース分析

ファイブフォース分析は，特定の業界の特徴や収益構造を分析し，事業戦略を練るための手法です。フォースは「脅威」という意味です。企業の競争要因（脅威）を5つに分類し，これを分析することによって，企業の競争優位性を決める構造を明らかにしていきます。

5つの競争要因（脅威）とは以下の5つです。

- 既存同業者との敵対
- 新規参入企業の脅威
- 代替品の脅威
- 売り手の交渉力
- 買い手の交渉力

関連用語

ベンチマーキング：企業などが自らの製品や事業，組織，プロセスなどを他社の優れた事例を指標として比較・分析し，改善すべき点を見出す手法。

経営戦略

経営戦略は目標達成のための指針や構想だと書きましたが，これについても様々な考え方があります。特に他社との競争で優位な立場に立つために，どのような戦略を立てるかは重要です。

コアコンピタンス経営

コアコンピタンス経営は，他社にはまねのできない企業独自のノウハウ・技術などの強みに特化した経営のことです。

競争戦略

競争相手に対していかに優位に立つかという戦略を競争戦略といいます。次の3つの基本戦略に集約されます。

- **コストリーダーシップ**：低コストを実現することで優位に立つ
- **差別化**：自社の商品やサービスを他社とは違う特異なものと顧客に認知してもらう
- **集中**：特定の顧客セグメント，製品の種類，地域などに資源を集中させる

関連用語

ブルーオーシャン戦略：新しい価値を提供することによって，競争のない新たな市場を生み出す戦略。複数の企業が血みどろの競争を繰り広げている市場（**レッドオーシャン**）に対する用語。

バリューエンジニアリング（VE）：製品やサービスの「価値」を，機能とコストとの関係で把握し，システム化された手順によって最小の総コストで製品の「価値」の最大化を図る手法。

バリューチェーン：企業が提供する製品やサービスの付加価値が事業活動のどの部分で生み出されているかを分析するための考え方。

他社との提携や吸収合併に関する用語

その他，他社との提携や吸収合併に関する用語は次のとおりです。

用語	説明
アライアンス	企業同士の連携
BPO（Business Process Outsourcing）（アウトソーシング）	企業が自社の業務の一部を外部の専門業者に企画・設計・運営まで一括して委託すること。自社の管理部門やコールセンタなど特定部門の業務プロセス全般を委託する
オフショアアウトソーシング	アウトソーシングのうち，受託企業が**海外**に存在する形態
M&A（エムアンドエー）（Mergers and Acquisitions）	企業の**吸収と合併**の総称
TOB（Take-Over Bid）	**株式公開買付け**。買い取りたい株数，価格，期限などを公告して不特定多数の株主から株式市場外で株式を買い集めること
MBO（Management Buyout）	経営権の取得を目的として，経営陣や幹部社員が親会社などから株式や営業資産を買い取ること
垂直統合	自社の仕入先，あるいは販売先とのM&Aやアライアンスを行うことで，事業領域の拡張を行うこと
水平統合	同一業種の他社とのM&Aもしくはアライアンスを行うことで，主にスケールメリットによるコスト優位を狙う事業展開
ジョイントベンチャ	複数企業が共同で出資を行い，新規事業を立ち上げること。合弁企業

マーケティング活動

商品がより売れるように，調査・開発・製造・流通・広告宣伝などの活動を行うのがマーケティングです。

ワンツーワンマーケティング

過去には大量生産・大量販売によって製品1個当たりの単価を下げ，あらゆる顧客を対象に販売する**マスマーケティング**が主流でした。近年は情報技術を駆使して，顧客一人一人を把握し，長期にわたって自社製品やサービスを提供していこうという**ワンツーワンマーケティング**に移りつつあります。**顧客満足度**を高めることにより，収益を向上させていくという経営戦略によるものです。

ニッチマーケティング

ニッチとはすき間のことです。**ニッチマーケティング**は成熟した市場のすき間を狙って専門化を図る戦略です。

マーケティングミックス

マーケティングミックスは，様々なマーケティング要素を戦略的に組み合わせることです。売り手側の視点から見たマーケティング要素は**4P**という形で分類されます。4つのPとその具体例は次のものです。

- **Product**（製品）：製品，サービス，品質，デザイン，ブランド など
- **Price**（価格）：価格，割引，支払条件，信用取引 など
- **Place**（流通）：チャネル，輸送，流通範囲，立地，品揃え，在庫 など
- **Promotion**（プロモーション）：販売促進，広告，ダイレクトマーケティング など

紛らわしいのですが，3C分析という分析手法もあります。3C分析はマーケティング環境分析のフレームワークで，Customer（市場・顧客），Competitor（競合），Company（自社）の3つの頭文字を取ったものです。マーケティング環境を抜け漏れなく把握する手法です。

関連用語

プッシュ戦略：企業側から顧客に積極的に 製品・サービスをアピールしていき，売り込みによって多くの購入を促す戦略。

プル戦略：広告や店頭活動に力を入れ，製品やサービスの魅力を訴えることで，購買意欲を刺激し，最終的には消費者が指名買いをするように仕向ける戦略。

RFM分析

RFM分析は顧客の過去の購買実績を分析する手法です。次の指標を使用します。

- R（Recency：最新購買日）：いつ買ったか，最近購入しているか
- F（Frequency：購買頻度）：どのくらいの頻度で買っているか
- M（Monetary：累計購買金額）：いくら使っているか

Webマーケティング

Webマーケティングは，オンラインショップなどのWebサイト，Webサービスにより多くの消費者を“集客”し，サイト上に掲載された商品・サービスなどの購入を促すための活動です。Webマーケティングでは，どこから来て，どんな人が，どのページを，何回・何秒滞在したか，などの情報を見ることができます。つまり通常の紙やテレビ媒体と異なり，施策の結果をすべて数値で管理することが可能です。

関連用語

クロスメディアマーケティング：新聞や雑誌広告，Webサイトやメルマガ，テレビやラジオなどの様々なメディアを組み合わせて行う広告戦略。

インバウンドマーケティング：特定の商品に関心のあるユーザに，自ら関連情報を見つけてもらう手法。例えば，閲覧履歴を基に関連した商品の広告を表示させ，Webサイトへの訪問を促す「リターゲティング型広告」や，一定以上の関心があるユーザに定期的に情報を提供する「ブログ」「メルマガ配信」などがこの手法に該当する。

アンゾフの成長マトリクス

アンゾフの**成長マトリクス**とは，経営学者イゴール・アンゾフが提唱した，企業の事業ドメインを「製品が既存か新規か」「市場が既存か新規か」の2軸

で分けた4つの象限のことです。アンゾフは1965年に出版した『戦略経営論』（邦訳は1969年）において，事業を成長させる4つの戦略を提唱しています。

		市場 既存	市場 新規
製品	既存	市場浸透	市場開拓
製品	新規	製品開発	多角化

- **市場浸透**：市場と製品の両方が既存のものを販売し，事業拡大を目指す企業がとるべき戦略。商品の購入頻度や購入量に対してアプローチしていく。
- **市場開拓**：既存の製品で新しい市場に参入しようとする企業がとるべき戦略。参入しようとしている市場の見極めが大事となる。例えば，地理的に新しい市場やターゲットとする顧客が違う市場を開拓する。
- **製品開発**：既存の市場で新しい製品を販売し，事業拡大を目指す企業がとるべき戦略。新製品を既存のものとどう差別化するか，どう付加価値をつけるかなど製品自体やその周辺に対する戦略を練る。
- **多角化**：新しい市場で，新しい製品を販売していく企業がとるべき戦略。多角化には，水平型多角化，垂直型多角化，集中型多角化，集成型多角化の4つの種類があり，自社の状況に応じてどの多角化戦略が適当か考察する必要がある。

イノベータ理論

イノベータ理論は，新しい製品，サービスの市場への普及率を表したマーケティング理論です。普及の過程を5つの層に分類しており，それを基にマーケティング戦略，市場のライフサイクルについて検討することが推奨されています。

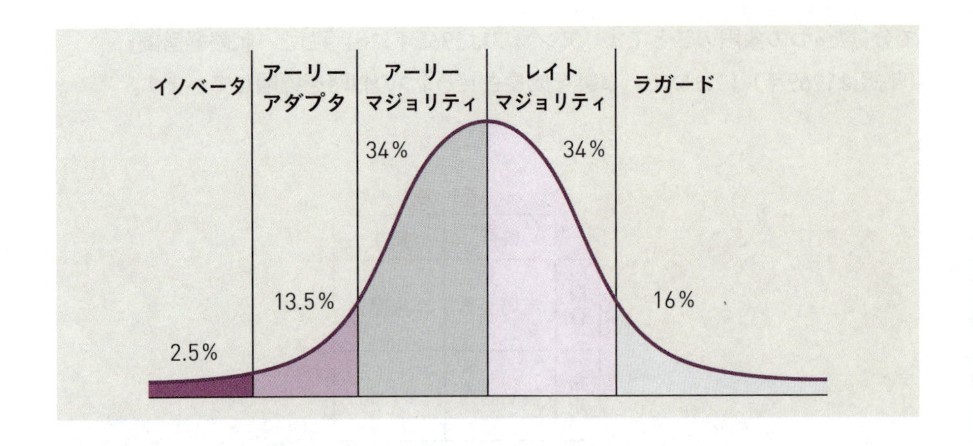

- **イノベータ**（革新者）
  最初に製品，サービスを採用する層です。情報感度が高く，新しいものを積極的に導入する好奇心を持った層です。割合にして市場全体の約2.5%がこのイノベータであるといわれています。
- **アーリーアダプタ**（初期採用者）
  イノベータほど急進的ではありませんが，これから普及するかもしれない製品やサービスにいち早く目をつけて，購入するユーザ層です。割合にして市場全体の約13.5%といわれています。アーリーアダプタは世間や業界のトレンドに敏感で，常にアンテナを高く張って情報を判断し，これから流行りそうなものを採用するので，世間や業界のオピニオンリーダーやインフルエンサーになりやすい層です。
- **アーリーマジョリティ**（前期追随者）
  情報感度は比較的高いものの，新しい製品やサービスの採用に慎重な層で，市場全体の34%程度を占めているといわれています。
- **レイトマジョリティ**（後期追随者）
  新しい製品やサービスについては消極的で，なかなか導入しない層です。アーリーマジョリティと同様に市場の34%程度を占めているといわれています。
- **ラガード**（遅滞者）
  市場の中でも最も保守的な層です。その製品やサービスがただ普及するだけではなく，伝統的，文化的なレベルまでその商品を採用することが一般的にならないと採用しません。市場全体の約16%を占めるといわれています。

関連用語

キャズム：新たな製品が世に出た際に，その製品が市場に普及するために越える必要のある溝。具体的には，イノベータ理論におけるイノベータ・アーリーアダプタの「初期市場」と，アーリーマジョリティからラガードまでの「メインストリーム市場」の間にある障害のことである。

技術開発戦略

企業の持続的発展のためには，技術開発に投資して**イノベーション**（技術革新：技術により新しい製品やサービスを生み出すこと）を促進する技術開発戦略が重要です。技術を事業に結び付けて経済的価値を創出するために戦略を立案し実行する**MOT**（Management of Technology：技術経営）という経営方針も広く知られています。

しかし，技術を基にしたイノベーションを実現するために，研究開発から事業化までのプロセスにおいては乗り越えなければならない障壁もあります。**魔の川**は，研究段階から開発段階に進む段階の壁です。技術を市場に結び付け，具体的なターゲット製品を構想する必要があります。**死の谷**は，開発段階から事業化段階に進む段階の壁です。商品を製造・販売して売上にまでつなげていくためには，資金や人材などの経営資源が必要になるからです。**ダーウィンの海**は，事業化段階と産業化段階の間に存在する壁です。事業を成功させるためには，多くのライバル企業との生き残り競争に勝つことが必要です。

ダーウィンって，あの進化論のですか？

そうです！　市場の競争に勝ち抜かないと生き残れない，自然淘汰が進化の原則ということからきています。

また大企業は，新興市場への参入が遅れる傾向にあります。大企業にとって新しい事業や技術は，規模が小さく魅力が薄く感じられるからでしょう。また自社の商品が自社の他の商品を侵食してしまう**カニバリゼーション**（共食い）という可能性もあります。これによって巨大企業が新興企業の前に力を失うことを**イノベーションのジレンマ**といいます。

変化を生み出していこうとするとき，現状からどんな改善ができるかを考えて，改善策をつみあげていくような考え方を**フォアキャスティング**（forecasting）といいます。それに対して未来の姿から逆算して現在の施策を考える発想が**バックキャスティング**（backcasting）です。

現在から未来を考えるのではなく，未来のあるべき姿から未来を起点に解決策を見つける思考法です。10年，20年といった長期的な目標実現や，現在の延長線上にはない未来の実現，「このままではいけない！」といった根本的な課題解決などに有効といわれています。

関連用語

オープンイノベーション：社外から新たな技術やアイデアを募集・集約し，革新的な新製品（商品）・サービス，またはビジネスモデルを開発すること。

技術のロードマップ：横軸に時間，縦軸に市場，商品，技術などを示し，研究開発への取り組みによる要素技術や，求められる機能などの進展の道筋を時間軸上に記載した図。

新しいビジネスモデル

ビジネスモデルとは，企業が売上や利益を生み出す仕組みのことです。インターネットとスマートフォンが，従来型のビジネスモデルを根本から覆したといわれています。現代はモノを作って売れば儲かるという時代ではなくなっています。

デザイン思考

デザイン思考とは，発生した問題や課題に対し，デザイン的な考え方と手法で解決策を見出す考え方を指します。デザイナーが新しいデザインを考えることを想像します。ファッションでも車でもいいでしょう。次の5つのステップを踏んで実行していきます。

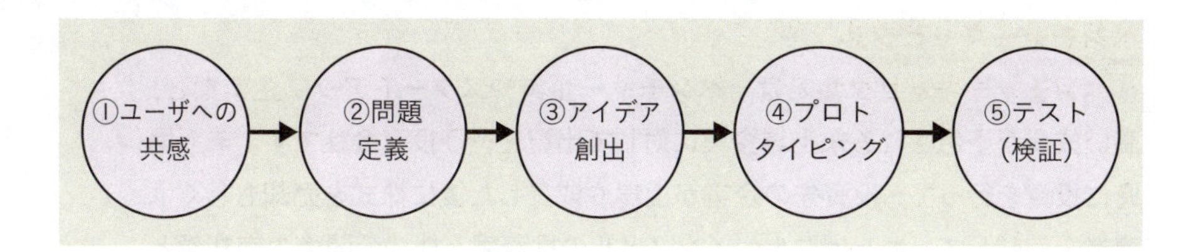

①ユーザへの共感：誰，つまりどんな人に向けてのデザインかをイメージする
②問題定義：ユーザが何に困っているかを明確にする
③アイデア創出：どんなものが受け入れられるかアイデアを出す
④プロトタイピング：実際に試作品を作ってみる
⑤テスト（検証）：試行錯誤を繰り返し，クォリティを上げる

関連用語

リーンスタートアップ：仮説を立てた上でまずは小さな規模でプロジェクトを実行し，効果検証を行いながら改善していく起業の手法。リーンは「無駄のない」，スタートアップは「起業」。

ビジネスモデルキャンバス

ビジネスモデルキャンバスとは，ビジネスモデルを9つの要素に分類し，それぞれが相互にどのように関わっているのかを図示したものです。通常A4用紙1枚に書きます。

ビジネスモデルキャンバスの要素は，顧客セグメント（CS），顧客との関係（CR），チャネル（CH），価値提案（VP），主要活動（KA），キーリソース（KR），キーパートナー（KP），コスト標準（CS），収益の流れ（RS）の9つです。

<table>
<tr><td rowspan="2">KP
キーパートナー</td><td>KA
主要活動</td><td rowspan="2" colspan="2">VP
価値提案</td><td>CR
顧客関係</td><td rowspan="2">CS
顧客セグメント</td></tr>
<tr><td>KR
キーリソース</td><td>CH
チャネル</td></tr>
<tr><td colspan="3">CS
コスト標準</td><td colspan="3">RS
収益の流れ</td></tr>
</table>

ベンチャーキャピタル

ベンチャーキャピタルとは，ベンチャー企業やスタートアップ企業など，高い成長が予想される未上場企業に対して出資を行う投資会社です。未上場時に投資を行って，投資先の企業が上場や成長した後に株式を売却もしくは事業を売却して，キャピタルゲイン（当初の投資額と株式公開後の売却額との差額）を得ることを目的としています。

CVC（Corporate Venture Capital）は，投資を本業としない事業会社が，自社の事業分野と関連のあるベンチャー企業に対して投資を行うことです。あらゆる分野のベンチャー企業に投資する一般的なベンチャーキャピタルとは異なり，自社の事業内容と関連性があり，本業の収益につながると思われるベンチャー企業に投資します。

PoC

PoC（Proof of Concept）は「概念実証」と訳されます。新しい概念や理論，原理，アイデアの実証を目的とした，試作開発の前段階における検証やデモンストレーションを指します。新規性の高いビジネスを立ち上げる，あるいは革新的な技術を利用するといったとき，本当にそれが実現できるのか，それによって効果が得られるのかを机上の議論のみで判断するのは困難です。そこで実際に小規模で試作や実装を行い，できあがったものを用いて検証を行うことにより，実現可能性の判断の精度を高めることが可能になります。

section
7.2 ビジネスインダストリ

ここがポイント！
- 英文字略語の嵐です
- 元の英語とキーになるワードを掴みましょう
- ERPなら2文字目はResourceなので「資源」という具合です

ビジネスや行政分野のシステム

ビジネスでは，それぞれの業務に対応するシステムが稼働しています。例えば，流通業には流通情報システムが，金融業には金融情報システムが稼働しています。また行政分野においても，システムを積極活用して住民サービスや危機対応に役立てようという動きが進んでいます。

ここでは，代表的なビジネスシステムや行政システムとそこで使われている技術を列挙します。

ビジネスシステム・技術	説明
ERP(Enterprise Resource Planning)	企業資源管理。企業全体の**経営資源**を有効に，かつ総合的に計画・管理し，経営の効率化を図ること。「**ERP パッケージ**」とは生産，販売，財務会計などの経営資源を一元管理するためのソフトウェア群のこと
CRM(Customer Relationship Management)	IT 技術を利用して，**顧客**の維持や関係の強化を図る仕組み
SCM(Supply Chain Management) 出るとこ!	原材料の調達から製造，流通，販売，顧客へとつながる**一連の流れ**を管理して，全体の最適化を図る仕組みのこと
TOC(Theory Of Constraints)	一連のプロセスにおけるボトルネックの解消などによって，プロセス全体の最適化を図ることを目的とする考え方。**制約理論**ともよばれ，SCM で用いられる理論の一つ
SFA(Sales Force Automation) 出るとこ!	**営業支援**システム。営業活動に IT 技術を活用して営業効率と品質を高め，売上・利益の大幅な増加や顧客満足度の向上を目指す

POS(Point of Sale system)(ポス)	販売時点管理。元々は商品を販売した時点でその情報を記録・集計することだが，現在ではそのような記録・集計，および集計した情報を基に様々な管理・分析を行う機器や仕組みを指すことが多い。スーパーマーケットやコンビニのレジで，商品の販売と同時に商品名・数量・金額などをバーコードリーダなどの自動読み取り方式で収集し，情報を多角的に分析して経営管理活動に役立てる
セルフレジ	商品やサービスの提供を受けた利用客自身で，商品バーコードの読み取りから精算までを行うPOSレジシステム
RFID(Radio Frequency Identification)	電波方式認識。ICタグの情報を無線で読み取る技術。JR東日本のSuicaもRFIDの一種
グループウェア	メール，スケジュール，掲示板，ファイル共有機能など，複数人での仕事を補助するためのツール
ロジスティクス	調達や生産，販売などの広い範囲を考慮に入れた上での物流の最適化を目指す考え方
トレーサビリティ	**追跡可能性**。食品などの生産・流通の過程を履歴として記録し，消費者が後から確認できるシステムを指すことが多い
緊急速報	気象庁が配信する「緊急地震速報」「津波警報」「気象等に関する特別警報」，各省庁・地方公共団体が配信する「災害・避難情報」を，携帯電話会社から一斉送信する仕組み。回線混雑の影響を受けずに受信することができる
Jアラート	全国瞬時警報システム。地震や津波，火山（噴火）の気象情報，弾道ミサイルや大規模テロの有事関連情報などの緊急情報を，国（消防庁）から人工衛星を使って，住民に瞬時に伝達する仕組み。地域の住民全員に情報を伝えられるように，携帯メール，FM放送，ケーブルテレビなどのあらゆる通信手段を使っている

エンジニアリングシステム

製造業でも多くのシステムが使われています。

主なシステム	説明
MRP(Material Resource Planning)	**資材所要量計画**。生産計画を立案する際に資材の所要量を見積もる手法
CAD(Computer Aided Design)(キャド)	**コンピュータ支援設計**。機械部品・建築など様々な分野で利用されている
CAM(Computer Aided Manufacturing)(キャム)	**コンピュータ支援製造**。コンピュータを用いて，CADによって作成されたモデルデータから，直接自動的に作成する技術のこと

CIM (Computer Integrated Manufacturing)	コンピュータ統合生産システム。開発から製品設計，部品・資材の発注，加工・組立て，検査，そして出荷までの製造にかかる一連の工程と，それらの関連情報を総合的に管理する
FMS (Flexible Manufacturing System)	1つの生産設備や1つの生産ラインで，複数の製品を生産することが可能な仕組みのこと。消費者ニーズの多様化に伴い，生産活動では多品種少量生産への対応が求められている
コンカレントエンジニアリング	製品の企画，設計，生産などの各工程をできるだけ並行して進めることによって，全体の期間を短縮する手法
リーン生産方式	プロセス管理の徹底した効率化で，従来の大量生産方式と同等以上の品質を実現しながらも作業時間や在庫量が大幅に削減できる生産方式。リーンは「無駄のない」という意味。トヨタ自動車の「**かんばん生産方式**」「JIT（ジャストインタイム）方式」を整理・体系化の後，一般化したといわれる

e-ビジネス

インターネットを利用したe-ビジネスも普及が進んでいます。

主なe-ビジネス	説明
EDI (Electronic Data Interchange)	**電子情報交換**。商取引に関する情報を，企業間で電子的に交換する仕組みのこと。企業ごとに情報の形式が異なっていると情報交換が容易ではないため，情報フォーマットの標準化が必要とされる
EC (Electronic Commerce)	**電子商取引**。インターネットなどのネットワークを利用して，契約や決済などを行う取引形態のこと。本来はネットワークの種類や取引の内容を限定しない包括的な意味を持つ言葉だが，近年は，消費者を直接対象にした**ネットショッピング**を指すこともある
BtoB（ビートゥービー） (Business to Business)	電子商取引（EC）のうち，**企業間取引**のこと。電子商取引市場のほとんどはBtoBが占めているといわれている
BtoC（ビートゥーシー） (Business to Consumer)	電子商取引（EC）のうち，企業と一般消費者の取引（インターネットを利用したオンラインショッピングなど）のことで，近年，急速に拡大しつつある。なお，一般消費者同士の取引（ネットオークションなど）を**CtoC**（シートゥーシー）ともよぶ
SEO (Search Engine Optimization)	**検索エンジン最適化**。GoogleやYahoo!などの検索サイトの検索結果で，より上位に現れるようにWebサイトに工夫を行うこと
CDN (Contents Delivery Network)	コンテンツ（Webページや動画など）配信を行うサイト運営側がエンドユーザに対して効率よく安定して提供できるネットワークの仕組み

APIエコノミー	インターネットを通じて，様々な事業者が提供するサービスを連携させて，より付加価値の高いサービスを提供する仕組み。企業のコーポレートサイトの「アクセス」ページで，会社の所在地周辺の地図がGoogle マップを使って表示されるような例が挙げられる
クラウドファンディング	ある目的を持った事業法人や個人に対し，インターネットなどを活用した専用の仕組みを使用して，不特定多数の出資者が集まって資金提供を行うこと
ロングテール	インターネットショッピングでは販売に必要なコストが少ないので，売上高の小さな商品を数多く取り扱うことによって利益を上げられること
OtoO	Online to Offline の略で，インターネット上のつながりをきっかけに，リアルの世界で消費したり出会ったりという体験が生み出されるといった意味。欲しい商品を見つけると，まずはネット検索して調べ，口コミの評価や店舗ごとの価格などを確認してから，実店舗で購入するという行動パターンを指すこともある
アフィリエイト	サイトやブログに広告を掲載して，その成果（クリック回数など）に応じて報酬を得る仕組み
エスクローサービス	インターネットオークションにおいて，決済を仲介し，落札者から送金を受け，商品の受け渡し完了後に出品者へ送金を行う仕組み
EFT(Electronic Fund Transfer)	電子資金振替。銀行券・小切手などを用いずに，コンピュータネットワークを利用して送金・決済などを行うこと
キャッシュレス決済	クレジットカードや電子マネー，口座振替を利用して，現金を使わずに支払い・受け取りを行う決済方法
アカウントアグリゲーション	複数の金融機関などの取引口座情報を1つの画面に一括表示するサービス
eKYC(イーケーワイシー)(electronic Know Your Customer)	オンラインでの本人確認手続き。例えば本人の顔の画像を撮影し，さらに氏名，住所，生年月日が記載された写真付き本人確認書類も撮影して送信するといった方式
AML・CFT(Anti-Money Laundering・Counter Financing of Terrorism)	マネーロンダリング・テロ資金供与防止対策。マネーロンダリングとは，犯罪行為によって得た収益を合法的な手段に見せかけ，出どころを分かりにくくする行為のこと。テロ資金供与とは，テロ行為の実行を目的とした資金をテロリストなどに提供する行為のこと。こうした取り組みが，国際的な協調のもとで推進されており，各国の法令において金融機関に対して一定の義務を課すことになっている
フリーミアム	基本となるサービスや製品を無料で提供し，より便利に使うための機能や上位プランに課金を必要とするビジネスモデル。オンラインゲームや音楽配信サービスなどのWeb サービスでよく用いられている

IoTのシステム

IoT（3.5参照）を利用した新しいビジネスやシステムも登場しています。

主なIoTのシステム	説明
デジタルツイン	現実世界に実在しているものを，デジタル空間でリアルに表現したもの。2018 FIFA ワールドカップロシア大会では，選手の動きをデジタル分析する試みが行われた。カメラによる光学トラッキングシステムでボールや選手の動きをリアルタイムで取り込み，分析，可視化などを行えるようにしたもの
CPS（Cyber-Physical System）	フィジカルシステム＝現実世界で，センサシステムが収集した情報をサイバー空間でコンピュータ技術を活用し解析して，あらゆる産業へ役立てようという取り組み。例えば自動車の自動運転がある。自動車のセンサが現実の様々な情報を収集し，AI・IT技術（サイバー）が分析した上で，駆動系（フィジカル）を動かす

組込みシステム

組込みシステムは，いろいろな機械や機器に組み込まれて，その制御を行うコンピュータシステムです。例えば「マイコン制御直火炊き炊飯器」には「マイコン」が搭載されています。これは「マイクロコンピュータ」の略です。ここには，ご飯が美味しく炊ける火加減を模した温度の制御をするシステムが組み込まれているはずです。

現在では，家電製品・ゲーム機・携帯端末・カーナビ・医療機器・エレベータなど多くの機器に搭載されています。世界中で最も数が多いシステムといえるでしょう。

組込みシステムに関する用語	説明
スマートグリッド	**電力**の流れを供給側・需要側の両方から制御し，電子通信技術を利用して最適化できる送電網
ロボティクス	**ロボット工学**。制御工学を中心に，センサ技術・機械機構学などを総合して，ロボットの設計・製作および運転に関する研究

section
7.3 システム戦略

ここがポイント！
・DFDは昔からよく出題されています
・EAも古い手法ですが，出題は多いです
・クラウドは今後出題が増えるでしょう

業務モデリング

ひかるくんがスペイン人の友人に天ぷらの作り方を説明しようとしています。実際に揚げているところを見せられればいいのですが，ここはカフェの中です。しかもひかるくんはスペイン語が話せません。ひかるくんは手順をイラストにして見せることを思いつきました。

このように，直接見ることができないものを，見ることのできるもの（画像・グラフ・図・表など）にすることを**可視化**（かしか）（「見える化」ともいう）といいます。そして業務やシステムを可視化することを**モデリング**といいます。

DFD

DFD（Data Flow Diagram）は，データの流れに着目して業務をモデリングする手法です。データを加工するプロセスとファイルや帳票などのデータの保存先であるデータストアを階層的に表現します。DFDで用いられる記号と記述例は次のとおりです。

記号	名称	意味
○	プロセス	データ入力や出力, 加工などプロセス（処理）を示す
─→	データフロー	データの流れを示す
＝	データストア	データの保存を示す。ファイル, データベースなど
□	データの源泉と吸収	データの源泉（発生元）と吸収（行き先）を示す。システムの外部にある

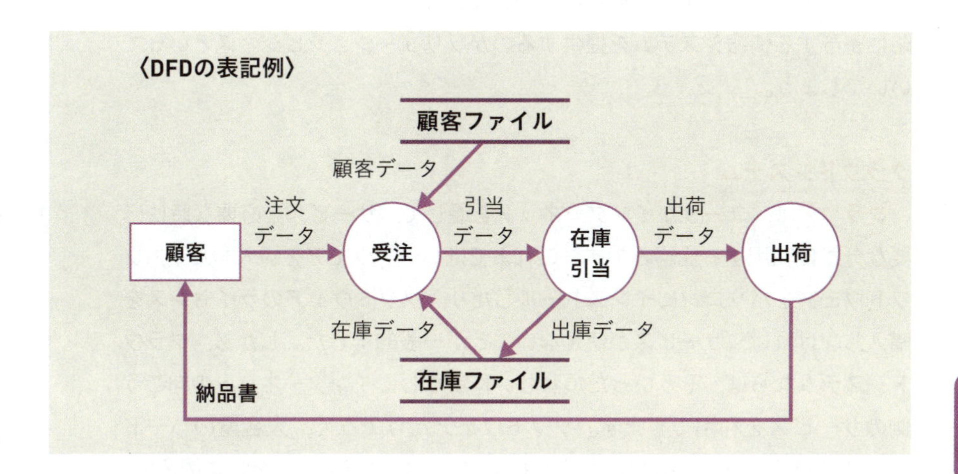

BPR

BPR（Business Process Reengineering）とは，業務内容やビジネスプロセスを見直し，再構築することです。

単発ではなく，業務のプロセスの分析と改善を継続的に行うBPM（Business Process Management）という手法もあります。

BPMN

BPMN（Business Process Model Notation）は標準化が進められているビジネスプロセスのモデリング手法です。

EA

EA（Enterprise Architecture）は大企業や政府機関などといった巨大な組織において，業務と情報システムの整合性を維持し，「全体最適化」を図るための設計・管理手法です。具体的には，業務・システムの現状（AsIs）と将来（ToBe）の構造を分かりやすく可視化した図面やドキュメント群を作るところから始まります。

ソリューションビジネス

ソリューションとは一般的には「問題解決」の意味です。業務上の問題点の解決をするための提案やそれを実現する情報システムを指すことも多くなっています。単純なツールとしての情報システムではなく，企業の情報戦略に寄与する情報システムを提供するのがソリューションビジネスといっていいでしょう。

クラウドシステム

クラウドは，ユーザがインターネットを通じて，サービスを必要な時に必要な分だけ利用する仕組みです。これまではハードウェアを購入したり，ソフトウェアをパソコンにインストールしたり，ソフトウェアのライセンスを購入しなければ，サービスが使えないことが一般的でした。しかし，クラウドシステムならば，そういった煩わしい作業なしにインターネットの向こう側のサービスを利用できます。ソフトウェアだけでなく，大容量のハードディスクやサーバなどの提供も含まれます。インターネットを雲に例えて，クラウド（cloud＝雲）と呼ばれるようになったともいわれています。

クラウドの代表的なものとして，SaaS・PaaS・IaaSなどが挙げられます。

- **SaaS**（サーズ）（Software as a Service）…アプリケーションを提供する
- **PaaS**（パース）（Platform as a Service）…アプリケーションを稼働させるための基盤（具体的にはインフラとOS）を提供する
- **IaaS**（イアース）（Infrastructure as a Service）…サーバ，CPU，ストレージ（ハードディスク）などのインフラを提供する

例えば，GmailやOutlook on the webなどのWebメールはSaaSの一例です。PaaSやIaaSに関しては，インフラエンジニアや開発エンジニアが利用することがほとんどです。

関連用語

オンプレミス：自社運用。企業の業務システムなどを，**自社で用意した設備**で導入・利用すること。

ISP

ISP（Internet Service Provider）は，顧客である企業や家庭のコンピュータをインターネットに接続するインターネット接続業者です。一般的にプロバイダとも呼ばれています。インターネットは，ISP同士が相互に接続することで構成されています。

ハウジング・ホスティング

ハウジングは，顧客のサーバや通信機器を設置するために，事業者が所有する高速回線や耐震設備が整った**施設**を提供するサービスです。**ホスティング**は，事業者が所有するサーバの一部を顧客に**貸し出し**，顧客が自社のサーバとして利用するサービスです。つまり，サーバの所有者が顧客か事業者かという違いがあります。

SOA

SOA（Service Oriented Architecture）は，サービス指向アーキテクチャという意味です。アプリケーションなどを**コンポーネント化**（部品化）し，それらを組み合わせてシステムを作る設計手法です。大規模なシステムであっても「サービス」の集まりとして定義するところがポイントです。

RPA

出るとこ！

RPA（Robotic Process Automation）は，事務系職員のデスクワーク（主に定型作業）を，パソコンの中にあるソフトウェア型のロボットが代行・自動化する概念です。例えば，顧客名簿から条件検索をした上で，封筒の宛名印刷をする，といった業務を自動化します。

MDM（Mobile Device Management）

スマートフォンやタブレットなどの携帯端末を業務で利用する際に一元的に管理するための仕組みです。例えば，業務で利用しているノートパソコンを，電車の中に置き忘れたとき，リモートでロックがかけられたら安心です。そういったリモート制御（ロック，データ削除など），セキュリティポリシやアプリケーションの配布・管理などを行う仕組みです。

情報銀行

情報銀行は，行動履歴や購買履歴といったものを含む個人情報をユーザから預かり，ユーザが同意する範囲で運用し，運用の結果得られた便益をユーザに還元する仕組みを意味します。例えば日々の脈拍や体温などの体調や運動量のデータといったバイタルデータを，食品会社やジムを運営する会社に提供します。そして会社はそれを集約して分析します。利用者は，健康を維持するための献立や運動のアドバイスを，今までよりも詳細に自分に合ったかたちで受け取ることができるようになる，といった仕組みです。

えーっと，この用語分からないな，自分のスマホで検索してみよう。

ちょっと待って！　職場が許可していないのに，社員が個人で保有する端末（PC，スマートフォン，タブレットなど）やサービスを使うことは，**シャドーIT**といってセキュリティ面で危険な行為ですよ。

え？　ダメなことですか？　慣れてるから使いやすいんですが。

使うなら職場の許可を取りましょう。職場がルールやポリシを設けた上で使用を許可した端末やサービスを活用するのが**BYOD**（Bring Your Own Device）です。

そうなんですね。申請しておこうかな。

章末問題

問題

問1

重要度 ★★★　[令和3年　問23]

問　プロダクトポートフォリオマネジメントは，企業の経営資源を最適配分するために使用する手法であり，製品やサービスの市場成長率と市場におけるシェアから，その戦略的な位置付けを四つの領域に分類する。市場シェアは低いが急成長市場にあり，将来の成長のために多くの資金投入が必要となる領域はどれか。

ア　金のなる木　**イ**　花形　**ウ**　負け犬　**エ**　問題児

問2

重要度 ★★★　[令和3年　問8]

問　画期的な製品やサービスが消費者に浸透するに当たり，イノベーションへの関心や活用の時期によって消費者をアーリーアダプタ，アーリーマジョリティ，イノベータ，ラガード，レイトマジョリティの五つのグループに分類することができる。このうち，活用の時期が2 番目に早いグループとして位置付けられ，イノベーションの価値を自ら評価し，残る大半の消費者に影響を与えるグループはどれか。

ア　アーリーアダプタ　**イ**　アーリーマジョリティ
ウ　イノベータ　**エ**　ラガード

問3

重要度 ★★★　[令和5年　問8]

問　A社の営業部門では，成約件数を増やすことを目的として，営業担当者が企画を顧客に提案する活動を始めた。この営業活動の達成度を測るための指標としてKGI（Key Goal Indicator）とKPI（Key Performance Indicator）を定めたい。本活動におけるKGIとKPIの組合せとして，最も適切なものはどれか。

	KGI	KPI
ア	成約件数	売上高
イ	成約件数	提案件数
ウ	提案件数	売上高
エ	提案件数	成約件数

問4

重要度 ★★★ [令和5年　問28]

問　AIを開発するベンチャー企業のA社が，資金調達を目的に，金融商品取引所に初めて上場することになった。このように，企業の未公開の株式を，新たに公開することを表す用語として，最も適切なものはどれか。

ア　IPO　　**イ**　LBO　　**ウ**　TOB　　**エ**　VC

問5

重要度 ★★★ [令和5年　問12]

問　スマートフォンに内蔵された非接触型ICチップと外部のRFIDリーダーによって，実現しているサービスの事例だけを全て挙げたものはどれか。

a　移動中の通話の際に基地局を自動的に切り替えて通話を保持する。
b　駅の自動改札を通過する際の定期券として利用する。
c　海外でも国内と同じ電子メールなどのサービスを利用する。
d　決済手続情報を得るためにQRコードを読み込む。

ア　a，b，c，d　　**イ**　a，b，d　　**ウ**　b　　**エ**　b，d

問6

重要度 ★★★ [令和4年　問7]

問　業務と情報システムを最適にすることを目的に，例えばビジネス，データ，アプリケーション及び技術の四つの階層において，まず現状を把握し，目標とする理想像を設定する。次に現状と理想との乖離(かい)を明確にし，目標とする理想像に向けた改善活動を移行計画として定義する。このような最適化の手法として，最も適切なものはどれか。

ア　BI（Business Intelligence）
イ　EA（Enterprise Architecture）
ウ　MOT（Management of Technology）
エ　SOA（Service Oriented Architecture）

問7

重要度 ★★★　[令和3年　問27]

問　BYODの事例として，適切なものはどれか。

ア　大手通信事業者から回線の卸売を受け，自社ブランドの通信サービスを開始した。
イ　ゴーグルを通してあたかも現実のような映像を見せることで，ゲーム世界の臨場感を高めた。
ウ　私物のスマートフォンから会社のサーバにアクセスして，電子メールやスケジューラを利用することができるようにした。
エ　図書館の本にICタグを付け，簡単に蔵書の管理ができるようにした。

問8

重要度 ★★★　[令和5年　問5]

問　企業でのRPAの活用方法として，最も適切なものはどれか。

ア　M&Aといった経営層が行う重要な戦略の採択
イ　個人の嗜好に合わせたサービスの提供
ウ　潜在顧客層に関する大量の行動データからの規則性抽出
エ　定型的な事務処理の効率化

解答・解説

問1　［令和3年　問23］

解答　エ

解説　「市場シェアは低いが急成長市場にあり」という記述から，市場占有率が低，市場成長率が高である「問題児」に当たります。**プロダクトポートフォリオマネジメント**（PPM）は，形や言葉を変えて繰り返し出題されていますから，しっかり理解しておきましょう。

問2　［令和3年　問8］

解答　ア

解説　**イノベータ理論**とは，新たな製品（商品・サービス）などの市場における普及率を示すマーケティング理論です。1962年にアメリカ・スタンフォード大学の社会学者エベレット・M・ロジャース教授によって提唱されました。

イノベータ理論では，新たな製品の普及の過程を，これらを採用するタイミングが早い消費者から順番に以下の5つのタイプに分類しています。

イノベータ（革新者）
アーリーアダプタ（初期採用者）
アーリーマジョリティ（前期追随者）
レイトマジョリティ（後期追随者）
ラガード（遅滞者）

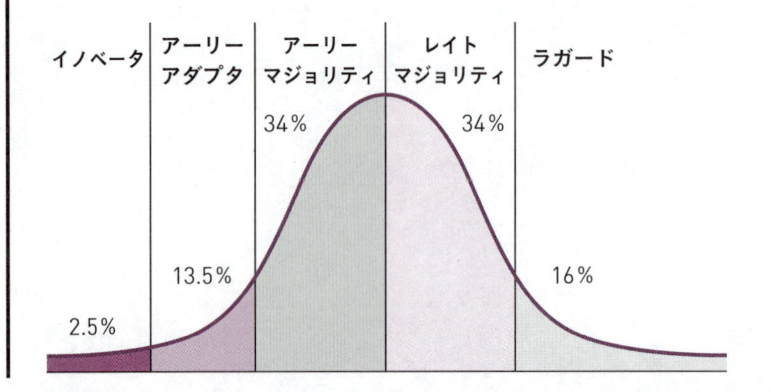

問3　[令和5年　問8]

解答　イ

解説　KGI（Key Goal Indicator）とは重要目標達成指標のことで，売上高や成約数，利益率などが該当します。一方，KPI（Key Performance Indicator）は重要業績評価指標のことで，KGIを達成するための中間指標という意味合いを持ちます。どちらも成果を測る上で欠かせない指標ですが，KGIは結果を評価するもので，KPIは過程を評価するものといった違いがあります。

本問は成約件数を増やすことが目的ですから，KGIは「成約件数」，そのために行っている活動が営業担当者の提案活動ですから，KPIは「提案件数」が適切です。

問4　[令和5年　問28]

解答　ア

解説

ア　適切な選択肢です。IPO（Initial Public Offering）は，日本語では「新規公開株」や「新規上場株式」と表します。具体的には，株を投資家に売り出して，証券取引所に上場し，誰でも株取引ができるようにすることです。

イ　LBO（Leveraged Buyout）とは，M&A（企業の合併や買収）の形態の一つで，借入金を活用した企業・事業買収のことです。

ウ　TOB（Take-Over Bid）とは，M&Aの形態の一つで，株式公開買付けとも呼ばれます。買付け期間・価格・株式数を新聞などで公告した上で，売主の株式を証券取引所を通さずに大量に買い付けることを意味します。

エ　VC（Venture Capital）とは，未上場の新興企業（ベンチャー企業）に出資して株式を取得し，将来的にその企業が株式を公開（上場）した際に株式を売却し，大きな値上がり益の獲得を目指す投資会社や投資ファンドのことを指します。

問5　［令和5年　問12］

解答　ウ

解説　RFIDとはRadio Frequency Identificationの略で，電波を用いて専用タグの情報を非接触で読み書きする自動認識技術です。

a　**ハンドオーバー**に関する記述です。基地局同士で通信を行います。
b　適切です。交通系ICカードと同様のICカードをスマートフォンに埋め込み，自動改札のRFIDリーダと非接触型の通信を行います。
c　**ローミングサービス**に関する記述です。契約している通信会社以外の回線を利用して通信を行います。
d　**QRコード決済**に関する記述です。QRコードを読み込むことで決済処理を行っています。

問6　［令和4年　問7］

解答　イ

解説

ア　**BI**（Business Intelligence）は，企業の各部署がそれぞれに蓄積している膨大なデータを，収集・蓄積・分析・加工し，経営戦略のための意思決定を支援する手法や技術です。
イ　適切な選択肢です。**EA**（Enterprise Architecture）は，大企業や政府機関などといった巨大な組織の資源配置や業務手順，情報システムなどの標準化，全体最適化を進め，効率よい組織を生み出すための設計手法です。EAは4つの要素に分割され，定義されています。業務分析，業務パターンの認識を行う「政策・業務体系」(Business Architecture)，業務システムで用いるデータの標準化を進める「データ体系」（Data Architecture)，組織全体で用いられる業務モデルと実際の個別の業務との差を埋め相互接続性を確立する「アプリケーション体系」(Application Architecture)，技術の変化を考慮した，情報基盤で採用すべき技術標準についての考え方を示す「技術体系」（Technology Architecture）の4つです。
ウ　**MOT**（Management of Technology）は，「技術経営」と訳され，科学や工学などのあらゆる技術的な知識を，企業内において管理・活用する方法です。

エ SOA（Service Oriented Architecture）は，ソフトウェア工学において，ソフトウェアの機能とサービスをネットワーク上で連携させて大規模なコンピュータシステムを構築する手法です。

問7 ［令和3年　問27］

解答 ウ

解説 BYODはBring Your Own Deviceの略で，「自分のデバイスを持ち込む」という意味です。社員が個人で所有しているスマートフォンやタブレット，ノートパソコンなどの端末を企業内に持ち込み，業務に活用する仕組みといえます。社員は，複数の端末を持たずに情報管理を一本化することで業務効率を上げることができ，会社側は，端末を支給する必要がないためコスト削減を図ることができるなど，双方にメリットがあります。一方，会社の機密事項が入った個人所有の端末を紛失すると，情報が漏えいするリスクもあります。

ア MVNO（Mobile Virtual Network Operator：仮想移動体通信事業者）の事例です。

イ VR（Virtual Reality：仮想現実）の事例です。

ウ 適切な選択肢です。

エ RFID（Radio Frequency Identification）の事例です。

問8 ［令和5年　問5］

解答 エ

解説 RPA（Robotic Process Automation）とは，作成したシナリオに基づいて動作するロボットにより業務を自動化する仕組みです。ロボットといっても，動くハードウェアではなく，ソフトウェアです。これまで人間が手作業で行っていた定型的なパソコン作業をソフトウェアにより自動化します。Excelのマクロをイメージしてもいいでしょう。ミスや疲れがないので，業務の効率化や品質向上などの効果も期待できます。ただし，決まった手順を実行するだけです。したがって，定型的な事務処理に向いています。

ア BIツールの活用方法です。
イ AIが向いている業務です。
ウ データマイニングツールの活用方法です。
エ 適切な選択肢です。

chapter

8

システムの開発

ここでは，少し規模の大きいシステムに関して，そのライフサイクルとシステム開発の基本的な流れやプロジェクトマネジメントの意義や流れについて学習します。システム開発＝プログラミングではありません。システムをどうやって作っていくかを学びましょう。

アクセスキー　P （大文字のピー）

section

8.1 システムのライフサイクル

ここがポイント！

- まずは，システムの生涯を知りましょう
- 開発に目が行きがちですが，それだけではありません
- 特に要件定義は試験でもよく問われます

システムの誕生から廃棄まで

システムは次のようなサイクルで作られ，使われています。家を建てることに例えて説明します。

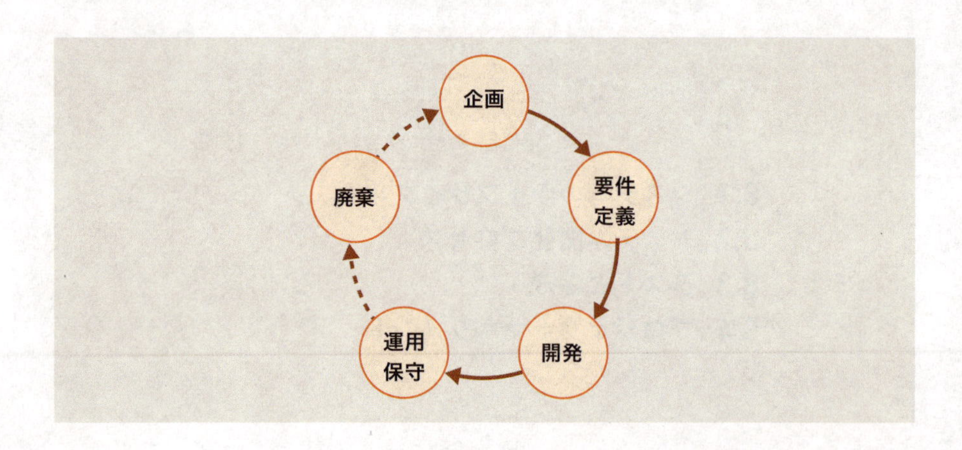

- **企画プロセス**：経営目標を達成するためにどんなシステムを作るべきかを明らかにし，システムの全体像・スケジュール・予算などをまとめます。
家を建てるときに，最初にどこに，どの程度の広さで，どのくらいの予算で，どんな家を建てるかを家族で決めるイメージです。
- **要件定義プロセス**：新しく構築するシステムの仕様（必要とする機能や性能など）をはっきりさせ，明文化します。
出るとこ！
設計士さんと話し合い，設計図を書くイメージです。ここをしっかりしないと，建ててから「こんなはずじゃなかった」となる重要なプロセスです。

- **開発プロセス**：実際にシステムを構築します。プログラミングもこの一部分です。
  大工さんや住宅メーカに家を建ててもらいます。さすがにこのプロセスはプロにお任せするのがいいでしょう。
- **運用保守プロセス**：システムを稼働させ，業務に使用します。ニーズに応じて修正変更を行います。
  やっと住むことができます。住宅のライフサイクルの中では一番長いプロセスです。しかし，ほったらかしにしておくと家はどんどん劣化します。メンテナンスが必要です。
- **廃棄プロセス**：システムも家もいつかは寿命がきて廃止・廃棄されます。そして次の企画プロセスへと移っていきます。

関連用語

共通フレーム（SLCP：Software Life Cycle Process）：ソフトウェアの企画から開発，運用，保守，廃棄までの**ライフサイクル全体**に対して，誰が何の作業をすべきかを規定した規格。システムの発注側（顧客）と受注側（ベンダ）で共通するシステム開発の枠組みとして策定された。必要に応じて修正して利用することを前提に設計されている。

ここから企画プロセス，要件定義プロセス，開発プロセスについてもう少し詳しく見ていきます。

企画プロセス

企画プロセスでは，情報システム戦略に基づいて**システム化構想**を立案し，**システム化計画**を立てます。

- **システム化構想**：経営事業の目的，目標を達成するために必要なシステムに関係する要求事項とシステム化の方針を明示します。
- **システム化計画**（出るとこ！）：システム化構想で明らかになったシステムの全体像に基づき立案します。具体的には，全体開発スケジュールの作成，要員教育計画の作成，システム導入の費用対効果の分析，システム導入時におけるリスク分析などを行います。

関連用語

TCO（Total Cost of Ownership）：システムの導入や，管理維持に関わるすべてのコストの総額。初期投資費用（イニシャルコスト）と，保守・運用・維持費用（ランニングコスト）を含めた総経費を表す。

ファンクションポイント法（FP法）：システム規模の見積もり手法の一つ。システムの**機能**を入出力データ数やファイル数などによって定量的に計測し，複雑さとアプリケーションの特性による調整を行って，システム規模を見積もる。

要件定義プロセス

出るとこ！

要件定義プロセスの目的は次の2点です。

- 新たに構築する業務やシステムに必要とされる仕様，およびシステム化の範囲と機能を明確にする
- 定義された要件をユーザ側の利害関係者間で合意する

要件には業務要件，機能要件，非機能要件という種類があります。

- **業務要件**：業務の手順や環境，制約事項など
- **機能要件**：システムが「何を」するか。具体的には，扱うデータの種類や構造，処理内容，ユーザインタフェース，帳票などの出力の形式など
- **非機能要件**：システムが「どのように」するか。具体的には，性能，品質（信頼性や効率性），セキュリティ，移行や運用のやり方など

開発プロセス

次は開発プロセスに入ります。とはいえ，システムをすべて自社内で開発・運用することは，現実的には難しいでしょう。家を建てるときに，自分で設計図を書いて，自分で足場を組んで…というのはほぼ不可能です。外部の業者に委託することがほとんどです。

製品の製造者や販売者のことを**ベンダ**といいます。また，企業のシステムの企画，設計，開発，構築，導入，保守，運用などを一貫して請け負うサービスITベンダをシステムインテグレータ（System Integrator）またはエスア

イヤー（Sier）といいます。システム開発ではITベンダからソフトウェアやハードウェアを調達します。しかし，世の中にITベンダは数多く存在します。その中のどこに頼むべきかをユーザ企業は決めなければなりません。その際に候補のITベンダから**提案書**を提出してもらいます。この提案書には「わが社では，こんなシステムを作ってお客様の問題を解決します」というシステム提案が盛り込まれています。この提案書を評価して，発注先を選定します。

この提案書の提出を依頼する文書が**RFP**（Request For Proposal：**提案依頼書**）です。

関連用語

RFI（Request For Information）：**情報提供依頼書**。システムの調達にあたって，発注先候補の業者に情報提供を依頼する文書。一般的にはこの情報を元にRFPを作成し，具体的な提案と発注先の選定に移る。

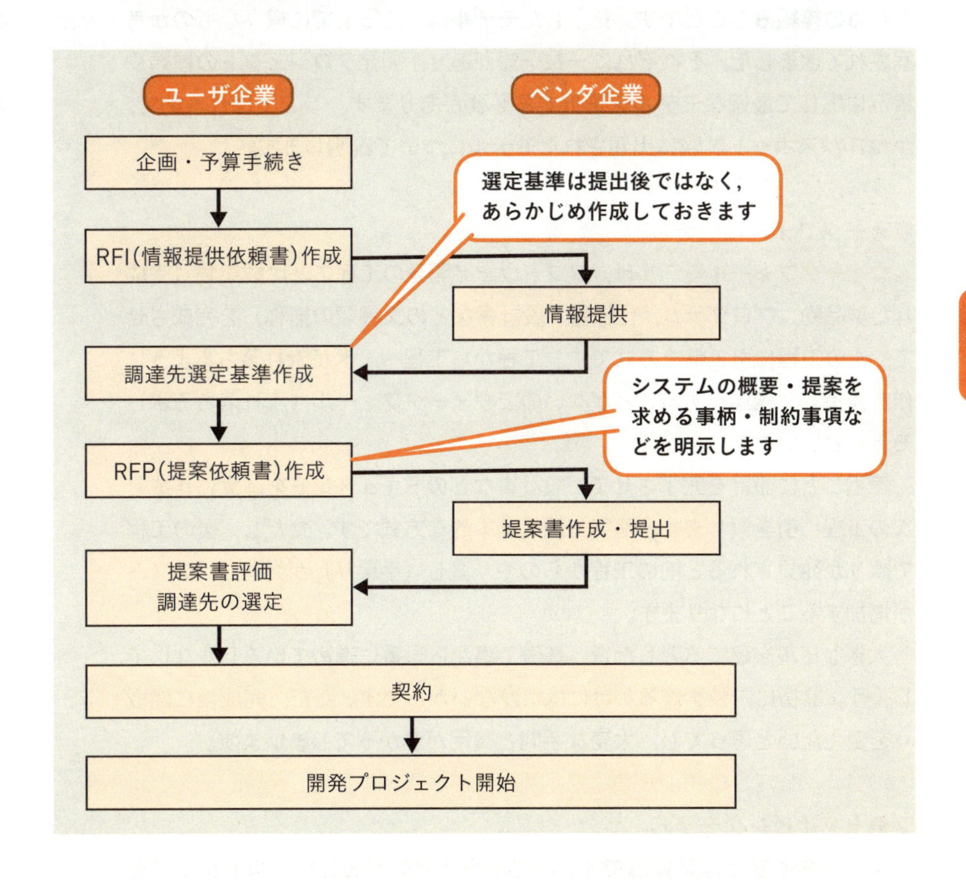

section
8.2 システム開発プロセス

ここがポイント！
・システム開発の枠組みを学習します
・最近の流行は「アジャイル」です
・試験でも出題が増えています

システム開発モデル

システム開発モデルとは，**システムの開発工程を構造化し，計画・制御するための枠組み**のことです。そうしたモデルは，今日までに様々なものが考案されてきました。それぞれに一長一短があり，開発プロジェクトの種類や状況に応じて最適なモデルを選択する必要があります。ここでは代表的で，かつITパスポート試験に出題されたモデルについて説明します。

ウォータフォールモデル

ウォータフォールモデルは，ソフトウェア開発の工程ごとに**成果物**（せいかぶつ）（完成した納品物，プログラム，仕様書・設計書などの文書類の総称）を完成させて，次の工程に引き継ぐ方式です。工程から工程へ，水が流れ落ちるように作業が進み，後戻りすることがないのでウォータフォール（流れ落ちる水）モデルといいます。

工程ごとに設計を完了させて，設計書などのドキュメントを確実に作成し，次の工程に引き渡します。堅実で最も基本的な方式です。ただし，後の工程で誤りが発見されると前の工程からのやり直し（手戻り）が発生し，コストが増加することになります。

大きなビルを建てるとしたら，基礎工事から順番に進めていくしかないでしょう。最初に内装を作るわけにはいかないからです。ただ，完成後に間取りを変えたいと思っても，大変な手間と費用がかかってしまいます。

プロトタイピングモデル

プロトタイプとは試作品です。**プロトタイピング**とは，プロトタイプをユーザに提示し，要求分析の誤りや利用者の潜在的なニーズの確認に使用する方式です。早期にユーザによる評価を可能とし，開発におけるリスク削減を目的としたモデルです。

モデルルームを先に作って，ユーザに見てもらうイメージです。

プロトタイプを使うことで，ユーザはシステムのイメージをつかむことができ，その後の開発者との意見交換もスムーズに進められます！

スパイラルモデル

ソフトウェア開発の各フェーズを，スパイラル（らせん）状に繰り返すことによってソフトウェアを開発するモデルです。要件定義，開発，テストについて，「計画」→「目標・代替案・制約の決定」→「代替案とリスクの評価」→「開発とテスト」をらせん状に繰り返します。代替案を用意し，リスク評価を行うことにより，**リスクが最小**となるような開発プロセスをとることができます。つまり，**経験や実績の少ない分野**の開発に適しています。

システム開発の新しい方法

システム開発手法は，従来ウォータフォールモデルが主流でした。しかしこの手法は時間がかかります。開発に数年がかりということも珍しくありませんでした。変化が激しいビジネス環境の中で，システム開発にもスピードを要求されるようになり，新たな手法として**アジャイル開発**（出るとこ！）が登場しました。アジャイル開発の特徴は，これまでの開発手法と比較して，開発期間が大幅に短縮されることです。

アジャイル（Agile）とは，直訳すると「素早い」「機敏な」という意味です。アジャイル開発では，大きな単位でシステムを区切ることなく，小単位で実装とテストを繰り返して開発を進めていきます。アジャイル開発の代表格が**XP**（eXtreme Programming）と**スクラム**です。

XP

XPではシステムの開発者が行うべき具体的な実践や守るべき原則を12（その後19に増加）のプラクティス（Practice）としてまとめています。ここではその中のいくつかをご紹介します。

テスト駆動開発：テスト対象コードを実装するよりも前に単体テストケースを作成する

ペアプログラミング：1台の開発マシンを2人で共有して常に共同でコードを書く

リファクタリング：動作を変えることなくプログラムを書き直す

常に統合：あるコードが単体テストをパスする度にすぐに結合テストを行う

週40時間労働：集中力を高め，開発効率を高めるためには心身の健康を保つ必要があるため残業を認めない

またXPでは「設計」「開発」「テスト」「改善」などの工程を短いスパンで複数回実行します。この繰り返しの工程を**イテレーション**とよびます。

関連用語

DevOps（デブオプス）：開発（Development）と運用（Operations）を組み合わせた造語。開発担当者と運用担当者が連携して協力することにより，より柔軟かつスピーディーにシステムを開発する手法。

スクラム

スクラムは反復増加型ソフトウェア開発チームに適用するプロジェクト管理手法です。ラグビーのスクラムに語源をもつことからも分かるように，チームのコミュニケーションを重視した手法であることが特徴です。スクラムのプロセスは，**スプリント**とよばれる反復期間を繰り返すことで増加的に機能を開発します。プロジェクトの状況や進め方に問題がないか，メンバ同士で毎日確認し合うとか，作っている機能が正しいかどうか，定期的に確認の場を設けるというように，共通のゴールに到達するため，開発チームが一体となって働くことを重視しています。

スマホを先に

マルチデバイス（パソコンもスマートフォンもタブレットも）の時代にな

り，システム開発も何をターゲットとするか難しくなっています。パソコンとスマートフォンでは画面の大きさだけでなく，スワイプやピンチといった操作性も大きく異なるからです。現代は「スマホを含めたすべてのデバイスに対してユーザーニーズを最適化する」という**モバイルファースト**の設計思想が浸透しつつあります。スマホサイトを先に作るという単純な手順の問題ではなく，ユーザ視点での開発という考え方といえます。

関連用語

セキュリティバイデザイン：システムの企画・設計段階からセキュリティを確保する方策。

プライバシーバイデザイン：個人情報を取り扱うシステムを構築する際に，システム稼働後に発生する可能性がある個人情報の漏えいや目的外利用などのリスクに対する予防的な機能を検討し，その機能をシステムに組み込むこと。

何に着目？

システム設計においては，何に着目するかによって次のようなアプローチ手法があります。

プロセス中心アプローチ

業務システムの設計手法の一つで，主に**プロセス**（業務の過程や手順）に着目して設計を行う手法です。システムに必要な機能を洗い出すので，広く用いられています。

データ中心アプローチ

業務で扱うデータの構造や流れに着目し，システム設計を行う手法です。業務プロセスは変化が大きいのに対して，データは変化が少ないことから，業務データの統一的なデータベースを作ることで個々のシステム設計をシンプルにするという考え方から生まれています。

オブジェクト指向アプローチ

データとそれに対する手続き（メソッド）を**オブジェクト**とよばれる一つのまとまりとして管理し，その組み合わせに着目して設計を行う手法です。

オブジェクト指向

現在のシステム開発で主流になっているオブジェクト指向については，出題も多いので，もう少し解説しておきます。

オブジェクト指向とは，プログラムを手順ではなくて，「モノ」の作成と操作として見る考え方です。例えば「テレビ」という「モノ」を使うときに，中がどういう手順で動いているかを知る必要がありません。リモコンを操作すれば使えます。この「モノ」のことをオブジェクトといいます。そしてオブジェクト指向を知るときに重要なキーワードが「クラス」「継承（インヘリタンス）」です。

「**クラス**」はオブジェクトの設計図です。プログラムによって，動物園を作ることをイメージしてみましょう。「シンシン」や「リーリー」を1つずつ，プログラミングするのは大変です。まず「パンダ」を作り，そこからコピーしたものを修正して個々のパンダを作るはずです。この「パンダ」がクラスです。待って下さい。動物園にいるのは，パンダだけではないですよね。「キリン」も「ゾウ」も「クジャク」も「ワニ」もいるでしょう。これは少し面倒です。そこで更に大きなくくりで「哺乳類」「鳥類」「爬虫類」などを作っておきましょう。「哺乳類」の下に「パンダ」や「キリン」や「ゾウ」を作ります。そして，「足が4本」「子供を産む」「尻尾がある」といった共通する性質は「哺乳類」の方に書いておくと，自動的に下の「パンダ」や「キリン」に受け継がれます。これが「**継承（インヘリタンス）**」です。「哺乳類」がスーパクラス，「パンダ」や「キリン」はサブクラスといいます。スーパクラスの性質をサブクラスが継承します。サブクラスには固有の性質のみ書けばいいわけです。

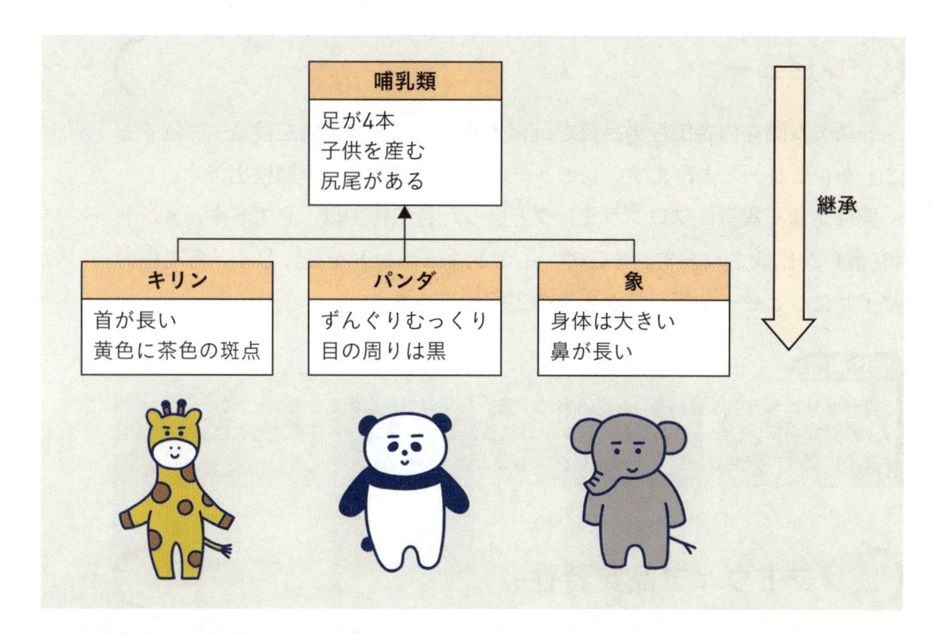

関連用語

UML（Unified Modeling Language）：オブジェクト指向分析，設計においてシステムをモデル化する際の記法（図法）。分析・設計・実装（プログラミング）各工程で統一的な図（ダイアグラム）を利用できる。例えば，ユーザがシステムを使うときのシナリオに基づいて，ユーザとシステムのやりとりを記述するために，**ユースケース図**を利用する。

memo

プログラムはいくつかの部品の集合体として作られることが多い。部品化することで，サイズが小さくなったり，分担して作成できたり，再利用が可能になったりするからである。この部品は，使われるシステムやプログラム言語によって，モジュール・ユニット・メソッドコンポーネント・関数・オブジェクト・サブルーチンなど様々なよび方がある。

関連用語

リバースエンジニアリング：ソフトウェアやハードウェアなどを分解，あるいは解析し，その仕組みや仕様，目的，構成部品，要素技術などを明らかにすること。設計→製品とは逆（リバース）のアプローチである。

レビュー

システム開発の各工程の品質を確保するために，成果物を検査・評価することを**レビュー**とよびます。レビューの目的は**エラーの早期検出**です。

要件定義，設計，プログラミングといった各工程では，必ず**ドキュメント**（**文書**）が作成されます。そこで，そのドキュメントを基にして，各工程の終了時にレビューを行ってから次の工程に進みます。

関連用語

コードレビュー：人間がプログラム言語で書いたプログラムのことを**ソースコード**とよぶが，コードレビューはコンピュータプログラムのソースコードを記述者とは別の人が詳細に調べ，開発者にフィードバックすること。

ソフトウェア品質特性

ユーザは品質のいいソフトウェアを求めます。品質がいいとはどういうことでしょうか。一般的には，要求したとおりの機能があるとか，**バグ**（**欠陥**）がないことを指すことが多いでしょう。

ソフトウェア製品の品質について，その特性をいろいろな角度から分析・整理したものが**ソフトウェア品質特性モデル**とよばれ，ISO 9123に定義されています。品質特性の意味を簡単に解説します。

- **機能性**：仕様書どおりの実行結果や操作が提供されている
- **信頼性**：障害が起こりにくい
- **使用性**：使いやすい，分かりやすい
- **効率性**：時間，メモリ，ディスクなどの資源を有効に利用している
- **保守性**：修正しやすい
- **移植性**：別の環境（ハードウェア，OSなど）に移しやすい

section
8.3 テストと保守

ここがポイント！
・やや出題が減っているジャンルです
・保守については必ず1題は出題されています

プログラミングから保守まで

プログラミング（コーディング）が終わったら，**テスト**を行います。テストの目的はプログラムがエラーなく動くことを確認することではありません。**エラーを検出すること**です。プログラムには必ずエラーがあるので，それを見つけることがテストの目的なのです。

テストでエラー（**バグ**）が発見された場合は，**デバッグ**（バグを取り除く作業）を行います。テストが終われば，新システムに移行し，稼働後は**保守**（**メンテナンス**）が行われます。

ここではテストから保守までの流れを見ていきます。

システムテスト

設計作業は大きなシステムを順に分割していき，最小単位であるモジュールに分割したところで，プログラミング（コーディング）により作成します。テストは逆に，小さい単位からテストを開始し，順にそれを結合したテストを行っていきます。

(1) 単体テスト

モジュール単体で行うテストです。

(2) 結合テスト

結合テストとは，機能ごとに分割・構造化された複数のモジュールを段階的に組み合わせて実施するテストです。

(3) システムテスト

サブシステム単位・システム単位でのテストです。何をテストするかによって，次のような種類があります。

- **機能テスト**　：システム仕様書の機能を満たしているか
- **性能テスト**　：要求される処理能力や応答時間を満たしているか
- **例外テスト**　：操作ミスや例外的なデータが入力されるなどしても正常に動作するか
- **障害テスト**　：障害発生時の回復機能などが働いているか
- **負荷テスト**　：大量のデータ処理や長時間の稼働など大きな負荷をかけても正常に動作するか
- **操作性テスト**：ユーザが使いやすいか

(4) 運用テスト

実際の運用と同じ条件下でテストします。業務に用いる実データを用いて，問題なく動作するかどうかを試します。

(5) 受入れテスト（承認テスト・検収テスト）

できあがったシステムが仕様どおりに不具合なく動作するかどうかをユーザ側が検証するテストです。最終段階のテストであり，ユーザが業務などで実際に使用するデータや操作方法を使って行われます。ちなみに**検収**とは，発注に応じて納められた品などを，注文の際の条件に合っていると確かめた上で，受け取ることです。システムの場合，納品される「モノ」はディスク1枚ということもあります。それが仕様どおりであるかどうかはテストしなければ分かりません。一般に検収が済むと，受注者に費用を支払うことになります。

(6) リグレッションテスト（回帰テスト・退行テスト）

保守作業の後に行われるテストです。保守において変更した箇所が他に影響しないかどうかをテストします。

テストの手法

何をテストするかだけでなく，どうテストするかというテスト手法についても，検討が必要です。特にテストケースの設定手法については出題が多くなっています。

限られた時間，予算の中でテストを行う際には，パターンを漏れなくダブりなく分析し，網羅性を確保しつつ効率よくテストケースを作成できるかがポイントになります。入力と出力に着目してテストケースを作成するブラックボックステスト，システムの内部ロジックに着目してテストケースを作成するホワイトボックステストがあります。

ブラックボックステスト

ブラックボックステストとは，プログラムの外部仕様に基づいてテストケースの設計を行うテストです。文字どおり，プログラムをブラックボックスとして内部構造に触れずに，入出力の仕様からテストデータを作成します。何を入れたら，何が出てくるかをテストするわけですから，ユーザが参画できるテスト手法です。

代表的なテストデータ生成方法に，**同値分割**，**限界値分析**があります。

• 同値分割

同値分割とは，入力に対して有効値と無効値を用意する方法です。有効な値を**有効同値クラス**，無効な値を**無効同値クラス**とよびます。例えば，6歳～12歳のデータが対象の場合，（0歳～5歳），（6歳～12歳），（13歳以上）から1件ずつのデータをテストデータとして取り出します。

• 限界値分析

限界値分析は，判断の境目となるデータを中心にテストケースの設計を行います。有効な値の上限と下限のデータ付近を検査します。上記の例でいえば，境目となるデータは5と6，12と13です。そこで，この4つの値をテストデータとして採用します。

ホワイトボックステスト

ホワイトボックステストは，プログラムの内部ロジックに着目して，テストケースの設計を行うテストです。具体的なロジックに従い，命令の網羅率を考慮したテストケースを作成します。例えば命令網羅，分岐網羅があります。

- **命令網羅**：すべての命令を一度は実行するようにテストケースを準備する
- **分岐網羅**：すべての分岐で真（YES）と偽（NO）を通るようにテストケースを準備する

いずれにせよ，内部ロジックの分かるプログラマが行うテストと考えていいでしょう。

システム移行

新システムが完成してサービスを開始する前に行う最後の工程が**移行**です。現行システムから引き継ぐべきデータやネットワーク，クライアントを新システムに移し替え，新システムに基づく業務に切り替えます。

新システムへの移行は，綿密な移行計画を作成し，十分な準備のもとに行う必要があります。また多くの場合，旧システムと新システムを並行稼働させた後に，本格的に新システムに移行します。

システム保守

システム保守プロセスは，障害への対応，性能の改善などを行うために，納入後のシステムやソフトウェアを修正したり，変更された環境に適合させたりします。家もメンテナンスを怠れば，使い勝手が悪くなり，寿命も短くなってしまうのと同様です。

保守する対象によって，次の2種類に分類されます。

- **ハードウェア保守**：機器の故障や寿命による交換や，組織の改廃による設備の移設など，装置や設備の変更や改修を実施する
- **ソフトウェア保守**：運用開始後のソフトウェアに対して変更や機能改善へ

出るとこ！

の対応，プログラムの欠陥（バグ）への対応，ビジネス環境の変化に応じたプログラムの修正作業などを実施する

また，保守の時期や目的による次の分類もあります。

- **予防保守**：定期的にシステムのメンテナンスを行うことで，障害発生を未然に防ぐために行う
- 事後保守：障害が発生した際にそれを取り除くために行う
- 定期保守：計画的，定期的に行う

section
8.4 プロジェクトマネジメント

ここがポイント！
- **プロジェクトとは何かを学習します**
- **PMBOKという世界標準があります**
- **アローダイアグラムの計算をマスターしましょう**

プロジェクトとは

例えば，会社の経理部の仕事は会社が続く限り続く，「終わり」がない仕事です。開始と終了が明確になっておらず，基本的には同じモノ（サービス）を提供し続けている仕事といえます。では，システム開発の仕事はどうでしょう。

情報システムの開発は，要件定義から始まり，システムの導入で終わるという**明確な開始と終了の期限**があります。そして，毎回，そのお客様の要件に合わせた情報システムを作成します。「一定期間に」「特定の目的を達成するために」「臨時的に集まって行う」活動のことを**プロジェクト**といいます。システム開発は，プロジェクトといえます。

プロジェクトマネジメントとは，プロジェクトの要求事項を満たすために，知識，スキル，ツールと技法をプロジェクト活動に適用することです。行き当たりばったりではなく，計画を立て，実行し，終結させるための管理手法といえます。

PMBOK

PMBOK（ピンボック）（プロジェクトマネジメント知識体：Project Management Body of Knowledge）とは，**プロジェクトマネジメントの標準的な知識や技法を集めた体系**です。プロジェクトマネジメントのノウハウや規格ではなく，過去に実績のあるプロジェクトマネジメントに必要かつ有効だった手法，スキルなどを集約し，プロジェクトマネジメントにおける共通認識のための標準用語集として利用されることを目的としています。ITパスポート試験でも，このPMBOKの用語が出題されることが多くなっています。

PMBOKでは，マネジメントの対象領域を10に分類しています。プロジェクトをマネジメントするために必要となる要素と考えて構いません。それぞれの概要は次のとおりですが，管理するべきは「**ヒト・モノ・カネ・時間**」と覚えましょう。

1	**統合マネジメント** 出るとこ！	プロジェクトの様々な要素を調和のとれた形に統合する。また，プロジェクト憲章を作成する
2	**スコープマネジメント**	プロジェクトに必要とされるすべての作業を洗い出す
3	**タイムマネジメント**	プロジェクトを所定の時期に確実に完了させる
4	**コストマネジメント**	プロジェクトを承認された予算内で確実に完了させる
5	**品質マネジメント**	プロジェクトの意図するニーズを，確実に満足させる
6	**人的資源マネジメント**	プロジェクトに関与する人々を，最も効果的に活用する
7	**コミュニケーションマネジメント**	プロジェクト情報の生成，収集，配布，保管，廃棄をタイムリーかつ確実に行う
8	**リスクマネジメント**	プロジェクトのリスクを識別し，分析し，リスクに対応する
9	**調達マネジメント**	組織の外部から物品やサービスを取得する
10	**ステークホルダマネジメント**	利害関係者間の調整を行う。ステークホルダとは開発したシステムの利用者や，開発部門の担当者などのプロジェクトに関わる個人や組織すべてを指している

このうち，いくつかについて詳しく見ていきます。

統合マネジメント

統合マネジメントとは，他の知識エリアをとりまとめ，プロジェクト全体を統一する役割を果たします。目的は，プロジェクトの目的を定め，目的達成のためにプロジェクト全体を管理することです。プロジェクト憲章作成，プロジェクトマネジメント計画書作成，プロジェクト作業の指揮・マネジメント，プロジェクト作業の監視・コントロール，統合変更管理，プロジェクトやフェーズの終結といったプロセスがあります。

プロジェクト憲章とは，プロジェクトを立ち上げる際に策定される，プロジェクトの目的や条件，内容などを明確に定義した文書のこと。

スコープマネジメント

プロジェクトスコープとは，プロジェクトが提供することになる成果物や作業の総称です。スコープがはっきりしないと，そのプロジェクトで何をどれだけやればいいのかが分かりません。当然，プロジェクトがどこまで進んだかという進捗の把握も困難になります。

やるべきことや作るべきものの全体が決まれば，次はそれを細分化して最終的にメンバに割り振ることができる単位まで分割します。

WBS（Work Breakdown Structure）は，プロジェクト全体を，成果物または作業項目単位に，階層的に分解したものです。階層構造の段階は，作業ごとに異なります。

出るとこ！

WBSの最下位の作業を**ワークパッケージ**とよびます。ワークパッケージごとに，必要なリソース，時間を表すことにより，プロジェクト全体のリソースと時間を見積もることができます。

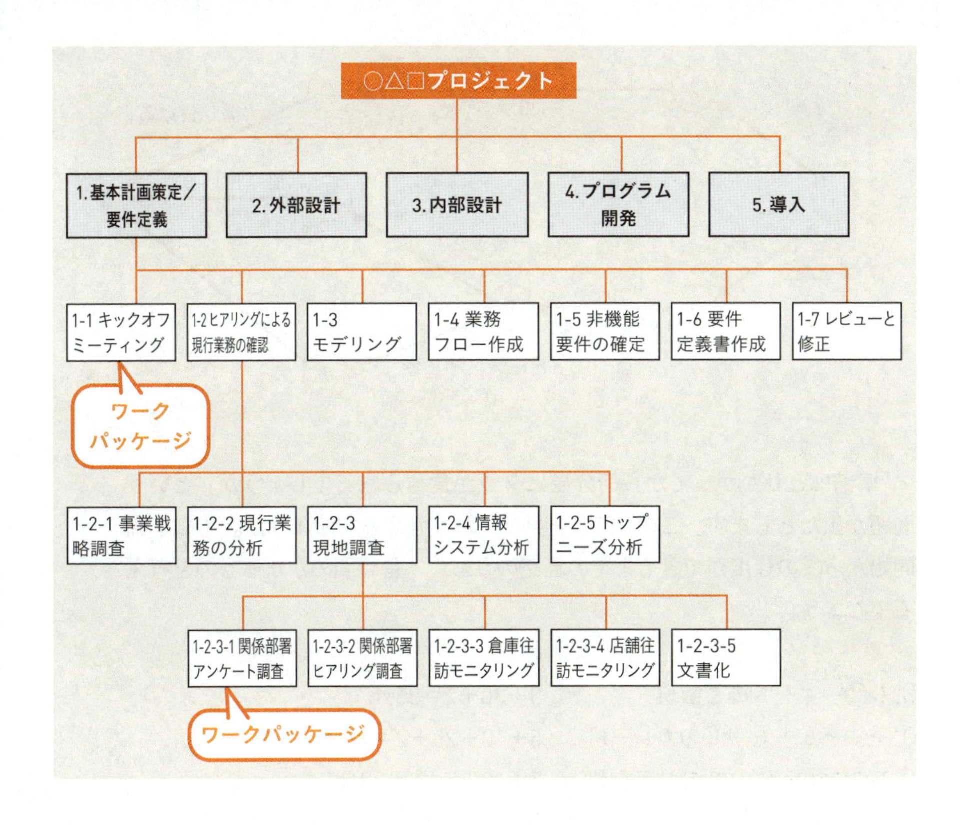

タイムマネジメント

タイムマネジメントでは，スケジュールの作成と管理を行います。必要な作業をどのような順で進めるのかを**PERT**（パート）に，実際の作業スケジュールを**ガントチャート**で表します。

PERT（アローダイアグラム）

キャンプに行って，夕飯はカレーとサラダということになりました。カレーができあがってからご飯を炊いていたら，いったいいつになったら食べられるのか分かりません。一方，カレーを煮込むのに時間がかかるから，野菜を切る前に煮込みに入ろう，ということもできません。一般に作業には，同時並行できる作業と，順序が重要な作業があります。これを整理するための手法が**PERT**（**アローダイアグラム**）です。出るとこ！

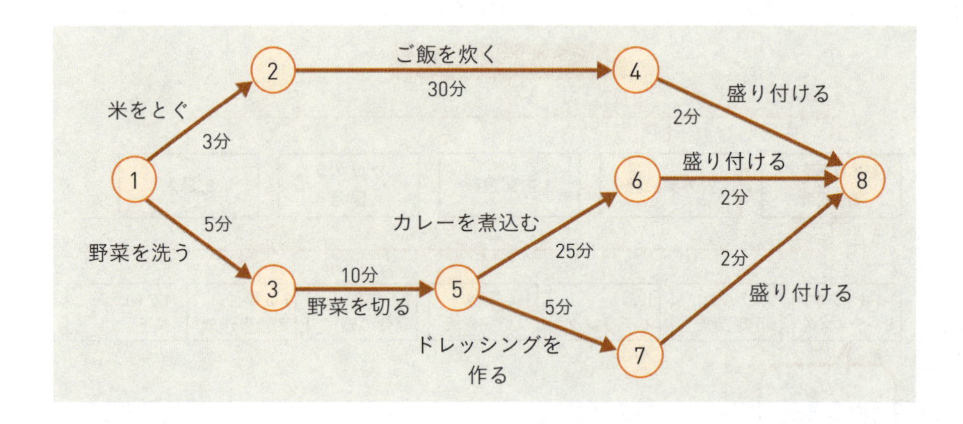

「準備にとりかかってから何分後に夕飯が食べられるでしょうか」という問題が出たとします。このPERTを見て，どう考えるでしょうか。①の準備開始から⑧の仕度ができるまでの経路のうち，一番時間のかかるものを考えるでしょう。

①→②→④→⑧のご飯班　　3＋30＋2＝35分
①→③→⑤→⑥→⑧のカレー班　　5＋10＋25＋2＝42分
①→③→⑤→⑦→⑧のサラダ班　　5＋10＋5＋2＝22分

このようにして夕飯が食べられるのは42分後だなと考えるでしょう。それがPERTの問題の解法になります。

開始から終了までの経路のうち，最も時間がかかる経路，それを**クリティカルパス**といいます。この場合だと①→③→⑤→⑥→⑧がクリティカルパスです。工程全体の短縮を図る場合はクリティカルパス上の作業の短縮を図ります。いくら一番時間がかかっているからといって，ご飯を炊く30分の時間を，早炊き米を使って20分に短縮しても意味がありません。

PERTは，このようにプロジェクトの日程計画を行うために使われる図式です。

ガントチャート

ガントチャートは，進捗管理（工程管理）の一般的な技法です。縦軸にタスク，横軸に時間をとり，計画と実績をバーで表します。

ID	作業内容（ワークパッケージ）	区分	開始日	終了日	期間	2021年5月														
						9	10	11	12	13	14	15	16	17	18	19	20	21	22	23
1	外部設計ヒアリング	計画	2021/05/09	2021/05/10	2d															
		実績	2021/05/09	2021/05/11	3d															
2	画面遷移図作成	計画	2021/05/11	2021/05/14	4d															
		実績	2021/05/12	2021/05/16	5d															
3	画面詳細設計	計画	2021/05/15	2021/05/16	2d															
		実績	2021/05/17																	
4	データベース定義	計画	2021/05/17	2021/05/19	3d															
		実績																		

リスクマネジメント

プロジェクトにはリスクがつきものです。そのリスクを組織的に管理し，損失などの回避または低減を図るプロセスがリスクマネジメント（2.6参照）です。ジャンルは異なりますが，セキュリティでもリスクマネジメントの概念が出てきます。

章末問題

問題

問1

重要度 ★★★　[令和5年　問32]

問　新システムの導入を予定している企業や官公庁などが作成するRFPの説明として，最も適切なものはどれか。

ア　ベンダー企業から情報収集を行い，システムの技術的な課題や実現性を把握するもの

イ　ベンダー企業と発注者で新システムに求められる性能要件などを定義するもの

ウ　ベンダー企業と発注者との間でサービス品質のレベルに関する合意事項を列挙したもの

エ　ベンダー企業にシステムの導入目的や機能概要などを示し，提案書の提出を求めるもの

問2

重要度 ★★☆　[令和5年　問49]

問　リファクタリングの説明として，適切なものはどれか。

ア　ソフトウェアが提供する機能仕様を変えずに，内部構造を改善すること

イ　ソフトウェアの動作などを解析して，その仕様を明らかにすること

ウ　ソフトウェアの不具合を修正し，仕様どおりに動くようにすること

エ　利用者の要望などを基に，ソフトウェアに新しい機能を加える修正をすること

問3

重要度 ★★★　[令和5年　問40]

問　ソフトウェア開発におけるDevOpsに関する記述として，最も適切なものはどれか。

ア　運用側で利用する画面のイメージを明確にするために，開発側が要件定義段階でプロトタイプを作成する。
イ　開発側が，設計・開発・テストの工程を順に実施して，システムに必要な全ての機能及び品質を揃えてから運用側に引き渡す。
ウ　開発側と運用側が密接に連携し，自動化ツールなどを取り入れることによって，仕様変更要求などに対して迅速かつ柔軟に対応する。
エ　一つのプログラムを2人の開発者が共同で開発することによって，生産性と信頼性を向上させる。

問4

重要度 ★★☆　[令和4年　問38]

問　XP（エクストリームプログラミング）の説明として，最も適切なものはどれか。

ア　テストプログラムを先に作成し，そのテストに合格するようにコードを記述する開発手法のことである。
イ　一つのプログラムを2人のプログラマが，1台のコンピュータに向かって共同で開発する方法のことである。
ウ　プログラムの振る舞いを変えずに，プログラムの内部構造を改善することである。
エ　要求の変化に対応した高品質のソフトウェアを短いサイクルでリリースする，アジャイル開発のアプローチの一つである。

問5

重要度 ★★☆　[令和5年　問42]

問　ソフトウェア開発における，テストに関する記述a～cとテスト工程の適切な組合せはどれか。

a　運用予定時間内に処理が終了することを確認する。
b　ソフトウェア間のインタフェースを確認する。

c　プログラムの内部パスを網羅的に確認する。

	単体テスト	結合テスト	システムテスト
ア	a	b	c
イ	a	c	b
ウ	b	a	c
エ	c	b	a

問6

重要度 ★★★　[令和4年　問45]

問　ブラックボックステストに関する記述として，適切なものはどれか。

ア　プログラムの全ての分岐についてテストする。
イ　プログラムの全ての命令についてテストする。
ウ　プログラムの内部構造に基づいてテストする。
エ　プログラムの入力と出力に着目してテストする。

問7

重要度 ★★★　[令和5年　問45]

問　プロジェクトマネジメントでは，スケジュール，コスト，品質といった競合する制約条件のバランスをとることが求められる。計画していた開発スケジュールを短縮することになった場合の対応として，適切なものはどれか。

ア　資源の追加によってコストを増加させてでもスケジュールを遵守することを検討する。
イ　提供するシステムの高機能化を図ってスケジュールを遵守することを検討する。
ウ　プロジェクトの対象スコープを拡大してスケジュールを遵守することを検討する。
エ　プロジェクトメンバーを削減してスケジュールを遵守することを検討する。

問8

重要度 ★★☆　[令和4年　問36]

問　プロジェクトで作成するWBSに関する記述のうち，適切なものはどれか。

ア　WBSではプロジェクトで実施すべき作業内容と成果物を定義するので，作業工数を見積もるときの根拠として使用できる。

イ　WBSには，プロジェクトのスコープ外の作業も検討して含める。

ウ　全てのプロジェクトにおいて，WBSは成果物と作業内容を同じ階層まで詳細化する。

エ　プロジェクトの担当者がスコープ内の類似作業を実施する場合，WBSにはそれらの作業を記載しなくてよい。

問9

重要度 ★★★　[令和5年　問41]

問　次のアローダイアグラムに基づき作業を行った結果，作業Dが2日遅延し，作業Fが3日前倒しで完了した。作業全体の所要日数は予定と比べてどれくらい変化したか。

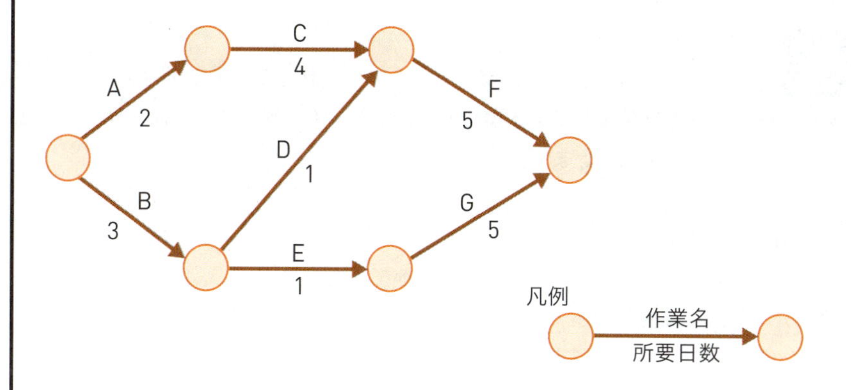

ア　3日遅延　　**イ**　1日前倒し

ウ　2日前倒し　　**エ**　3日前倒し

解答・解説

問1 ［令和5年　問32］

解答 エ

解説 RFP（Request for Proposal）は，日本語では「提案依頼書」と訳されます。システム開発の現場にて調達を予定している企業・組織がベンダー企業に対して提出する書面で，発注要件が書かれています。具体的には，自社の現状の課題や，課題解決のためにシステムに搭載したい機能などです。

ア RFI（Request for Information：情報提供依頼書）に関する記述です。
イ **システム要件定義書**に関する記述です。
ウ SLA（Service Level Agreement）に関する記述です。
エ 適切な記述です。

問2 ［令和5年　問49］

解答 ア

解説 **リファクタリング**とは，ソフトウェアの動作を変えることなく，そのソースコードを整理して書き換えることです。よりソースコードを分かりやすくするために行います。

ア 適切な記述です。
イ **リバースエンジニアリング**に関する記述です。
ウ **デバッグ**に関する記述です。
エ **ソフトウェア保守**に関する記述です。

問3 ［令和5年　問40］

解答 ウ

解説 DevOpsとは，ソフトウェアの開発担当と導入・運用担当が密接に協力する体制を構築し，ソフトウェアの導入や更新を迅速に進めることです。“Development”（開発）と“Operations”（運用）の略語を組み合わせた造語です。従来，ソフトウェアの開発と運用は切り離すべきとされており，組織も分断されていることが多かったのですが，最近は，迅速な開発・導入，頻繁な改善・更新を可能にする方法論として，開発と運用のサイクルを統合することが増えてきました。

ア　**プロトタイピング**に関する記述です。
イ　**ウォーターフォールモデル**に関する記述です。
ウ　適切な記述です。
エ　**ペアプログラミング**に関する記述です。

問4　［令和4年　問38］

解答　エ

解説　XP（エクストリームプログラミング）とは，迅速で柔軟性の高いソフトウェア開発手法の一つです。いわゆるアジャイル開発手法と総称される軽量で柔軟な手法の先駆けとなりました。XPには，4つの領域にグループ化された12（その後19に増加）のプラクティスがあります。

ア　プラクティスの一つである**テスト駆動開発**に関する記述です。
イ　プラクティスの一つである**ペアプログラミング**に関する記述です。
ウ　プラクティスの一つである**リファクタリング**に関する記述です。
エ　適切な記述です。

問5　［令和5年　問42］

解答　エ

解説

- **単体テスト**：機能を単体でテストします。関数やメソッド単位のテストです。開発者の責任で，内部の経路を網羅的にテストします。
- **結合テスト**：各機能間や他のシステムとの間（インタフェース）をテストします。システム内の機能が連携できているか検証するためのテストです。
- **システムテスト**：非機能を含んだシステム全体をテストします。ユーザ

chapter 8 システムの開発

の要求を正確に満たしているか検証するためのテストです。

したがって，エが正解です。

問6 ［令和4年　問45］

解答　エ

解説　**ブラックボックステスト**は，システムの内部構造は考慮せず，仕様を満たしているかどうかのみを検証するテスト技法です。システムを「ブラックボックス（中身の見えない箱）」とみなして，入力と出力（結果）に着目したテストといえます。

一方，**ホワイトボックステスト**は，システムの内部構造を理解した上で，ロジックや制御の流れが正しいかどうかを検証するテスト技法です。

ア　ホワイトボックステストの分岐網羅に関する記述です。
イ　ホワイトボックステストの命令網羅に関する記述です。
ウ　ホワイトボックステストに関する記述です。
エ　適切な記述です。

問7 ［令和5年　問45］

解答　ア

解説　プロジェクトマネジメントの柱は**スケジュール**，**コスト**，**品質**です。この3つは密接な関係があります。例えば，スケジュールを短縮しようと要員を増やせば，コストが増大します。コストを下げようと熟練度の低い要員に変更すれば，品質が下がります。

問題は開発スケジュールを短縮することになったということなので，どうすればスケジュールを短縮できるかを考えます。

ア　適切な記述です。資源（要員や機器）を追加するとコストは増えますが，スケジュールを短縮することが可能になります。
イ　システムを高機能化すると，逆にスケジュールは伸びてしまいます。
ウ　対象スコープ（範囲）を拡大すると，逆にスケジュールは伸びてしまいます。

エ　プロジェクトメンバーを削減すると，逆にスケジュールは伸びてしまいます。

問8　［令和4年　問36］

解答　**ア**

解説　**WBS**（Work Breakdown Structure）は，プロジェクトマネジメントで計画を立てる際，プロジェクト全体を細かい作業に分割した構成図のことです。大きな単位から小さな単位へ段階的に分割し，階層構造で表されます。

ア　適切な記述です。作業内容と成果物を個人に割り当てられるレベルまで細分化しますから，工数の見積もりの根拠となります。
イ　**スコープ**はプロジェクトの実施範囲です。プロジェクト内の作業や成果物を分割します。
ウ　作業や成果物によって，どの階層まで詳細化すべきかは異なります。
エ　スコープ内の作業はすべて記載します。

問9　［令和5年　問41］

解答　**ウ**

解説　まず，当初の**アローダイアグラム**での**クリティカルパス**を求めます。クリティカルパスは，始まりから終わりまでの経路のうち最も時間のかかるものです。

A→C→F　11日
B→D→F　 9日
B→E→G　 9日

クリティカルパスはA→C→Fで，所要日数は11日です。

chapter 8 システムの開発

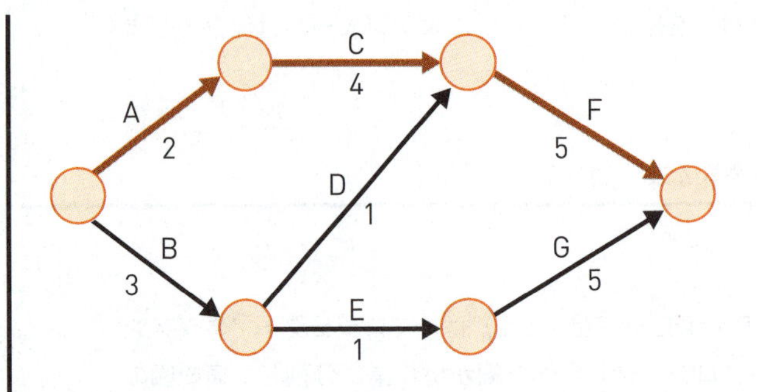

作業Dが2日遅延し，作業Fが3日前倒しになると，次のように変わります。

A→C→F　8日

B→D→F　8日

B→E→G　9日

クリティカルパスはB→D→Fに変わり，所要日数は9日です。したがって，11−9=2日前倒しになります。

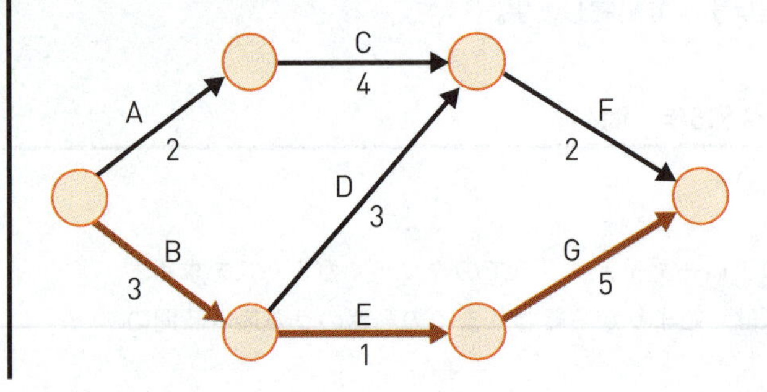

chapter

9

サービスマネジメント

ここでは，情報システムを安定的に運用し，利用者に対するサービスとして品質を維持・向上させる活動について学習します。システムに何らかの不具合が出たときに素早く対応することも，IT サービスの役割となります。ITIL というフレームワークからの出題が多くなっています。

アクセスキー	i （小文字のアイ）

section
9.1 ITサービスマネジメント

ここがポイント！

- **システムを保守・運用する仕事です**
- **困ったときはサービスデスクに連絡します**
- **ファシリティマネジメントもよく出題されます**

ITサービス

顧客のビジネスを支援するために，IT部門（情報システム部門など）やIT組織（システムインテグレータやベンダ企業など）によって提供されるサービスのことを**ITサービス**といいます。その品質を維持・改善するための活動が**ITサービスマネジメント**です。

具体的には，日々システムを動かす作業である運用業務や，システムの改修・調整・修理をする作業である保守業務がITサービスといえます。サーバを起動・停止したり，決まった時間にデータを入力したり，システムを監視して状態を常に把握したりします。このような定型化されたオペレーションをこなすことで，システムが提供するサービスを滞りなくユーザに届けます。

SLA

出るとこ！

ITサービスはITベンダが提供することもあれば，社内のシステム部門が提供することもあります。いずれにしても，何をどこまで提供するかをあらかじめ定めておく必要があります。

SLA（Service Level Agreement：サービスレベル合意書）は，**提供するITサービスの品質と範囲を明文化したもの**です。提供者と利用者の合意に基づいて交わされる合意書といえます。ITサービスの定義，内容，役割／責任分担，サービスレベル目標，目標未達時の対応などを決定して盛り込みます。

関連用語

SLM（Service Level Management）：サービスレベル合意書（SLA）に基づき，サービス状況のモニタリングやレビューを通じてサービスレベルの維持や向上を図る活動。

ITIL

ITサービスマネジメントにおけるベストプラクティス（成功事例）を体系的にまとめた書籍群が**ITIL**（アイティル）(Information Technology Infrastructure Library)です。法律でも基準でもなく，「標準的にはこうやるとうまくいくよ」という攻略本のようなものと考えて下さい。

ITIL 2011 editionは，サービスのライフサイクルを軸に，「サービスストラテジ」，「サービスデザイン」，「サービス移行」，「サービスオペレーション」，「継続的サービス改善」の5冊から構成されています。このうち，日常的なシステム運用について書かれているのは「**サービスオペレーション**」です。また，新規に作成した，もしくは変更したサービスの本番環境への移行を無事に行うのが「**サービス移行**」です。この2つのライフサイクルの主なプロセスについて解説します。

(1) インシデント管理

インシデントとは，システムにおける障害や事故，ハプニングのことです。インシデント管理の目的は**迅速な復旧**です。そのための対応を規定するとともに，記録・分類・管理し閲覧できるようにしておきます。

(2) 問題管理

インシデントの根本原因を識別し，分析します。その上で問題を解決するための対策を検討します。

(3) 変更管理

変更要求の影響度を調査し，変更の可否を判断します。

(4) リリースおよび展開管理

変更管理で決定した変更作業を安全で確実に実行し，リリースします。リリースとは，変更を本番環境に移行することです。

(5) サービス資産および構成管理

ハードウェアやソフトウェアなどのIT環境の構成要素を正しく把握し，常に最新の状態を維持します。ハードウェア構成だけでなく，ソフトウェアのバージョンなども管理対象となります。

（6）**サービスデスク** 出るとこ！

これだけが「プロセス」ではなく「機能」です。ユーザからの問い合わせを一元的に受け付ける窓口です。製品の使用方法やトラブルの対処方法，修理の依頼，クレームへの対応といった様々な事項を一括して受け付けます。

2019年にITILの最新バージョンであるITIL4が発表されました。旧ITILは利用者にITサービスを提供するという視点でしたが，ITIL4ではITサービスを提供する側と利用する側がITサービスを共に創っていくという視点に変わっています。ITIL4では，新たにサービスバリューシステム（SVS）という概念が生まれました。ただし，ITパスポート試験を含む情報処理技術者試験の出題範囲およびシラバスではITIL 2011 editionをベースにしたJIS Q 20000の体系に準じています。

関連用語

エスカレーション：上位者に対応を求めること。例えばサービスデスクにおいて，ユーザからの問い合わせやクレームの対応が難しい場合，上位者に交代して対応してもらう，またはどう対応すればよいか指示や判断を仰ぐことを意味する。

FAQ：英語のFrequently Asked Questionsの略語で，**よくある質問とその回答**を集めたもの。あらかじめユーザに提示したり，サービスデスクに準備したりしておく。

PDCAサイクル

「2.6 情報セキュリティ管理」の「ISMS」でも取り上げたPDCAサイクルをITサービスマネジメントでも回していくことになります。災害などの発生時にビジネスへの悪影響を最小限にするためのITサービスマネジメントの活動を例にとると，次のようなものです。

Plan（計画）：ITサービスを継続するための復旧方法などを定めた復旧計画書を策定する。

Do（実施）：災害の発生を想定して，要員に対する定期的な教育や訓練を実施する。

Check（評価）：復旧計画の内容についてレビューやテストを実施して検証

する。

Act（改善）　：レビューやテストの実施結果に基づいて，必要であれば復旧計画書を見直す。

ファシリティマネジメント

出るとこ！

ファシリティとは，一般的な英単語で「施設」や「設備」といった意味です。ファシリティマネジメントは経営の視点から，建物や設備などの保有，運用，維持などを最適化する活動です。

例えば，情報システムを稼働させているデータセンタなどの施設を管理する，免震装置や適切な防火設備を設置し災害に備えるといった活動です。

関連用語

セキュリティワイヤ：コンピュータの盗難や不正な持ち出しを防止する固定器具。

サージ防護：落雷などによる異常高電圧・高電流からコンピュータを守る機器や機能。

無停電電源装置

コンピュータに対して停電時に電力を一時的に供給したり，瞬間的な電圧低下の影響を防いだりするために利用するバッテリー装置を**無停電電源装置**（**UPS**：Uninterruptible Power Supply）といいます。自家発電装置とは異なり，長時間の電力供給はできませんが，その時間内にシャットダウンやバックアップなどの作業を行うことができます。

無停電電源装置（UPS）

章末問題

問題

問1

重要度 ★★☆　[令和5年　問44]

問　A社のIT部門では，ヘルプデスクのサービス可用性の向上を図るために，対応時間を24時間に拡大することを検討している。ヘルプデスク業務をA社から受託しているB社は，これを実現するためにチャットボットをB社に導入して活用することによって，深夜時間帯は自動応答で対応する旨を提案したところ，A社は24時間対応が可能であるのでこれに合意した。この合意に用いる文書として，最も適切なものはどれか。

ア　BCP　**イ**　NDA　**ウ**　SLA　**エ**　SLM

問2

重要度 ★★★　[令和3年　問37]

問　システムの利用者数が当初の想定よりも増えてシステムのレスポンスが悪化したので，増強のためにサーバを1台追加することにした。動作テストが終わったサーバをシステムに組み入れて稼働させた。この作業を実施するITサービスマネジメントのプロセスとして，適切なものはどれか。

ア　インシデント管理
イ　変更管理
ウ　問題管理
エ　リリース及び展開管理

問3

重要度 ★★☆　[令和4年　問51]

問　ITサービスマネジメントにおけるSLAに関する次の記述において，a，bに当てはまる語句の組合せとして，適切なものはどれか。

SLAは，[a]と[b]との間で交わされる合意文書である。[a]が期待するサービスの目標値を定量化して合意した上でSLAに明記し，[b]はこれを測定・評価した上でサービスの品質を改善していく。

	a	b
ア	経営者	システム監査人
イ	顧客	サービスの供給者
ウ	システム開発の発注者	システム開発の受託者
エ	データの分析者	データの提供者

問4

重要度 ★★★ [令和5年　問36]

問　サービスデスクの業務改善に関する記述のうち，最も適切なものはどれか。

ア　サービスデスクが受け付けた問合せの内容や回答，費やした時間などを記録して分析を行う。

イ　障害の問合せに対して一時的な回避策は提示せず，根本原因及び解決策の検討に注力する体制を組む。

ウ　利用者が問合せを速やかに実施できるように，問合せ窓口は問合せの種別ごとにできるだけ細かく分ける。

エ　利用者に対して公平性を保つように，問合せ内容の重要度にかかわらず受付順に回答を実施するように徹底する。

問5

重要度 ★★★ [令和5年　問51]

問　ITサービスマネジメントにおいて，過去のインシデントの内容をFAQとしてデータベース化した。それによって改善が期待できる項目に関する記述a～cのうち，適切なものだけを全て挙げたものはどれか。

a　ITサービスに関連する構成要素の情報を必要な場合にいつでも確認できる。
b　要員候補の業務経歴を確認し，適切な要員配置計画を立案できる。
c　利用者からの問合せに対する一次回答率が高まる。

ア　a　　**イ**　a，b　　**ウ**　a，c　　**エ**　c

問6

重要度 ★★★ [令和5年 問48]

問 システム環境整備に関する次の記述中のa，bに入れる字句の適切な組合せはどれか。

企業などがシステム環境である建物や設備などの資源を最善の状態に保つ考え方として［ a ］がある。その考え方を踏まえたシステム環境整備の施策として，突発的な停電が発生したときにサーバに一定時間電力を供給する機器である［ b ］の配備などがある。

	a	b
ア	サービスレベルマネジメント	IPS
イ	サービスレベルマネジメント	UPS
ウ	ファシリティマネジメント	IPS
エ	ファシリティマネジメント	UPS

解答・解説

問1　[令和5年　問44]

解答　ウ

解説

ア　BCP（Business Continuity Plan：事業継続計画）は，重大災害が発生した場合に，必要最低限の事業を継続しつつ，業務を早期に復旧・再開するための行動計画です。

イ　NDA（Non-Disclosure Agreement：秘密保持契約）は，自社の営業秘密や個人情報などを，業務目的以外で利用したり，漏えいさせたりすることがないよう，情報管理の在り方について取り決めた契約のことです。

ウ　適切な選択肢です。SLA（Service Level Agreement：サービスレベル合意）は，サービスの提供者と顧客の間でサービスの品質に関して結ぶ契約です。問題では，ヘルプデスクに関するサービス水準についてのA社とB社の合意ですから，SLAが適切です。

エ　SLM（Service Level Management：サービスレベル管理）は，SLAに基づいて顧客要件を満たすITサービスの提供を実現し，その品質の継続的な改善に必要なプロセスを構築するための管理活動全般を指す用語です。ここでは「文書」を聞いているので適切ではありません。

問2　[令和3年　問37]

解答　エ

解説　選択肢はITILで定義されているプロセスです。通常のプロセスの流れは「インシデント管理」→「問題管理」→「変更管理」→「リリース及び展開管理」となります。

ア　インシデント管理は，ユーザからの問合せやシステムの正常な運用を妨げる事象をインシデントとして管理します。問合せに対しては適切な回答を，また，事象に対しては回避策を早急に提示します。インシデント管理プロセスで対応困難なものについては問題管理プロセスに対応を依頼します。

イ **変更管理**は，変更要求の発行を受け，変更による障害発生リスクや業務への影響度を考慮に入れた上で，変更内容の審議と変更計画の立案をします。この審議，変更計画の立案には，システム構築，運用に携わる有識者やシステムの利用ユーザなどが加わります。これをITILでは変更諮問委員会（CAB）メンバと呼び，審議，変更計画の立案をする会議を変更諮問委員会（CAB）会議と呼びます。会議の結果，変更計画が決まれば，リリース管理プロセスに連絡，対応を依頼します。

ウ **問題管理**は，問い合わせやシステム障害などを機に，原因追究が必要と判断したものを問題点として管理します。問題点の根本原因を調査し，恒久的な解決策を導き出します。ユーザに提供しているシステム自体に変更が必要であれば，変更要求（RFC）を発行し，変更管理プロセスに対応を依頼します。

エ **リリース及び展開管理**は，変更計画に基づき，対象システムに対する実装（本番環境に組み入れること）計画を立てます。また，実装計画に基づき，構築，テスト，実装を実施します。

問題では，新たなサーバをシステムに組み入れて稼働させているので，「リリース及び展開管理」が適切です。

問3 ［令和4年　問51］

解答　イ

解説　**SLA**（Service Level Agreement）は，サービスの供給者とその利用者（顧客）の間で結ばれる，サービスのレベル（定義，範囲，内容，達成目標など）に関するサービス水準，サービス品質保証などの合意書です。期待するのは「顧客」，測定・評価するのは「サービスの供給者」です。

問4 ［令和5年　問36］

解答　ア

解説　**サービスデスク**はユーザからの問い合わせ（システムの利用方法や不具合）や各種申請に対応する窓口です。

ア 適切な記述です。問合せを記録・分析することにより，回答の精度が上がり，回答にかかる時間も短縮できるので，業務改善につながります。

イ　サービスデスクは問い合わせの受付と記録，初動での対応が役割です。根本原因および解決策の検討は，問題管理プロセスに任せます。

ウ　サービスデスクは様々な問合せに対応できる単一の窓口です。

エ　サービスデスクは受付内容の重要度や緊急度に応じた優先順位付けが必要です。

問5　［令和5年　問51］

解答　エ

解説　FAQ（Frequently Asked Questions）を日本語に直訳すれば，「頻繁に尋ねられる質問」という意味になります。想定される質問の内容とともに，それに対する回答が簡潔にまとめられています。

過去のインシデントの内容をFAQとしてデータベース化することにより，利用者からの問合せに迅速に回答できるようになります。

a　インシデントに関するFAQなので構成要素の情報とは無関係です。

b　要員に関する情報ではありません。

c　適切です。利用者からの問合せは，軽微なインシデントに関するものが多く，これに回答できる率が高くなります。

問6　［令和5年　問48］

解答　エ

解説　選択肢の表にある用語は次の意味です。

- **サービスレベルマネジメント**：合意された水準のサービスを提供するための管理活動です。
- **ファシリティマネジメント**：ファシリティとは施設・設備・建物といった意味です。組織が保有または使用する全施設資産，およびそれらの利用環境を管理する活動です。
- **IPS**（Intrusion Prevention System）：システムやネットワークを監視し，不正または異常な通信を検知して，管理者に警告メールなどで通知するとともに，その通信をブロックするシステムのことです。

- UPS（Uninterruptible Power Supply）：落雷などを原因とする突発的な停電や瞬間的な電圧の低下が発生したときに，電源を供給する機器です。自家発電装置とは異なり，短時間しか機能しませんが，システムを安全に終了させる時間はできます。

したがって，aは「ファシリティマネジメント」，bは「UPS」が該当します。

chapter 10 システム監査

ここではシステム監査という業務について，意義・目的・考え方や企業の健全な運営を実現するための内部統制という仕組みも学習します。出題数は少ないジャンルですが，覚えておけば必ず答えられるので，点数の稼ぎどころです。

アクセスキー　8（数字のはち）

section

10.1 システム監査と内部統制

ここがポイント！

・システム監査は第三者によるチェックです
・内部統制も必ず出題があります
・難しいですが，言葉を暗記しておけば解ける問題です

監査とは

監査とは「必要な基準や手続きが定められているか？　その基準や手続きが，実際に守られているか？」を第三者がチェックすることです。監査対象によって，**会計監査**と**業務監査**に分けられますし，法律で義務付けられているかによって，**法定監査**と**任意監査**に分けられます。また監査するのが企業内部の要員か外部要員かによって，**内部監査**と**外部監査**があります。たとえ内部監査だったとしても，監査対象とは独立した第三者がチェックする点がポイントです。

システムに関わる監査としては，**システム監査**や**情報セキュリティ監査**があります。

システム監査

出るとこ！

システム監査は，会社の情報システムの安全性，信頼性などを第三者が点検，評価し，必要があれば当該第三者が対象者に助言，勧告をするものです。情報システムの高度化に伴って，企業の情報化投資の費用対効果や健全性の確保に対する要求が高まっています。**情報システムが経営戦略に合致したものであるかを客観的に評価する**，という意味でシステム監査の重要性は増してきています。

システム監査基準

システム監査基準とは，システム監査に際しての必要事項を網羅的にまとめたガイドラインです。システム監査業務の品質を確保し，有効かつ効率的な監査を実現するための**システム監査人**の行為規範について述べられています。

この中にシステム監査の目的が書かれています。少し長くなりますが，引用してみます。

> システム監査は，情報システムにまつわるリスクに適切に対処しているかどうかを，独立かつ専門的な立場のシステム監査人が点検・評価・検証することを通じて，組織体の経営活動と業務活動の効果的かつ効率的な遂行，さらにはそれらの変革を支援し，組織体の目標達成に寄与すること，又は利害関係者に対する説明責任を果たすことを目的とする。

「システム監査基準」（経済産業省）
（https://www.meti.go.jp/policy/netsecurity/downloadfiles/system_kansa_h30.pdf）

キーワードは

- **リスク**に適切に対処
- **独立**かつ専門的な立場
- 組織体の目標達成に寄与

です。

特に独立性については，システム監査基準に，監査を公正かつ客観的に行うため，監査対象の領域や活動から，外観上および精神上の独立をしていなければならない，と明記されています。外観上の独立性とは，被監査主体と身分上，密接な利害関係を有することがあってはならないという意味です。つまり，システム開発の監査をする監査人が，システム開発部に所属していてはならない，ということになります。精神上の独立性とは，システム監査人は，システム監査の実施に当たり，偏向を排し，常に公正かつ客観的に監査判断を行わなければならないという意味です。

システム監査のプロセス

システム監査のプロセスは次のとおりです。

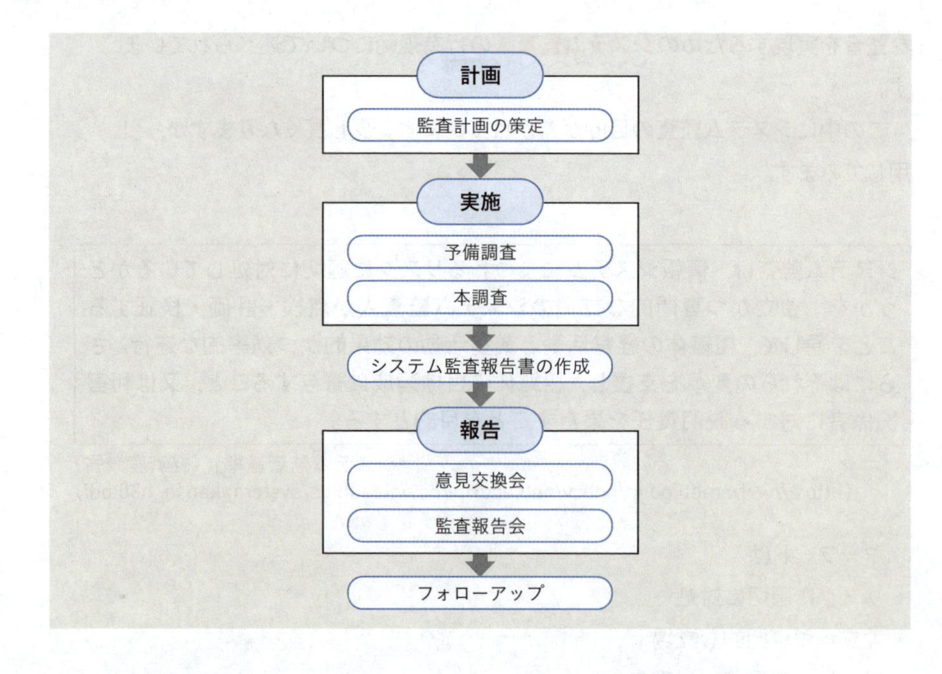

- 監査計画の策定：経営トップの意向，会社の経営および情報化の課題などを調査し，監査の目的，対象，テーマを明らかにします。これに基づいて，監査の実施および報告の監査計画を策定します。次のようにブレイクダウンした計画を立案します。

  中長期計画　：3〜5年単位の計画
  年度計画　　：毎年作成する計画
  個別監査計画：案件ごとの計画

- **予備調査**：管理者へのヒアリングや資料の確認によって，監査対象の実態を概略的に調査します。その結果によって，本調査で詳細な調査が必要な項目とそうでない項目の選別を行います。
- **本調査**：個別監査計画で設定した監査項目・監査手続きに従って調査を行います。重要なことは**監査証拠**の確保です。最終的な監査報告の内容は，すべて明瞭な監査証拠によって裏付けられていなければなりません。入手した文書や記録，ヒアリング結果をまとめて確認を受けたもの，現場の写真などが監査証拠になります。

- **システム監査報告書**の作成：予備調査，本調査で集めた監査証拠を確認・分析・評価して作成します。監査報告書には，監査個別計画で設定した監査テーマについての**評価**，**改善事項**（改善が必要な事項）とそれに対する**改善案**などを記述します。

- 意見交換会：被監査部門の代表者と監査報告書の記述内容に事実誤認がないかどうかの確認を行います。
- 監査報告会：意見交換会での確認結果や意見を，システム監査人が判断し，監査報告書の最終版を作成します。その上で，経営トップに**監査報告**を行います。

- **フォローアップ**：システム監査は監査報告で終わりではありません。改善の実施状況を確認し，改善の実現を支援するフォローアップが重要です。

内部統制

出るとこ！

内部統制とは，組織の中で行われている仕事の仕組みと方法および手続きのすべてが，**所定の基準に基づいて正しく行われているか保証すること**です。内部統制は，①**業務の有効性および効率性**，②**財務報告の信頼性**，③**事業活動に関わる法令などの遵守**，④**資産の保全**の4つの目的を達成するために必要と考えられて，日々の業務に組み込まれ，社長や従業員など組織構成員の全員によって遂行され，機能する仕組みのことです。

簡単にいえば，ミスや不正が発生しないようにする仕組みです。例えば，出張の交通費を水増しして請求しても，どこかでチェックが入って受け付けられないようになっている仕組みと考えて下さい。

法的にも，会社法には業務の適正を確保するための体制として内部統制の整備の決定に関する規定があります。また金融商品取引法では内部統制報告書の作成を義務付けています。

関連用語

職務分掌（ぶんしょう）：内部統制の観点から，担当者間で相互けん制を働かせることで，業務における不正や誤りが発生するリスクを減らすために，担当者の役割を決めること。例えば，業務の担当者と承認者を分けるということ。

chapter 10 システム監査

IT統制

内部統制システムのうち，ITを利用した部分を**IT統制**といい，**全般統制**と**業務処理統制**の2つがあります。

- **全般統制**

ITを利用した業務処理に統制が機能していることを保証するものです。例えば，アプリケーションは適切に開発されたか，最新の状態になっているか，権限のない人がアクセスしていないかなど。つまり情報システムの開発・運用・保守の各フェーズにおいて安全性・信頼性・効率性が確保されているかどうかをチェックするものです。ITシステムを安全かつ効率的に運用するための管理活動ともいえます。例えば，ログインするのにちゃんとパスワードを入力するようになっているかどうかなどのチェックです。

- **業務処理統制**

承認された業務がすべて正確に処理，記録されることを担保するために業務プロセスに組み込まれた仕組みです。該当するシステムやアプリケーションで入力・処理・出力の不正やミスを防止するための機能が，これに当たります。具体例としては入力データのチェックや権限者の承認にかかるシステム機能，出力結果のチェックなどがあります。正しいデータが漏れなく入力される仕組みのことです。例えば，年齢に350と入力したら，エラーとなる仕組みが用意されているかどうかなどのチェックです。

「IT統制」と「ITガバナンス」の違いが分かりにくいのですが，ITパスポート試験問題には次のように書かれています。

> 企業は，経営戦略に沿って組織体の**ITガバナンス**（出るとこ！）の実現に向けて，効果的なIT戦略を立案し，その戦略に基づき情報システムの企画・開発・運用・保守というライフサイクルを確立している。この情報システムにまつわるリスクを低減するために，**IT統制**を整備・運用している。（平成27年秋　問39）

この記述から，「ITガバナンスの実現」が目的であり，その手段として「IT統制」が必要であると読み取れます。ただどちらも組織に組み込まれる仕組みととらえて間違いはないでしょう。

章末問題

問題

問1

重要度 ★★★　[令和5年　問37]

問　システム監査人の行動規範に関して，次の記述中のa，bに入れる字句の適切な組合せはどれか。

システム監査人は，監査対象となる組織と同一の指揮命令系統に属していないなど，［ a ］上の独立性が確保されている必要がある。また，システム監査人は［ b ］立場で公正な判断を行うという精神的な態度が求められる。

	a	b
ア	外観	客観的な
イ	経営	被監査側の
ウ	契約	経営者側の
エ	取引	良心的な

問2

重要度 ★★★　[令和5年　問52]

問　会計監査の目的として，最も適切なものはどれか。

ア　経理システムを含め，利用しているITに関するリスクをコントロールし，ITガバナンスが実現されていることを確認する。

イ　経理部門が保有しているPCの利用方法をはじめとして，情報のセキュリティに係るリスクマネジメントが効果的に実施されていることを確認する。

ウ　組織内の会計事務などを含む諸業務が組織の方針に従って，合理的かつ効率的な運用が実現されていることを確認する。

エ　日常の各種取引の発生から決算報告書への集計に至るまで，不正や誤りのない処理が行われていることを確認する。

問3

重要度 ★★★　[令和4年　問53]

問　a～dのうち，システム監査人が，合理的な評価・結論を得るために予備調査や本調査のときに利用する調査手段に関する記述として，適切なものだけを全て挙げたものはどれか。

a　EA（Enterprise Architecture）の活用
b　コンピュータを利用した監査技法の活用
c　資料や文書の閲覧
d　ヒアリング

ア　a, b, c　　**イ**　a, b, d　　**ウ**　a, c, d　　**エ**　b, c, d

問4

重要度 ★★★　[令和5年　問50]

問　内部統制において，不正防止を目的とした職務分掌に関する事例として，最も適切なものはどれか。

ア　申請者は自身の申請を承認できないようにする。
イ　申請部署と承認部署の役員を兼務させる。
ウ　一つの業務を複数の担当者が手分けして行う。
エ　一つの業務を複数の部署で分散して行う。

問5

重要度 ★★★　[令和4年　問37]

問　システムによる内部統制を目的として，幾つかの機能を実装した，次の処理は，どの機能の実現例として適切か。

ログイン画面を表示して利用者IDとパスワードを入力する。利用者IDとパスワードの組合せをあらかじめ登録されている内容と一致する場合は業務メニュー画面に遷移する。一致しない場合は遷移せずにエラーメッセージを表示する。

ア　システム障害の検知
イ　システムによるアクセス制御

ウ　利用者に対するアクセス権の付与
エ　利用者のパスワード設定の妥当性の確認

問6

重要度 ★★★　　[令和4年　問40]

問　ITガバナンスに関する記述として，最も適切なものはどれか。

ア　ITサービスマネジメントに関して，広く利用されているベストプラクティスを集めたもの
イ　システム及びソフトウェア開発とその取引の適正化に向けて，それらのベースとなる作業項目の一つ一つを定義して標準化したもの
ウ　経営陣が組織の価値を高めるために実践する行動であり，情報システムの戦略の策定及び実現に必要な組織能力のこと
エ　プロジェクトの要求事項を満足させるために，知識，スキル，ツール，技法をプロジェクト活動に適用すること

解答・解説

問1　［令和5年　問37］

解答　ア

解説　経済産業省が公表しているシステム監査基準では，システム監査人の独立性について２つの項目を定めています。

- **外観上の独立性**
  システム監査人は，システム監査を客観的に実施するために，監査対象から独立していなければならない。監査の目的によっては，被監査主体と身分上，密接な利害関係を有することがあってはならない。
- **精神上の独立性**
  システム監査人は，システム監査の実施に当たり，偏向を排し，常に**公正かつ客観的**に監査判断を行わなければならない。

問2　［令和5年　問52］

解答　エ

解説　**会計監査**とは，企業や行政などが作成した財務諸表などの会計に関わる書類について，外部の第三者が間違いがないかどうかをチェックし，意見を表明することです。会計監査の目的は，計算書類や財務諸表などの内容が適正か，信頼性を確保することです。企業内で作成した決算書に，不正や誤りがないか投資家や銀行は調査できません。外部の公認会計士や監査法人である監査人が書類の適正性を証明することにより，銀行など関係各所は安心して取引を行えます。投資家にとっても，信頼度が高くなります。

ア　**システム監査**に関する記述です。
イ　**情報セキュリティ監査**に関する記述です。
ウ　**業務監査**に関する記述です。
エ　適切な記述です。

問3　[令和4年　問53]

解答　エ

解説

a　不適切です。EA（Enterprise Architecture）は，大企業や政府機関などといった巨大な組織の資源配置や業務手順，情報システムなどの標準化，全体最適化を進め，効率よい組織を生み出すための設計手法です。監査とは関係がありません。

b　適切です。コンピュータを利用した**監査技法**には様々なものがあり，調査手段として用いられています。

c　適切です。**資料や文書の閲覧**は監査の調査手段として基本的なものです。

d　適切です。**ヒアリング**とは，監査対象部門や関連部門に監査人が質問し，回答を得る手法です。

問4　[令和5年　問50]

解答　ア

解説　**職務分掌**（しょくむぶんしょう）とは，組織において各部署や各役職，担当者の行うべき仕事を配分して，仕事の責任の所在と範囲を明確化することを指します。特に不正防止を目的とする場合は，記帳と承認，発注と検収といった業務は担当を分ける必要があります。例えば，部長の出張旅費申請を部長自身が承認する，といったことを避けることで内部不正を防止します。

ア　適切な記述です。自分自身の申請を承認できないようにすることは，職務分掌に該当します。

イ　申請とその承認という相対する業務の責任を1人の者に持たせることは，職務分掌に反します。

ウ，エ　職務分掌は，1つの業務を分担することではありません。

問5 [令和4年　問37]

解答　イ

解説　**アクセス制御**とは，ある特定のデータやネットワークについて，アクセスできるユーザを制御・管理することです。つまり，正式に許可された人以外は使えなくする機能といえます。設問では利用者IDとパスワードで認証を行い，あらかじめ登録されている内容と一致する場合だけアクセスを許可しています。アクセス制御の実現例です。

ア　システム障害は検知していません。
イ　適切な選択肢です。
ウ　アクセス権の付与は管理者が，ユーザやグループに対してアクセス権を与える業務です。
エ　パスワード設定の妥当性の確認は，パスワード登録時に文字数や使用する字種をチェックすることです。

問6 [令和4年　問40]

解答　ウ

解説　経済産業省では，「**ITガバナンス**とは経営陣がステークホルダのニーズに基づき，組織の価値を高めるために実践する行動であり，情報システムのあるべき姿を示す情報システム戦略の策定及び実現に必要となる組織能力」と定義しています。

言葉が難しいですが，「その企業等が持っているITを活用できる力」と考えましょう。

ア　**ITIL**に関する記述です。
イ　**共通フレーム**に関する記述です。
ウ　適切な記述です。
エ　**プロジェクトマネジメント**に関する記述です。

付録

新傾向

本書では「出るとこだけ」というコンセプトから，過去に出題が多かったテーマや問題を多く取り上げています。しかし，それだけでは最近の試験で初めて出題されたテーマは漏れてしまいます。ここでは最近の初出題テーマの問題を集めました。余力のある方はぜひ目を通しておいて下さい。

アクセスキー　X　（大文字のエックス）

問1

重要度 ★★★　[令和4年　問61]

問　大学のキャンパス案内のWebページ内に他のWebサービスが提供する地図情報を組み込んで表示するなど，公開されているWebページやWebサービスを組み合わせて一つの新しいコンテンツを作成する手法を何と呼ぶか。

ア　シングルサインオン　**イ**　デジタルフォレンジックス
ウ　トークン　**エ**　マッシュアップ

解説

ア　**シングルサインオン**は，1度のユーザ認証によって複数のシステム（業務アプリケーションやクラウドサービスなど）の利用が可能になる仕組みです。

イ　**デジタルフォレンジックス**は，犯罪捜査や法的紛争などで，コンピュータなどの電子機器に残る記録を収集・分析し，その法的な証拠性を明らかにする手段や技術です。

ウ　**トークン**の直訳は「しるし・証拠」です。ITでは様々な意味で使われています。例えば，取引をする際に必要な本人認証として，1度しか利用できないワンタイムパスワードを生成する機器はトークンとよばれます。仮想通貨のこともトークンといいますし，プログラムを構成する最小単位の要素をさすこともあります。

エ　適切な選択肢です。**マッシュアップ**も複数の意味で使われますが，IT用語としては，複数の異なる提供元の技術やコンテンツを複合させて新しいサービスを形作ることです。他サイトで公開されているWebサービスのAPIを組み合わせて一つの新しいWebサービスのように機能させます。レストランのサイトにGoogleMapの地図情報が使われているサービスはご覧になったことがあるでしょう。

解答　エ

問2

重要度 ★★★　[令和5年　問61]

問　IoTシステムなどの設計，構築及び運用に際しての基本原則とされ，システムの企画，設計段階から情報セキュリティを確保するための方策を何と呼ぶか。

ア　セキュアブート　　イ　セキュリティバイデザイン
ウ　ユニバーサルデザイン　　エ　リブート

解説

ア　**セキュアブート**とは，コンピュータ起動時の安全性を確保するため，デジタル署名で起動するソフトウェアを検証する機能です。

イ　適切な選択肢です。**セキュリティバイデザイン**とは，システム導入・運用後の後付けではなく，企画・設計を含む開発ライフサイクル全体でセキュリティ対策を組み込むことで，セキュリティを確保するという考え方です。情報システムの企画工程から設計工程，開発工程，運用工程まで含めた全てのシステムライフサイクルにおいて，一貫したセキュリティを確保する方策といえます。

ウ　**ユニバーサルデザイン**とは，年齢や能力，状況などにかかわらず，デザインの最初から，できるだけ多くの人が利用可能にすることです。バリアフリーをさらに発展させた概念です。

エ　**リブート**とは，コンピュータの使用中に再起動することです。コンピュータを起動することを意味する「ブート」に，英語で「再び」を意味する「re」が付いた表現です。

解答　イ

問3

重要度 ★★★　［令和5年　問67］

問　ネットワーク環境で利用されるIDSの役割として，適切なものはどれか。

ア　IPアドレスとドメイン名を相互に変換する。
イ　ネットワーク上の複数のコンピュータの時刻を同期させる。
ウ　ネットワークなどに対する不正アクセスやその予兆を検知し，管理者に通知する。
エ　メールサーバに届いた電子メールを，メールクライアントに送る。

解説

IDS（Intrusion Detection System）は，Intrusion（＝侵入）をDetection（＝検知）する働きから，「不正侵入検知システム」と呼ばれています。システムやネットワークに対して外部から不正なアクセスやその兆候を確認できた場合に，管理者へ通知します。ただし，不正や異常を通知するだけで通信を遮断する機能は持ちません。

ア DNS（Domain Name System）の役割です。
イ NTP（Network Time Protocol）の役割です。
ウ 適切な記述です。
エ POP（Post Office Protocol）やIMAP（Internet Message Access Protocol）に関する記述です。

解答 ウ

問4

重要度 ★★★ ［令和4年 問69］

問 サイバーキルチェーンの説明として，適切なものはどれか。

ア 情報システムへの攻撃段階を，偵察，攻撃，目的の実行などの複数のフェーズに分けてモデル化したもの
イ ハブやスイッチなどの複数のネットワーク機器を数珠つなぎに接続していく接続方式
ウ ブロックと呼ばれる幾つかの取引記録をまとめた単位を，一つ前のブロックの内容を示すハッシュ値を設定して，鎖のようにつなぐ分散管理台帳技術
エ 本文中に他者への転送を促す文言が記述された迷惑な電子メールが，不特定多数を対象に，ネットワーク上で次々と転送されること

解説

もともと軍事用語として用いられていた「キルチェーン（Kill Chain）」と呼ばれる考え方を，サイバー空間に転用したのが**サイバーキルチェーン**という手法です。具体的な内容は，攻撃者が標的を決定し実際に攻撃し目的を達成するまでの一連の行動を，順に次の7フェーズに分類して，対策を講じていきます。

- 偵察（Reconnaissance）

  標的となる個人，組織を調査する。例えば，インターネット，メール情報，組織への潜入等が挙げられる。

- 武器化（Weaponization）

  攻撃のためのエクスプロイトキットやマルウェア等を作成する。
- デリバリー（Delivery：配送）

  マルウェアを添付したメールや悪意あるリンク付きメールを仕掛ける。また，直接対象組織のシステムへアクセスする。
- エクスプロイト（Exploitation：攻撃）

  標的にマルウェア等攻撃ファイルを実行させる。または，悪意あるリンクにアクセスさせ，攻撃を実行させる。
- インストール（Installation）

  エクスプロイトを成功させ，標的がマルウェアに感染する。これでマルウェア実行可能となる。
- C&C（Command & Control：遠隔操作）

  マルウェアとC&Cサーバが通信可能となり，リモートから標的への操作が可能となる。
- 目的の実行（Actions on Objectives）

  情報搾取や改ざん，データ破壊，サービス停止等，攻撃者の目的が実行される。

ア　適切な記述です。
イ　**デイジーチェーン**に関する記述です。
ウ　**ブロックチェーン**に関する記述です。
エ　**チェーンメール**に関する記述です。

解答　ア

問5

重要度 ★★★　［令和4年　問88］

問　IoTデバイスで収集した情報をIoTサーバに送信するときに利用されるデータ形式に関する次の記述中のa，bに入れる字句の適切な組合せはどれか。

［ a ］形式は，コンマなどの区切り文字で，データの区切りを示すデータ形式であり，［ b ］形式は，マークアップ言語であり，データの論理構造を，タグを用いて記述できるデータ形式である。

付録　新傾向

	a	b
ア	CSV	JSON
イ	CSV	XML
ウ	RSS	JSON
エ	RSS	XML

解説

選択肢内のデータ形式を解説します。

- **CSV**（Comma Separated Value）は，Comma（カンマ）で，項目をSeparated（区切った）Value（値）です。文字や記号で構成されているテキストファイルであり，そのままクリックしてメモ帳で開くことができます。
- **RSS**（RDF Site Summary）は，Webサイトの見出しや要約・更新情報などを記述するXMLベースのフォーマットです。RSSを使うと必要な情報を効率的に収集することができ，主にサイトやブログの更新情報を公開するために使用されています。
- **JSON**（JavaScript Object Notation：ジェイソン）は，JavaScriptのオブジェクト記法を用いたデータ交換フォーマットです。データのキーと値を{ }の中にコロンで区切って記載します。
- **XML**（eXtensible Markup Language）は，ユーザが独自に定義したタグを用いて文書構造を記述するマークアップ言語です。

aは「コンマなどの区切り文字」とあるので，「CSV」です。
bは「マークアップ言語」とあるので，「XML」です。

解答 イ

問6

重要度 ★★★　　[令和5年　問75]

問　表計算ソフトを用いて，二つの科目X，Yの点数を評価して合否を判定する。それぞれの点数はワークシートのセルA2，B2に入力する。合格判定条件（1）又は（2）に該当するときはセルC2に“合格”，それ以外のときは“不合格”を表示する。セルC2に入力する式はどれか。

〔合格判定条件〕

(1)　科目Xと科目Yの合計が120点以上である。

(2)　科目X又は科目Yのうち，少なくとも一つが100点である。

	A	B	C
1	科目X	科目Y	合否
2	50	80	合格

ア　IF(論理積((A2+B2)≧120, A2 = 100, B2 = 100), '合格',' 不合格')

イ　IF(論理積((A2+B2)≧120, A2 = 100, B2 = 100), '不合格',' 合格')

ウ　IF(論理和((A2+B2)≧120, A2 = 100, B2 = 100), '合格',' 不合格')

エ　IF(論理和((A2+B2)≧120, A2 = 100, B2 = 100), '不合格',' 合格')

解説

まず合格判定条件を考えます。

(1) 科目Xと科目Yの合計が120点以上　　これは「(A2 + B2) ≧ 120」と表現できます。

(2) 科目X又は科目Yのうち，少なくとも一つが100点

どちらか一方もしくは両方が100点ですから，科目Xが100点または科目Yが100点ということになります。これは「論理和(A2 = 100, B2 = 100)」と表現できます。

合格なのは（1）又は（2）ですから，これも論理和です。結果的に

「(A2 + B2) ≧ 120」「A2 = 100」「B2 = 100」

の3つの条件のうち，どれか一つでも真（yes）ならば「合格」ということになります。

以上のことからセルC4に入力する式は

IF(論理和((A2 + B2) ≧ 120, A2 = 100, B2 = 100, '合格' , '不合格')

となります。

解答　ウ

付録

新傾向

問7

重要度 ★★★ [令和5年　問76]

問　品質管理担当者が行っている検査を自動化することを考えた。10,000枚の製品画像と，それに対する品質管理担当者による不良品かどうかの判定結果を学習データとして与えることによって，製品が不良品かどうかを判定する機械学習モデルを構築した。100枚の製品画像に対してテストを行った結果は表のとおりである。品質管理担当者が不良品と判定した製品画像数に占める，機械学習モデルの判定が不良品と判定した製品画像数の割合を再現率としたとき，このテストにおける再現率は幾らか。

単位　枚

		機械学習モデルによる判定	
		不良品	良品
品質管理担当者による判定	不良品	5	5
	良品	15	75

ア　0.05　　**イ**　0.25　　**ウ**　0.50　　**エ**　0.80

解説

問題では再現率を「品質管理担当者が不良品と判定した製品画像数に占める，機械学習モデルが不良品と判定した製品画像数の割合」と定義しています。その通りに計算します。「品質管理担当者が不良品と判定した製品画像数」は，5+5＝10枚です。そのうち機械学習モデルが不良品として判定した数は5枚です。したがって再現率は5÷10＝0.50です。

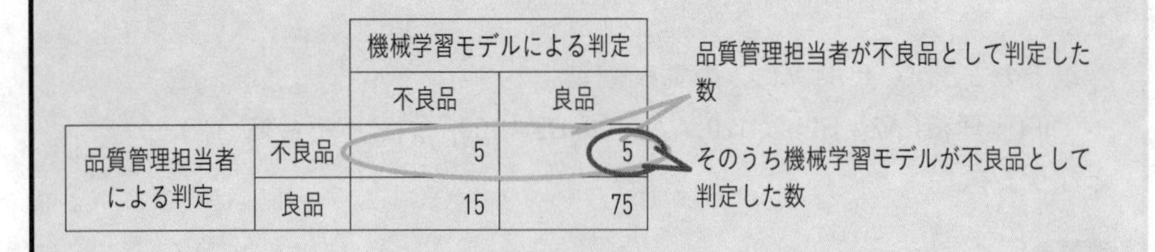

		機械学習モデルによる判定	
		不良品	良品
品質管理担当者による判定	不良品	5	5
	良品	15	75

解答　ウ

問8

重要度 ★★★　[令和5年　問81]

問　HDDを廃棄するときに，HDDからの情報漏えい防止策として，適切なものだけを挙げたものはどれか。

a　データ消去用ソフトウェアを利用し，ランダムなデータをHDDの全ての領域に複数回書き込む。
b　ドリルやメディアシュレッダーなどを用いてHDDを物理的に破壊する。
c　ファイルを消去した後，HDDの論理フォーマットを行う。

ア　a，b　**イ**　a，b，c　**ウ**　a，c　**エ**　b，c

解説

HDD（ハードディスクドライブ）を情報漏えいなく廃棄するには，データを完全に削除する必要があります。削除ファイルを入れたゴミ箱を空にする方法やフォーマットでは，HDDのデータは完全に消去できない点に注意が必要です。

a　適切です。HDDの全ての領域にランダムなデータを上書きすれば，データの復元は不可能になります。
b　適切です。HDDを物理的に破壊することで，読み取りを不可能にします。
c　不適切です。論理フォーマットを行っても，それは通常の方法では読み取れなくしただけであり，物理的にはデータが残ったままです。復元が可能です。

解答　ア

問9

重要度 ★★★　[令和5年　問91]

問　AIに利用されるニューラルネットワークにおける活性化関数に関する記述として，適切なものはどれか。

ア　ニューラルネットワークから得られた結果を基に計算し，結果の信頼度を出力する。
イ　入力層と出力層のニューロンの数を基に計算し，中間層に必要なニューロンの数を出力する。

ウ　ニューロンの接続構成を基に計算し，最適なニューロンの数を出力する。
エ　一つのニューロンにおいて，入力された値を基に計算し，次のニューロンに渡す値を出力する。

解説

AI／機械学習のニューラルネットワークにおける**活性化関数**（Activation function）とは，あるニューロンから次のニューロンへと出力する際に，あらゆる入力値を別の数値に変換して出力する関数です。

そもそもニューラルネットワークとは，人間の脳の働きをコンピュータ上で模倣したものになります。

人間の脳には，大量の神経細胞（ニューロン）があり，この神経細胞（ニューロン）に電気信号の伝達をすることで脳内の情報が処理されます。この電気信号の伝達を数理モデルとして複数組み合わせたものがニューラルネットワークと言われています。ニューラルネットワークは，入力が行われる「入力層」，中間にある「隠れ層（中間層）」，出力が行われる「出力層」から作られます。

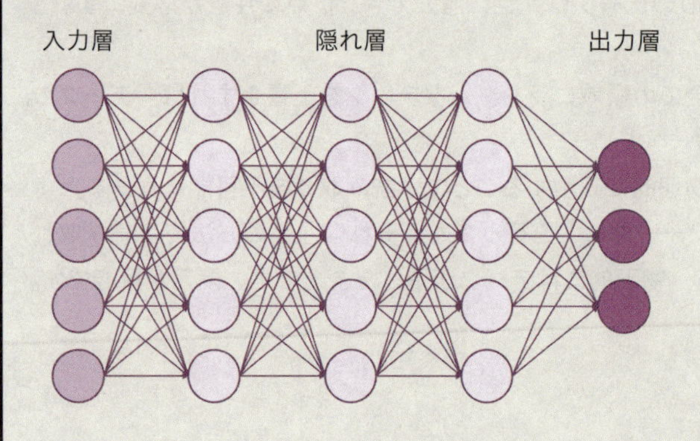

この多くの入力から，次のニューロンに渡す値を出力する関数が活性化関数です。

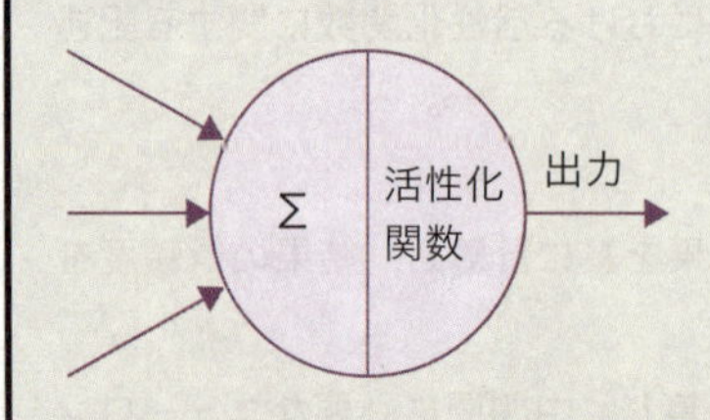

ア 評価関数に関する記述です。

イ，ウ ニューロンの数を出力するものではありません。

エ 適切な記述です。

解答 エ

問10

重要度 ★★★　［令和4年　問3］

問 ゲーム機，家電製品などに搭載されている，ハードウェアの基本的な制御を行うためのソフトウェアはどれか。

ア グループウェア　**イ** シェアウェア
ウ ファームウェア　**エ** ミドルウェア

解説

ア **グループウェア**は，企業内のコミュニケーションを円滑にし，業務効率化を促進するためのソフトウェアです。主な機能として，電子会議室，電子掲示板，スケジュール管理，会議室予約，文書共有，ワークフローシステム（電子決裁）などがあります。

イ **シェアウェア**は，試用や体験の期間が定められていて，継続して利用したい場合に料金を支払う仕組みの有料のソフトウェアです。

ウ 適切な選択肢です。**ファームウェア**は，さまざまな機器に内蔵されている制御のためのソフトウェアのことです。ソフトウェアではありますが，ROMなどの記憶装置に組み込まれており，基本的にユーザが書き換えることを想定されていません。
簡単にバージョンアップできないという点において，ソフトウェアでありながらややハードウェアに近いものだといえます。

エ **ミドルウェア**は，コンピュータの基本的な制御を行うOSと，業務に応じた処理を行うアプリケーションの中間に位置するソフトウェアのことです。データベース管理システム（DBMS），トランザクションモニター（TPモニター），アプリケーション間連携ソフト，Webサーバ用ソフトなどが該当します。

解答 ウ

問11

重要度 ★★★　[令和5年　問3]

問　観光などで訪日した外国人が国内にもたらす経済効果を示す言葉として，最も適切なものはどれか。

ア　アウトソーシング　**イ**　アウトバウンド需要
ウ　インキュベータ　**エ**　インバウンド需要

解説

元々，インバウンド・アウトバウンドという言葉は，英語で「外から内に向かう」「内から外に向かう」という意味があります。ビジネスシーンでも多く使われる言葉ですが，その意味は使われる業界によって異なります。

マーケティング用語としての**インバウンド需要**は，海外から日本国内に訪れる人々の消費活動でもたらされる経済効果のことです。外国の人々が日本を旅行で訪れたり，日本の製品やサービスを購入したりすることが事例です。

ア　**アウトソーシング**は，業務を外注することです。特に，ITの世界ではシステムの設計・運用・保守を企業外の専門業者に全面的に委託することを指します。
イ　**アウトバウンド需要**は，インバウント需要と逆に，日本国内の人々が海外を訪れるときの消費活動でもたらされる経済効果のことです。
ウ　**インキュベータ**は，元々の英語では「温度を一定に保つ機能を有する装置，孵卵器」をさす言葉です。そこから派生して，新しいビジネスの起業家やベンチャー企業を支援する団体，組織という意味で使われます。
エ　適切な選択肢です。

解答　エ

問12

重要度 ★★★　[令和5年　問9]

問　ソーシャルメディアポリシーを制定する目的として，適切なものだけを全て挙げたものはどれか。

a　企業がソーシャルメディアを使用する際の心得やルールなどを取り決めて，社

外の人々が理解できるようにするため

b　企業に属する役員や従業員が，公私限らずにソーシャルメディアを使用する際のルールを示すため

c　ソーシャルメディアが企業に対して取材や問合せを行う際の条件や窓口での取扱いのルールを示すため

ア　a　　**イ**　a，b　　**ウ**　a，c　　**エ**　b，c

解説

ソーシャルメディアポリシーとは，企業や官公庁，大学などの組織がソーシャルメディア（SNS）を利用する際の原則や方針，ルールなどを定めた規約です。組織による公式のSNS利用に適用される方針のほか，従業員など所属メンバーの私的利用に関する要請などを含む場合もあります。組織がSNSを利用する上でのルールを定め，組織に対する風評被害や炎上の芽を摘む目的で社内向け・社外向けに策定されるのが特徴です。a，bは適切です。ソーシャルメディア側が発信するものではないので，cは不適切です。

解答　イ

問13

重要度 ★★★　　［令和4年　問11］

問　与信限度額が3,000万円に設定されている取引先の5月31日業務終了時までの全取引が表のとおりであるとき，その時点での取引先の与信の余力は何万円か。ここで，受注分も与信に含めるものとし，満期日前の手形回収は回収とはみなさないものとする。

取引	日付	取引内訳	取引金額	備考
取引①	4/2 5/31	売上計上 現金回収	400万円 400万円	
取引②	4/10 5/10	売上計上 手形回収	300万円 300万円	満期日：6/10
取引③	5/15	売上計上	600万円	
取引④	5/20	受注	200万円	

ア　1,100　　**イ**　1,900　　**ウ**　2,200　　**エ**　2,400

付録
新傾向

解説

与信とは，取引先と何らかの取引を行う際に，その代金を回収するまでの間に相手方に対して信用を付与することをいいます。商品やサービスの提供と同時に代金が支払われる場合には問題ないのですが，商品の納品やサービスの提供完了から代金（つまり売掛金等）を回収するまでの間にタイムラグがある場合には，回収が終わるまでの間は，取引先を信用する必要があります。このように企業同士の信用によって成立する後払いを「与信取引」といいます。

与信限度額が3,000万円に設定されている場合，3,000万円までは売掛金として認めましょう，ということだと考えて下さい。

取引①　5/31に現金で回収されているため，与信余力は減りません。

取引②　5/10に手形で回収されていますが，満期日が6/10で，まだ現金として回収されていません。与信余力は300万円減少します。

取引③　売上計上されていますが，回収されていないので，与信余力は600万円減少します。

取引④　「受注分も与信に含めるものとし」と問題文にありますので，与信余力は200万円減少します。

以上から，与信余力は次のように計算できます。

3000 −（300 + 600 + 200）＝ 1900（万円）

解答　イ

問14

重要度 ★★★　　［令和4年　問15］

問　業務プロセスを，例示するUMLのアクティビティ図を使ってモデリングしたとき，表現できるものはどれか。

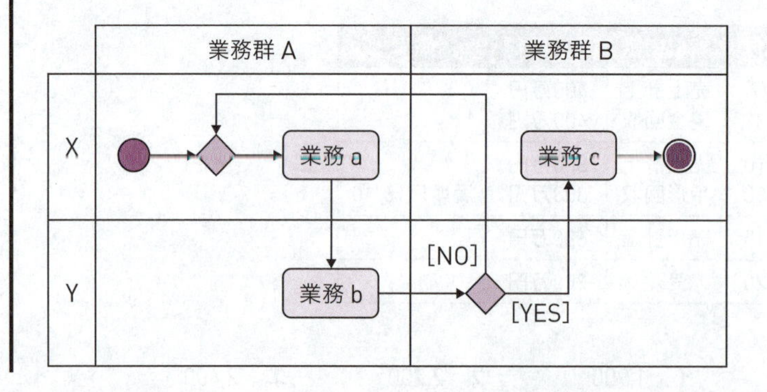

ア　業務で必要となるコスト

イ　業務で必要となる時間

ウ　業務で必要となる成果物の品質指標

エ　業務で必要となる人の役割

解説

アクティビティ図とは**UML**（統一モデリング言語）の一種類で「システム実行の流れと条件分岐」を図解したものです。具体的には，ある作業の開始から終了までの機能を，実行される順序どおりに記述します。フローチャートのUML版といってもいいでしょう。フローチャートとの違いは並行処理が表現できる点です。

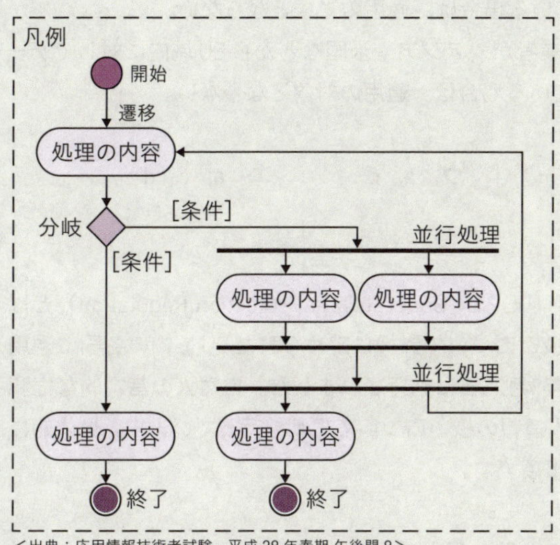

<出典：応用情報技術者試験　平成 28 年春期 午後問 8>

アクティビティ図にはパーティション（スイムレーンともよびます）という，図を縦横に区切る表記法があります。一般的には業務フローの登場人物（純粋に人ではなく，システムの場合もあります）を表現するために使います。本問のXやYがそれに該当します。したがって，業務で必要となる人の役割を表現することができます。

解答　エ

付録

新傾向

問15

重要度 ★★★ [令和5年　問18]

問　EUの一般データ保護規則（GDPR）に関する記述として，適切なものだけを全て挙げたものはどれか。

a　EU域内に拠点がある事業者が，EU域内に対してデータやサービスを提供している場合は，適用の対象となる。

b　EU域内に拠点がある事業者が，アジアや米国などEU域外に対してデータやサービスを提供している場合は，適用の対象とならない。

c　EU域内に拠点がない事業者が，アジアや米国などEU域外に対してだけデータやサービスを提供している場合は，適用の対象とならない。

d　EU域内に拠点がない事業者が，アジアや米国などからEU域内に対してデータやサービスを提供している場合は，適用の対象とならない。

ア　a　　**イ**　a, b, c　　**ウ**　a, c　　**エ**　a, c, d

解説

EUの一般データ保護規則（GDPR：General Data Protection Regulation）とは，個人データ保護やその取り扱いについて詳細に定められたEU域内の各国に適用される法令のことで，2018年5月25日に施行されました。自然人の基本的な権利の保護という観点から，個人情報の扱いについて規制を行っています。具体的に重要な規制は以下のような事項です。

- 本人が自身の個人データの削除を個人データの管理者に要求できる
- 自身の個人データを簡単に取得でき，別のサービスに再利用できる（データポータビリティ）
- 個人データの侵害を迅速に知ることができる

GDPRの適用範囲は，個人データを収集する組織，個人データを使用する組織，データの対象である個人のいずれかが，EU域内に拠点を置く場合が対象です。またEU域外に活動拠点を置いていても，EU居住者の個人データを収集・処理したり，サービスを提供したりしている組織は，GDPRの適用対象とされます。

したがって，aとcが適切です。

解答　ウ

問16　重要度★★★　[令和4年　問21]

問　政府が定める“人間中心のAI社会原則”では，三つの価値を理念として尊重し，その実現を追求する社会を構築していくべきとしている。実現を追求していくべき社会の姿だけを全て挙げたものはどれか。

a　持続性ある社会
b　多様な背景を持つ人々が多様な幸せを追求できる社会
c　人間があらゆる労働から解放される社会
d　人間の尊厳が尊重される社会

ア　a，b，c　　**イ**　a，b，d　　**ウ**　a，c，d　　**エ**　b，c，d

解説

内閣府は2019年に「人間中心のAI社会原則」を発表しました。AI社会原則の基本理念は，以下の3つから成り立っています。

- 人間の尊厳が尊重される社会（Dignity）
- 多様な背景を持つ人々が多様な幸せを追求できる社会（Diversity & Inclusion）
- 持続性ある社会（Sustainability）

この基本理念をもとにした7つの社会原則を挙げています。

1. 人間中心の原則
2. 教育・リテラシーの原則
3. プライバシー確保の原則
4. セキュリティ確保の原則
5. 公正競争確保の原則
6. 公平性，説明責任及び透明性の原則
7. イノベーションの原則

問題の中では，a，b，dが基本理念に該当します。

解答　イ

問17　重要度 ★★★　[令和4年　問29]

問　マネーロンダリングの対策に関する記述として，最も適切なものはどれか。

ア　金融取引に当たり，口座開設時の取引目的や本人確認を徹底し，資金の出所が疑わしい取引かどうかを監視する。

イ　紙幣の印刷に当たり，コピー機では再現困難な文字や線，傾けることによって絵が浮かび上がるホログラムなどの技術を用いて，複製を困難にする。

ウ　税金の徴収に当たり，外国にある子会社の利益を本国の親会社に配当されたものとみなして，本国で課税する。

エ　投資に当たり，安全性や収益性などの特徴が異なる複数の金融商品を組み合わせることによって，一つの事象によって損失が大きくなるリスクを抑える。

解説

マネーロンダリング（Money Laundering：資金洗浄）とは，一般に，犯罪によって得た収益を，その出所や真の所有者が分からないようにして，捜査機関等による収益の発見や検挙等を逃れようとする行為です。

ア　適切な記述です。
イ　紙幣の偽造（偽札）の対策です。
ウ　租税回避行為の対策です。
エ　分散投資によるリスクヘッジです。

解答　ア

問18　重要度 ★★★　[生成AIに関するサンプル問題　問1]

問　生成AIの特徴を踏まえて，システム開発に生成AIを活用する事例はどれか。

ア　開発環境から別の環境へのプログラムのリリースや定義済みのテストプログラムの実行，テスト結果の出力などの一連の処理を生成AIに自動実行させる。

イ　システム要件を与えずに，GUI上の設定や簡易な数式を示すことによって，システム全体を生成AIに開発させる。

ウ　対象業務や出力形式などを自然言語で指示し，その指示に基づいてE-R図やシステムの処理フローなどの図を描画するコードを生成AIに出力させる。
エ プログラムが動作するのに必要な性能条件をクラウドサービス上で選択して，プログラムが動作する複数台のサーバを生成AIに構築させる。

解説

生成AIは，従来のAIとは異なり，自ら学習を重ねて新たなコンテンツを生成できる点が特徴的です。この性質を利用することで，業務効率化を図ったり，クリエイティブな作業をサポートしてくれたりと，多くのメリットがあります。

ア 生成AIはプログラムを作成することはできますが，実行することはできません。
イ システム要件を与えずにシステム開発はできません。これはAIであっても，人間であっても同様です。
ウ 適切な記述です。自然言語の解釈やコードの出力などは生成AIが得意とする分野です。
エ プログラムが動作するのに必要な性能条件を出力することは可能ですが，サーバを「構築する」ことはできません。

解答 ウ

問19

重要度 ★★☆ [生成AIに関するサンプル問題　問2]

問 生成AIが，学習データの誤りや不足などによって，事実とは異なる情報や無関係な情報を，もっともらしい情報として生成する事象を指す用語として，最も適切なものはどれか。

ア アノテーション　　**イ** ディープフェイク
ウ バイアス　　**エ** ハルシネーション

解説

ア **アノテーション**（annotation）とは，元々「注釈」や「注解」という意味です。AI開発のプロセスにおいては，データに情報を付加するプロセスのことをアノテーションとよんでいます。アノテーションされたデータは教師データと呼ばれ，AIの機械学習に利用されます。

イ **ディープフェイク**とは，「ディープラーニング」と「フェイク」を組み合わせた造語で，AIを用いて，人物の動画や音声を人工的に合成する処理技術を指します。もともとは映画製作など，エンターテインメントの現場での作業効率化を目的に開発されたものです。しかし，あまりにリアルで高精細であることから，悪用されるケースが増えたことで，昨今ではフェイク（ニセ）動画の代名詞になりつつあります。

ウ **バイアス**（bias）とは，「先入観」や「偏見」を意味し，認識の歪みや人の思考や行動の偏りを表現する言葉です。バイアスには様々な種類があり，どれも自身の思い込みや前例といった要因から非合理的な判断に繋がる恐れがあります。

エ 適切な選択肢です。**ハルシネーション**（hallucination）とは，元々「幻覚」「錯覚」という意味です。AIの利用局面においては，生成系AIが問いかけに対して事実とは異なる回答を生成することを指します。ハルシネーションの原因は，AIが誤ったデータを学習したり，回答として体裁を無理に整えようとしたりなど様々です。AIは人ではないので常識や社会通念を考慮して，多くの人が感じる違和感を修正するような力はありません。ただ，回答としてはもっともらしい文章が生成されるため，注意が必要です。

解答 **エ**

索引

い

う

え

お

か

き

く

け

こ

さ

し

す

せ

そ

た

ち

て

と

な

に

ね

は

ひ

ふ

よ

ら

り

る

れ

ろ

わ

著者プロフィール

城田 比佐子

お茶の水女子大学理学部卒。住友商事でシステムの企画を担当。その後，NEC 教育部，駿台電子専門学校，（株）TAC などで情報処理教育に携わる。現在はフリーインストラクタ，拓殖大学非常勤講師としてIT 全般における教育，コミュニケーション系の教育，書籍執筆，教材作成などに従事している。著書に『情報処理教科書 出るとこだけ！IT パスポート テキスト＆ 問題集（年度版）』『情報処理教科書 イラストで合格！ IT パスポート キーワード図鑑 』（翔泳社）『初心者が合格できる知識と実力がしっかり身につく　基本情報技術者［科目B］』（SB クリエイティブ）『プログラミング未経験者のための 基本情報技術者 午後 プログラム言語』（共著，日経BP 社）などがある。

ブックデザイン
米倉英弘（細山田デザイン事務所）

組版
株式会社トップスタジオ

イラスト
Okuta

情報処理教科書
出るとこだけ！
IT（アイティ）パスポート
テキスト＆問題集
2024年版

2023年11月20日　初版第1刷発行

著者　城田（しろた） 比佐子（ひさこ）
発行者　佐々木 幹夫
発行所　株式会社翔泳社
https://www.shoeisha.co.jp
印刷　昭和情報プロセス株式会社
製本　株式会社国宝社

ISBN 978-4-7981-8330-5
Printed in Japan